国家出版基金项目
NATIONAL PUBLICATION FOUNDATION

U0268097

"十四五"时期
点出版物出版专项规划项目·重大出版工程

空间科学与技术研究丛书

平动点低能量轨道转移方法

LOW ENERGY TRANSFER TRAJECTORY DESIGN METHOD FOR LIBRATION POINT ORBIT

张景瑞　李林澄　曾　豪　编著

北京理工大学出版社
BEIJING INSTITUTE OF TECHNOLOGY PRESS

图书在版编目（ＣＩＰ）数据

平动点低能量轨道转移方法 / 张景瑞，李林澄，曾
豪编著. --北京：北京理工大学出版社，2023.2
　　ISBN 978-7-5763-2190-6

Ⅰ. ①平… Ⅱ. ①张… ②李… ③曾… Ⅲ. ①航天器
轨道-轨道转移 Ⅳ. ①V448.23

中国国家版本馆 CIP 数据核字（2023）第 046567 号

出版发行 / 北京理工大学出版社有限责任公司
社　　址 / 北京市海淀区中关村南大街 5 号
邮　　编 / 100081
电　　话 / （010）68914775（总编室）
　　　　　（010）82562903（教材售后服务热线）
　　　　　（010）68944723（其他图书服务热线）
网　　址 / http://www.bitpress.com.cn
经　　销 / 全国各地新华书店
印　　刷 / 三河市华骏印务包装有限公司
开　　本 / 787 毫米×1092 毫米　1/16
印　　张 / 18
彩　　插 / 8
字　　数 / 283 千字
版　　次 / 2023 年 2 月第 1 版　2023 年 2 月第 1 次印刷
定　　价 / 89.00 元

责任编辑 / 李玉昌
文案编辑 / 李玉昌
责任校对 / 周瑞红
责任印制 / 李志强

前　言

随着航天技术的不断发展成熟，人类已经不再局限于只在地球附近进行空间探测，而是向更遥远的深空方向发展。近年来，针对平动点轨道的研究为执行深空探测任务提供了有效的手段。我国"嫦娥二号"探测器于 2011 年完成月球探测任务后，开展了环绕日地平动点轨道的拓展性试验，之后成功飞越 Toutatis 小行星，为我国深空探测任务的实施奠定了基础。

平动点，是三体系统下的引力平衡点，其附近存在着多种类型的周期轨道与拟周期轨道。基于不同系统的平动点轨道，能够实现太阳活动监测、月球背面连续通信和空间环境探测等任务。同时，平动点也是深空探测任务低能量转移轨道设计的枢纽。由于平动点附近轨道存在着诸多优点，围绕平动点轨道如何实现低能量转移轨道设计，越来越受到各航天大国研究机构和学者的广泛关注。低能量轨道转移源于多天体系统下引力共同作用，在轨道设计过程中需要考虑复杂环境带来的动力学影响，挑战性极强。

本书以日地系统/地月系统平动点轨道及其不变流形为研究对象，围绕平动点轨道的基础理论和实际应用进行系统论述，主要内容分布如下：第 1 章主要介绍了平动点轨道低能量转移的目的和意义，并回顾总结了平动点轨道理论的研究现状和发展趋势。第 2 章到第 5 章共同组成本书的基础理论部分。第 2 章介绍了圆形、椭圆形、受摄圆形限制性三体问题以及限制性四体问题的基本数学原理和数学表征。第 3 章重点阐述了平动点轨道动力学，涵盖了对平动点求解、平动点稳定性分析、平动点附近轨道运动的解释和说明。第 4 章围绕不变流形和流形拼接方法展开，系统论述了平动点与周期轨道和拟周期轨道附近的不变流形，给出了不变流形的拼接方法和利用流形拼接的轨道转移设计方法。第 5 章重点聚焦了借力飞行技术，分层次讨论了无推力借力飞行技术、有推力借力飞行技术、气动借力飞行技术以及深空机动借力飞行技术。在系统介绍基础理论之后，第6～9章共同组成了本书的理论应用部分。第6章重点介绍了探测器从地球出发飞抵日地系统平动点轨道的转移特性及轨道设计方法，设计中同时考虑了停泊轨道高度、倾角、升交点赤经等多个约束，给出了可以有效处理初值猜想问题的初值表达式，讨论了不同地球停泊轨道约束、不同目标轨道幅值和入轨点对转移轨道的影响。第7章阐述了圆形限制性三体模型与限制性四体模型下的月球借力低能量转移设计方法，建立了能够有效构造月球借力转移轨迹的约束集合，给出了最佳的入轨点区间，获得了太阳引力作用下不同初始相位角的转移轨道特性。第8章介绍了不同三体系统间平动点轨道的低能量转移轨道设计方法，提出了流形拼接点搜索方法和流形拼接机会描述方法，依托地月三体系统中5个平动点详细讨论了平面周期轨道之间、平面轨道与三维轨道之间、三维平动点轨道之间的转移轨道设计思路。第9章给出了基于平动点轨道的火星探测应用示例，考虑了转移过程中火星真实位置的影响，提出了仅考虑地球借力、月球借力结合地球借力的两种奔火轨道设计方法。希望本书能够帮助相关领域的研究人员更加全面地了解平动点及平动点轨道的研究基础和进展，为进一步开展平动点空间任务探索和设计提供助力。

本书是在作者多年从事轨道动力学与控制研究、主办/参与航天动力学与控制国际国内会议、进行本科生/研究生教学以及指导研究生撰写期刊/会议/学位论文的基础上编写而成，同时有机融入课题组在平动点轨道方向的最新进展及成果。在撰写本书的过程中，作者收到了来自高校和研究院所的多位专家学者的建议，在此表示衷心的感谢。同时，感谢课题组博士生薛植润，硕士生高艺丹、申澳在内容讨论和后期校对工作上的付出。值此书出版前夕，谨以此文向所有为本书提供过支持和帮助的老师、学生、编辑和朋友致以最诚挚的问候。

此外，需特别说明的是，由于作者水平有限，书中某些学术观点和研究成果可能还有不够成熟或值得商榷的地方，文字表达也难免有疏漏和不足，恳请广大读者和专家学者批评指正。

编著者

2022 年 12 月

目　录

第一部分　基础理论部分

第二部分　理论应用部分

第 1 章
绪　论

1.1　平动点轨道低能量转移的目的与意义

随着航天技术的不断发展成熟，人类已经不再局限于只在地球附近进行空间探测任务，而是向着更遥远的深空方向发展。在深空探测研究初期，基于二体脉冲的传统转移方式受到了广泛的研究。但随着研究的深入，这样的转移方式逐渐显露出燃耗大的缺点，无法满足未来远距离探测任务的需求。

针对此问题，平动点（libration point）轨道的相关研究为此提供了有效的手段，进一步加快了人类向深空迈进的步伐。平动点是三体系统下的引力平衡点，其附近存在着多种类型的周期轨道与拟周期轨道。基于不同系统的平动点轨道，能够实现太阳活动监测、月球背面连续通信和空间环境探测等任务。同时，平动点也是深空探测任务低能量转移轨道设计的枢纽。由于平动点附近轨道存在着诸多优点，围绕平动点轨道如何实现节能转移轨道设计越来越受到各航天大国研究机构和学者的广泛关注。低能量轨道转移源于多天体系统下引力共同作用，在轨道设计过程中将会面临复杂动力学环境的影响。针对此背景，对平动点任务的低能量转移轨道设计与优化研究是必要的。

基于平动点的低能量转移轨道设计与优化往往在多天体系统下进行研究，相对于二体模型，多天体系统下转移轨道不存在解析表达式，只能借助数值计算对轨道进行研究。由于系统复杂的动力学特性，微小改变可能会引起轨道显著的变化，低能量转移轨道设计与分析非常困难。同时，约束条件是轨道设计重要组成部分，决定着轨道构造的难易程度，并保证轨道的正确性。因此，应探讨是否存在一种快速的轨道设计方法，能够有效地解决轨道设计的初值问题，在给定的任务约束下，确定期望轨道之间能否进行低能量转移。

在平动点轨道任务中引入天体借力飞行技术，可以进一步降低转移任务的燃料消耗。然而，借力天体附近动力学环境的多样性与复杂性，给转移轨道最佳借力点方位的确定带来了挑战。天体借力机动点和目标轨道入轨点位置的选取在一定程度上影响着转移轨道的燃料性能指标。同时，不同目标轨道对应的借力约束并非相同。因此，如何针对不同位置的平动点轨道建立合理的借力约束模型，定量描述最优借力位置状态，为任务方案的选择提供参考；如何将不变流形与借力飞行技术有效融合，确定合适的入轨点，通过调整流形保证低燃耗的同时缩短任务飞行时间，都是基于天体借力进行轨道设计时需要考虑并解决的问题。

三体系统内、不同三体系统间的平动点轨道往往存在着节能转移轨道，结合此类轨道进行拓展任务，能够极大地提升探测器的应用价值。传统的轨道控制方式为脉冲控制与小推力控制，两种推力模式下探测器具有不同的动力学特性，构造的转移轨道存在差异，有必要分别对两种控制方式的低能量转移轨道进行研究与分析。同时，不同轨道拼接点的选取直接影响任务的燃料消耗，需探讨是否存在确定合适拼接点的设计方法。再者，虽然针对地月系统中 L_3 点、L_4 点、L_5 点附近轨道的转移任务较少，但其应用价值不可忽略，如何联合不变流形与小推力技术设计平动点轨道间的低能量转移轨道也是值得研究的问题。

火星探测近年来得到了广泛的关注，设计从地月系平动点轨道出发到达火星的低能量转移轨道，能够作为探测器的拓展性任务，实现月球观测与火星观测等多目标任务。航行于地月系 L_1 点、L_2 点 Halo 轨道上的探测器在完成既定任务后，如何向火星转移，如何通过月球和地球借力改变飞行轨迹，降低转移过程的燃料消耗，如何选择机动时刻以及转移机会，呈现出何种特性，这些都是行星际轨道转移设计中亟待解决的核心问题。

近年来，针对平动点轨道的研究也为实际中执行特殊探测任务提供了有效的手段。我国"嫦娥二号"探测器于 2011 年完成月球探测任务后，开展了环绕日地平动点轨道的拓展性试验[1-3]，之后成功飞越 Toutatis 小行星[4-6]，为我国深空探测任务的实施奠定了基础。国外也有相当一部分实际探测任务采用了平动点轨道低能量转移方法，具体将在 1.2 节展开讨论。

总体来说，基于平动点的低能量转移轨道设计与优化在当今的深空领域具有十分重要的意义，但同时也存在着诸多待解决的问题，这也是本书所要讨论的问题，本章节将首先针对国内外的理论与应用展开介绍，以帮助读者了解该方法在深空探测领域的发展与应用，并在章节末尾给出本书后续章节的结构安排。

1.2　国内外研究概况

1.2.1　三体问题和平动点轨道理论研究

三体问题是研究深空探测低能量转移轨道设计的基础，针对三体问题的研究开始于 17 世纪 Newton 对三体系统封闭解析解的求解[7]。1767 年，数学家 Euler 基于旋转坐标系计算出限制性三体问题的 3 个特解（动平衡点、平动点），即 L_1 点、L_2 点与 L_3 点[8]。Lagrange 在此基础上推算出另外两个平动点的位置，即 L_4 点与 L_5 点[9]。通过对三体系统动力学模型的简化，Jacobi 在分析圆形限制性三体问题（circular restricted three-body problem，CRTBP）时，确定了三体运动的第一个广义能量积分。进入 19 世纪，Liouville 对限制性三体问题进行了描述与定义，证明了共线平动点与三角平动点的稳定性问题[10]。Poincaré（庞加莱）的一系列研究进一步推动三体问题的快速发展，他提出的周期解理论和描述的动力系统混沌现象为系统动力学的研究奠定了基础[11-12]。

平动点附近分布着不同类型的周期轨道与拟周期轨道，包括平面 Lyapunov 轨道、Halo 轨道、Axial 轨道、垂直周期轨道以及拟周期 Quasi-Halo、Lissajous 轨道等，求解限制性三体问题的周期解与拟周期解，分析轨道稳定性，在理论研究与实际工程应用中具有重要意义。

针对平动点轨道的计算研究方法，一种为解析法，基于 Lindstedt-Poincaré 逐步逼近法确定精确解的有限阶表达式。1973 年，Farquhar 与 Kamel[13] 采用 Lindstedt-Poincaré 逐步逼近法确定了地月三体系统中绕 L_2 点的拟周期 Lissajous 轨道三阶解析表达式。1980 年，通过对限制性三体问题模型中主天体运动形式的简化，Richardson 利用相同的逼近方法推导了周期 Halo 轨道的近似解析解[14]。虽然通过解析表达式确定的轨道结构与工程中实际轨道模型存在误差，仍能够定性地描述平动点轨道的某些特性。Gómez 等[15-16]结合逼近法与 Fourier 级数，推导了 CRTBP 模型下周期轨道的 35 阶近似解析式，并采用多重打靶法将结果拓展至精确星历动力学模型。国内的卢松涛等[17]改进了 Richardson 解析表达式的求解，得到了更精确的轨道初值。另一种为数值法，基于微分修正算法由轨道近似解迭代逼近精确数值解。Richardson 对 Halo 轨道近似解进一步修正，给出了轨道精确数值解[14]。针对拟周期轨道的非周期性与非对称性特点，Howell 与 Pernicka 在传统微分修正算法的基础上提出了两层微分修正策略，有效地解决了 Lissajous 轨道的数值解计算问题[18]。Grebow 对不同类型平动点轨道的求解方法进行了系统的研究，构造出地月系统中 5 个平动点附近一系列周期轨道簇[19]。连一君等[20]在真实星历模型下，基于改进的 Fourier 分析法与多重打靶法，得到了一种新的平动点轨道初值迭代修正算法。陶雪峰等[21]提出了基于参数优化的周期轨道簇简单生成方法，在平动点轨道上设定特征点，以轨道闭合程度作为性能指标，通过差分进化算法确定精确解。

针对平动点轨道的稳定性分析，Hénon[22-23]在 Hill 限制性三体模型下对周期轨道与拟周期轨道的稳定性进行了深入的研究。Breakwell 等[24]与 Howell[25]以三体系统主天体质量比为参数，由轨道特征向量提出稳定性指数，详细地分析了 Halo 轨道簇的稳定性。Jorba 与 Masdemont 通过对中心流形的计算与分析，描绘出共线平动点附近相空间的全局结构，精确描述了该区域内轨道动力学行为[26]。此后，Andreu 在日地月构成的双圆限制性四体模型下，利用中心流形理论，系统地研究了 L_2 点附近不同类型平动点轨道的特性[27]。

1.2.2 平动点轨道低能量转移与借力飞行任务概况

由于平动点及其附近轨道可以作为星际探测低能量转移轨道的中转枢纽，在近几十年内，平动点轨道的应用成为国内外空间研究的重点。Cross 第一次提出了以平动点轨道作为中转站的设想[28]。Farquhar 结合地月系统 L_2 点 Halo 轨道，提出了能够有效解决月球背面区域导航与通信问题的方案[29]。随着三体问题理论的快速发展，NASA（美国国家航空航天局）和 ESA（欧洲航天局）等航天局均已通过平动点轨道完成了多项单个航天器的空间观测任务，并逐步向多航天器方向发展。

1. 日地系统平动点轨道任务

日地系 L_1、L_2 平动点是空间环境探测的理想位置。当航天器航行于 L_1 点附近周期轨道时，能够实现对太阳活动的观测与试验。而 L_2 点位于日、地、月球的同一侧，附近区域的低温环境适合放置高精度的可见光望远镜，执行天文观测任务。针对日地系统平动点轨道，NASA、ESA、JAXA（日本宇宙航空开发机构）和 CNSA（中国国家航天局）相继制定与实施了 ISEE-3（国际探测者号，NASA）、WIND（"风任务"，NASA）、SOHO（Solar and Heliospheric Observatory，太阳和太阳圈探测器，NASA& ESA）、ACE（Advanced Composition Explorer，先进成分探测器，NASA）、FIRST/HERSCHEL（赫歇尔号，ESA）、PLANCK（ESA）、"嫦娥二号"（CNSA）、GAIA（盖亚天文卫星，ESA）、SPICA（Space Infrared Telescope for Cosmology and Astrophysics，宇宙学和天体物理学用空间红外望远镜，JAXA）等多个空间探测计划，积累了大量的实验数据与丰富的任务经验[30-32]。以下针对典型的日地系统平动点轨道任务进行介绍。

　　ISEE-3 探测器完整的飞行轨迹如图 1-1 所示。1978 年，国际探测者号的顺利升空，标志着人类对平动点轨道的利用迈出了第一步。国际探测者号是世界上第一个围绕平动点轨道进行空间任务，并先后遇到和直接观测两颗彗星的探测器。首先，ISEE-3 探测器在日地 L_1 点 Halo 轨道上航行并观测太阳活动变化对近地空间环境的影响[33-34]。在完成最初任务后，探测器借助月球引力辅助作用改变运行轨道，实现了地球磁尾探测，并于 1985 年和 1986 年分别对贾科比尼-津纳彗星与哈雷彗星进行观测[35]。在整个飞行过程中，ISEE-3 探测器完成了太阳风及其耀斑变化等一系列观测任务，并对宇宙射线进行了研究。

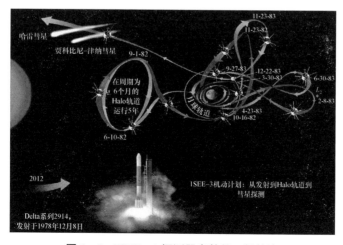

图 1-1　ISEE-3 探测器完整的飞行轨迹

由 NASA 与 ESA 联合研制的 SOHO 是首个运行过程中发生重大故障而成功修复的平动点任务飞行器[36-38]。SOHO 观测器于 1995 年 12 月成功发射,基于 L_1 点附近 Halo 轨道进行观测并分析了太阳内部结构变化,进一步研究太阳风的形成与加速过程,同时执行彗星搜索任务。SOHO 于 1998 年 6 月 24 日与地球失去联系,滚转角速度逐步增大,姿态控制失效。数周后,地面站与 SOHO 重新取得联系并通过多次变轨机动,在缺少两个滚动陀螺仪的情况下返回至原定的任务轨道上。图 1-2 为 SOHO 任务轨道示意图。

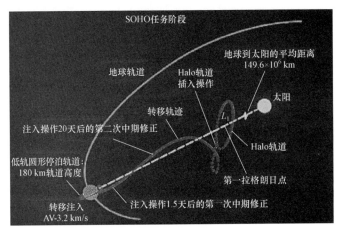

图 1-2 SOHO 任务轨道示意图

2001 年,NASA 与普林斯顿大学联合研制的 WMAP(Wilkinson Microwave Anisotropy Probe,威尔金森微波各向异性探测器)是第一颗运行在日地系统 L_2 点附近 Lissajous 轨道的飞行器,基于相位调整与月球借力飞行技术构造了相应的转移轨道(图 1-3),WMAP 观测并绘制了一张由空间微波、辐射与温度组合的宇宙微波全星图,详细的测量数据在一定程度上反映出深空环境与宇宙未来的演变趋势[39]。

2001 年,NASA 首次利用现代动力学理论为 Genesis 任务设计了第一个平动点取样返回转移轨道[40-41]。探测器于 2001 年 11 月成功进入日地 L_1 点 Halo 轨道,在平动点轨道上持续运行约 2 年时间,执行太阳风样本采集任务,最后通过日地 L_2 点附近不稳定流形返回地球。此任务有效地验证了现代动力学理论在低能量轨道设计中的正确性与重要性。Genesis 任务的飞行轨迹如图 1-4 所示。

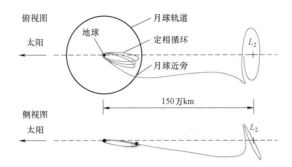

图 1-3 WMAP 任务飞行轨道示意图

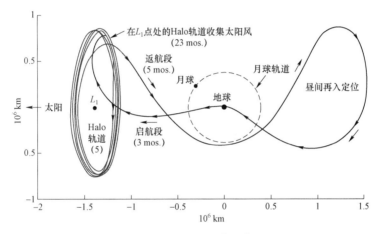

图 1-4 Genesis 轨道示意图

1994 年 11 月，由 NASA 发射的航天器 WIND 以日地系共线平动点 L_1 附近的 Lissajous 轨道作为目标轨道（图 1-5）。WIND 是全球地球空间科学（Global Geospace Science，GGS）计划中两个航天器中的一个，属于国际日地物理（International Solar Terrestrial Physics，ISTP）项目的一部分。WIND 任务的主要目标是监测空间中的等离子、高能粒子以及磁场等，为磁层和电离层研究提供完整的研究条件。任务的前 3 年，航天器沿着双月近旁转向（Double Lunar Swingby，DLS）轨道运行，DLS 轨道成对出现，其中一条轨道可抬高轨道远地点高度，另一条轨道可以降低轨道远地点高度，从而保证轨道拱线方向始终在日地连线附近。沿着 DLS 轨道运行的一个优点是：只需要少量的推进消耗，就可以监测地球附近不同区域的磁场以及上游的太阳风。1997 年 10 月，WIND 进入相应的拓展任务阶段，途中经过复杂的轨道机动和多次月球引力辅助，最终于 2003 年 2 月进入 Lissajous 轨道。WIND 任务轨道非常复杂，创造了多项纪录，包括：①总共

实施了 38 次月球引力辅助；②第一个进入 Back-flip 轨道的航天器；③第一个
运行大幅值顺行轨道的航天器。

图 1-5　WIND 任务示意图

1997 年 8 月 25 日，NASA 发射的航天器 ACE 以日地系 L_1 点附近的 Lissajous
轨道为目标轨道，如图 1-6 所示，轨道周期大约为 178 天。ACE 任务是第一个
运行在小幅值 Lissajous 轨道的探测器，同时也是第一个实施黄道面法线方向机
动从而避开太阳对通信影响的探测器。ACE 航天器的任务目标包括：①了解平流
层和对流层上层臭氧分布的化学与动力学过程，特别是在北极；②探索大气化学
和气候变化之间的关系；③了解生物质燃烧对自由对流层的影响。

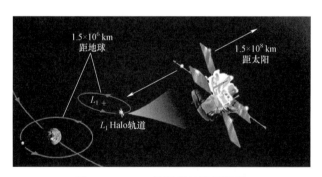

图 1-6　ACE 航天器轨道示意图

"类地行星发现者"（Terrestrial Planet Finder，TPF）计划的目的是探测并搜
索相距 45 光年、约 150 颗恒星周围的类地行星，寻找是否有二氧化碳、水、臭
氧及生命存在的迹象。该计划由 4 个分别带有 3.5 m 的望远镜和光线集中装置的
航天器组成编队，该编队位于日地系第二拉格朗日点 L_2 附近的轨道上。当编队
航天器间的距离在 75～200 m 之间调整时，其用于寻找类地行星；当编队航天器

距离调整至 1 000 m 以上时，其用于一般天文物理探测。

我国"嫦娥二号"是第一个由月球环绕轨道飞抵日地 L_2 点的探测器[42]（图 1-7）。"嫦娥二号"于 2010 年 10 月在西昌发射，主要对月球表面进行拍照并返回高分辨率照片。在完成指定的月球探测任务后，2011 年 6 月，其通过施加机动，进入日地 L_2 点 Lissajous 轨道。其于 2012 年 6 月进行了 4 179 小行星飞越任务。

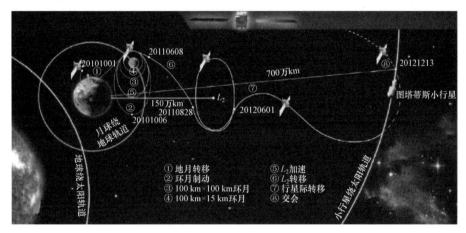

图 1-7　"嫦娥二号"轨道示意图

2. 地月系统平动点轨道任务

地月三体系统中存在着 5 个平动点，其中 L_1 点与 L_2 点位于月球两侧，是月球探测任务实施的理想位置。2011 年，NASA 提出在地月平动点设立前哨计划，不仅能够探索地月周围空间环境的变化，还可以作为未来地月空间物资运输访问、火星探测和载人小行星任务的中转站。

ARTEMIS（阿尔忒弥斯）计划是第一个地月系统平动点轨道任务[43]，分为中转与科学活动观测两个阶段，主要由 THEMIS（Time History of Events and Macroscale Interactions during Substorms，亚暴期间事件和宏观交互的时间历程）任务中的两颗探测器（THEMIS-P1 与 THEMIS-P2）组成。如图 1-8 所示，利用月球借力飞行与节能转移技术，通过一系列复杂机动变轨，最终沿着弱稳定区域内流形进入平动点拟周期轨道。THEMIS-P1 于 2009 年 8 月首先进入地月 L_2 点附近的 Lissajous 轨道，运行 4 个轨道周期后，THEMIS-P2 飞抵 L_1 点 Lissajous 轨道，分布于月球两侧对月球磁性层进行观测。此后，THEMIS-P1 飞往 L_1 点 Lissajous 轨道，两颗探测器在月球同侧进行观测任务，并研究了地球磁尾与太阳风的相互作用[44-45]。

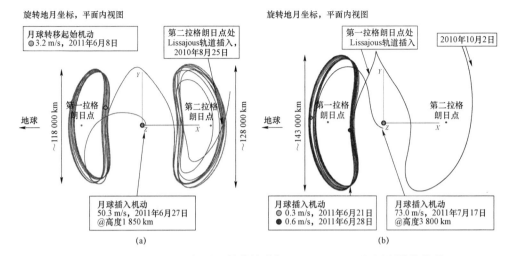

图1-8　THEMIS-P1 探测器转移轨道与 THEMIS-P2 探测器转移轨道
（a）THEMIS-P1 探测器转移轨道；（b）THEMIS-P2 探测器转移轨道

日本 Hiten 探测器首次利用多天体引力作用实现了地月之间的低能量转移[46]。探测器在完成既定的地球科学任务后,携带的剩余燃料无法通过 Hohmann 转移进入月球环绕轨道。针对此问题,Belbruno 与 Miller[47]提出了基于弱稳定边界（WSB）理论的弹道捕获技术,在转移过程中,充分利用日月引力作用改变轨道高度,成功为 Hiten 构造出一条低能量奔月轨道,同时验证了弱稳定边界理论的工程应用价值。

我国"嫦娥四号"于 2018 年发射,是世界上首颗在月球背面进行软着陆与巡视的探测器。奔月计划分为两个阶段:首先向地月 L_2 平动点发射中继卫星,随后发射"嫦娥四号"着陆器与巡视器,目的地位于月球南极的艾特肯盆地。通过 L_2 点中继卫星解决软着陆及月球背面探测期间的测控问题,同时将获得的试验结果传回地球,从而保证月球背面与地球的通信和数据传输。

3. 借力飞行任务概况

除了基于平动点轨道的低能量转移,借力飞行技术也是一种十分有效的节能轨道转移方法。借力飞行技术借助行星引力有选择地改变探测器飞行轨迹,既可以达到探测器变轨的目的,节省发射能量,又能实现多天体多目标探测,提高轨道利用率。

从 20 世纪 60 年代至 80 年代,美苏两国分别向月球、太阳系八大行星发射了一系列著名的探测器,如美国的"阿波罗"（Apollo）、"先驱者"（Pioneer）、"旅行者"

（Voyager）、"伽利略"（Galileo）、"尤利西斯"（Ulysses）等。苏联也发射了"月球"
"宇宙"系列、"火星"系列。这些探测任务，不仅获得了大量关于太阳系、行星和
行星际空间的宝贵数据，更为后来的航天任务积累了丰富的技术和管理经验，揭开
了太阳系神秘的面纱。其中，"伽利略"、"尤利西斯"太阳探测器等任务都采用了借
力飞行的轨道设计方案并获得了成功，证明了借力飞行在工程应用中的重要价值。

　　"伽利略"号是由 NASA 和 ESA 联合发射的木星探测器，用于探测木星和它
的 4 个卫星。"伽利略"探测器于 1990 年 2 月 10 日金星借力后，又经两次地球
借力，最终在 1994 年 7 月 16 日到达木星。它在 1991 年 10 月 29 日飞过 Gaspra
小行星并进行了近距离观测。1995 年 7 月 12 日，"伽利略"轨道器释放大气探测
器，测量了木星大气层的结构。

　　"尤利西斯"号是世界上第一颗利用木星借力飞跃太阳两极上空的探测器。
"尤利西斯"号于 1990 年发射，在探测了木星磁场后，通过借力飞行技术离开木
星黄道面，"尤利西斯"号先后飞跃太阳南北极上空，对太阳风、太阳两极磁场
等进行了探测，发回了很多极具价值的太阳活动数据。

　　另外，"卡西尼－惠更斯"（Cassini-Huygens）号探测器也是典型的多次利
用借力飞行探测任务，该任务目标是探测土星及其卫星，"卡西尼－惠更斯"号
探测器先后进行了 4 次借力飞行，分别为 2 次金星借力、1 次地球借力和 1 次木
星借力，图 1-9 为"卡西尼－惠更斯"号探测器的飞行轨迹。

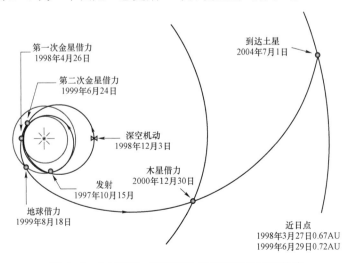

图 1-9　"卡西尼－惠更斯"号探测器的飞行轨迹

2004 年 3 月，欧洲航空局发射了人类历史上首颗进入彗星轨道、探索太阳系起源的"罗塞塔"（Rosetta）探测器。该探测器经过 3 次地球借力和 1 次火星借力来减少燃料消耗，并在中途进行了 5 次较大的深空机动来调整轨道。除了完成对彗星的探测外，该探测器还在 2008 年 9 月 6 日和 2010 年 7 月 9 日飞掠了斯坦斯小行星和司琴小行星，并用光学、光谱和红外远程成像系统三种不同的成像设备对小行星进行了较为全面的探测；最后于 2014 年 5 月 22 日交会 Churyumov–Gerasimenko 彗星，并于 2016 年 9 月 30 日撞向彗星，成为彗星的一部分。大多数学者认为，地球生命的起源，源于彗星撞击地球带来的生命物质，对于彗星的探索，对揭示生命的起源有着重大的意义，也是"罗塞塔"号探测器的使命所在。"罗塞塔"号探测器的飞行轨迹如图 1–10 所示。

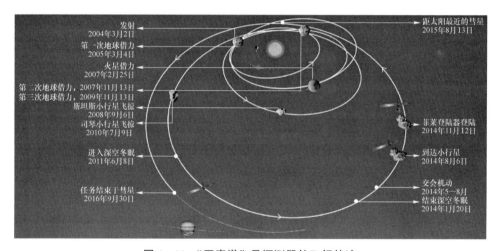

图 1–10　"罗塞塔"号探测器的飞行轨迹

1.2.3　平动点轨道低能量转移理论研究

在三体系统理论研究初期，关注点主要集中于如何基于不同的推力控制方式，实现探测器从近地轨道向平动点附近周期轨道进行最优转移，之后逐渐扩充至三体系统内或者不同三体系统间平动点轨道的转移设计。同时，在轨道构造过程中，燃料消耗往往是决定任务是否可行有效的关键指标，不同的设计方法为探测器执行复杂的空间观测任务提供了技术保障。

1. 日地系统的平动点轨道设计研究现状

由于日地 L_1 点与 L_2 点附近周期轨道在太阳和深空观测中的优越特性，针对此区域的低能量轨道设计与动力学研究受到了广泛关注，其中转移类型主要基于脉冲变轨与小推力变轨两种控制方式。

针对脉冲机动转移，Farquhar 等将三体模型简化为圆形限制性三体问题，研究了从地球出发的转移轨道设计方法，但动力学模型出现积分误差和奇异现象[48]。Howell 等利用正则化处理，有效地消除了奇异与误差问题[49]。1993 年，Gómez 等[50]、Barden[51]结合动力学理论与稳定流形，设计出日地 L_1 平动点轨道节能轨迹，并详细分析了不同条件下的转移轨道特性。由于部分流形能够延伸至地球附近，以此作为轨道设计初值，能够有效降低轨道设计的难度。徐明等[52]利用 Poincaré 截面分析了不变流形的近地点高度变化趋势，得到了 6 条由低地球停泊轨道出发的单脉冲转移轨道。Canalias 等[32]基于相同设计策略，构造了无约束条件下的平动点转移轨道。

然而，仅考虑不变流形无法实现低地球停泊轨道与小幅值 Halo 轨道之间的单脉冲直接转移。针对此问题，Mains[53]、Howell 等[54]与 Wilson[55]等结合动力学理论与微分修正设计算法，通过对稳定流形进行修正调整，并在轨道末端添加约束条件，设计出满足停泊轨道高度约束的转移轨迹。Marchand 等[56]在此基础上进一步对约束问题进行研究，利用两层微分修正算法构造了满足高度、升交点赤经与航迹角约束的脉冲转移轨道。相似地，李明涛等[57]通过微分修正策略，选取流形上不同位置作为入轨点进行轨道设计与分析。齐毅等[58-59]基于日地月限制性四体模型，结合月球借力技术，完成了地球停泊轨道与 L_1 点、L_2 点附近平面 Lyapunov 轨道之间的转移设计，比较分析燃料消耗和转移时间的变化关系。

针对小推力转移轨道研究，Sukhanov 与 Eismont[60]基于太阳能离子发动机，设定推力方向垂直于太阳矢量，讨论了从固定地球停泊轨道到达日地 L_1 点的转移轨道特性。Majid 等在双圆四体模型下，考虑太阳摄动与太阳风的影响，利用实时最优控制确定出最优的小推力转移轨迹[61]。为了进一步降低燃料消耗，Senent 等[62]在设计时引入稳定流形，推导了最优必要条件，结合伴随控制变换（adjoint control transformation，ACT）快速确定燃料最优解，最终实现了从地球停泊轨道飞抵日地 L_1 点 Halo 轨道的变比冲小推力转移，并且给出了转移轨道状态反馈控制方法。

2. 地月系统的平动点轨道设计研究现状

由于地月系平动点轨道的稳定流形与地球停泊轨道不相交，无法基于不变流形构造零消耗的转移轨道，需要至少施加两次脉冲完成轨道设计。Rausch 通过两层微分修正算法得到从地球停泊轨道到达 L_1 点 Halo 轨道的两脉冲直接转移轨迹，但平动点轨道入轨机动速度增量较大[63]。国内的潘迅等[64]针对相同的研究背景，基于二维插值和圆锥曲线拼接法，快速地构造了平动点轨道的两脉冲转移。Parker 与 Born[65]结合动力学系统理论，详细分析了不同地球停泊轨道倾角对 L_1 点与 L_2 点 Halo 轨道转移性能的影响，并且深入研究了目标轨道幅值、入轨点与燃料和时间的关系。Alessi 等[66]基于动力学理论，利用 Lissajous 轨道的不变流形研究了地月系平动点轨道的两脉冲转移问题。Parker[67]与 Zanzottera 等[68]提出弱稳定边界转移策略，通过连接日地系统与地月系统的不变流形，研究了低地球轨道抵达地月 L_2 点 Halo 轨道的转移特性，但弱稳定转移存在着飞行时间长等问题。

为了克服上述转移方式存在的问题，天体借力飞行技术常运用于低能量转移轨道设计。Gordon 结合稳定流形理论与月球借力技术，构造了不同幅值 Halo 轨道的两脉冲转移轨道，虽然降低了机动速度增量，但两脉冲条件下借力点方位不可调整，存在着局限性[69]；同时，飞行耗时较长且大幅值条件下燃料消耗过多。李明涛等[70-71]、Renk 等[72]与 Folta 等[73]在 Gordon 的研究基础上，提出了改进的月球借力三脉冲转移方案，通过在入轨点施加脉冲修正流形，获得较好的月球借力位置，最终降低任务燃料消耗。其中，李明涛结合不变流形理论与微分修正算法，基于平动点轨道设计了月球取样返回任务的节能转移轨道[74]。Pavlak 针对 L_1 点、L_2 点 Halo 轨道与地球停泊轨道之间的往返轨道设计问题，考虑月球引力辅助作用，分析了 Halo 轨道幅值变化的转移特性[75]。尽管上述方法能够给出轨道设计结果，但未明确月球借力点满足的约束条件及约束取值范围。因此，针对不同位置的目标平动点轨道，有必要研究借力约束变化对任务燃料消耗的影响，确定满足低能量转移的约束集合及参数选取范围，避免盲目的轨道设计，这是本书的研究内容之一。

小推力转移技术同样可运用于地月系平动点轨道转移设计。Ozimek 与 Howell[76]以地月系 L_1 点和 L_2 点周围 Halo 轨道、垂直轨道为目标轨道，研究了稳定流形与小推力转移拼接的设计方法，利用间接优化法完成由稳定流形到停泊轨道的小推力轨道设计，进一步采用打靶法确定航天器的剩余质量。相似地，祁瑞和徐世杰[77]推导了约束关于变量的解析梯度，构造出从低地球停泊轨道飞抵 L_1 点 Halo 轨道的直接转移与月球借力间接转移。Mingotti 等[78-79]在日地月－航天器组成的四体模型下，对小推力转移轨道设计问题进行了研究，利用流形技术确定小推力轨道的可达域范围。张晨等利用同伦算法，对地球同步轨道与地月系 L_1 点 Halo 轨道之间的小推力转移轨迹进行求解，在限制性三体模型下分别讨论了燃料最优、能量最优和时间最优问题[80]。

3. 平动点轨道间转移轨道设计研究现状

平动点轨道间转移任务可分为自然转移与非自然转移。相同能量的周期轨道之间通常存在着零消耗的自然转移轨道，即同宿轨道与异宿轨道。Winggins 研究表明，平动点轨道的同宿连接与异宿连接，是反映限制性三体问题全局动力学特性的关键[81]。Conley[82]与 McGehee[83]结合平面 CRTBP 模型，证明了同宿轨道在外区域与内区域的存在性，随着时间逆向与正向变化渐近趋于 Lyapunov 轨道。Gómez 等、koon 等与 Canalias 等[84-86]基于中心流形描述的平动点周围相空间结构，设计出 L_1 点与 L_2 点周期轨道的异宿连接。此后，Wilczak 等[87]与 Kirchgraber 等[88]从数值计算的角度，辅助证明了同宿轨道与异宿轨道的存在性。Parker 等[89]结合 Poincaré 截面映射，研究了地月系平面限制性三体问题的同宿轨道与异宿轨道，采用多重打靶法构造了复杂的转移轨道。

非自然转移通常需要借助脉冲或小推力实现轨道连接。针对相同三体系统中平动点轨道设计，Howell 与 Hiday-Johnston 在椭圆限制性三体模型下，选取 Lissajous 轨道的一部分，设计出两个 Halo 轨道间的转移轨迹，利用主矢量法优化了拼接点的速度增量[90]。同样，Gómez 等利用 Floquet 理论与流形理论对 Halo 轨道间转移问题进行研究，确定了脉冲施加的方向，最终将结果推广到精确星历模型下[91]。Davis 等[92]提出了影响球替代 Poincaré 截面的机动点搜索方法，在二体模型下定义形状参数 K，分析了此参数与速度增量的关系。数值结果表明，任务燃料消耗与参数基本呈正比关系，为转移机会的确定提供了依据。随后，其基于主矢量法确定了最优脉冲施加时刻，并根据主矢量变化曲线判断中端机动方向与时刻，最终设计出燃料最优的多脉冲转移轨道。Tsirogiannis 等[93-94]对不变流形进行离散，在全局范围内确定最佳流形拼接点，能够得到所需燃料更少的转移轨迹。拟周期 Lissajous 轨道间的转移问题同样值得研究，Canalias 等[95]对平动点空间几何结构进行研究，给出了同一平动点附近 Lissajous 轨道的转移设计方法，对不同幅值的轨道特性以及最优路径进行分析。本书将对平动点轨道间脉冲转移设计进一步讨论与研究，从状态量角度搜索流形最佳拼接点。

Stuart 等结合多重打靶法与约束解析梯度，对 L_1 点、L_2 点与 L_4 点附近周期轨道的变比冲小推力转移设计问题进行研究，并考虑了发动机比冲约束，分析了不同类型轨道之间转移特性[96]。在未使用流形的基础上，Epenoy[97]基于打靶法、最优控制理论与变分方程，研究了地月系 L_1 点、L_2 点 Lyapunov 轨道之间燃料最优转移。Chupin 等[98-99]提出了一种基于极大值原理的最优小推力转移新设计技术，并通过延拓法提高了设计方法的适用性。针对 3 个共线平动点与 2 个三角平动点附近不同类型轨道间小推力转移的研究较少，有必要对此方面进行系统分析，从而明确哪些轨道间存在潜在的节能转移，为未来空间拓展任务的实施提供参考，这也是本书的研究内容之一。

针对不同三体系统间平动点轨道的转移设计问题，探测器在多个天体引力作用下，三体问题演变为四体问题，通常将四体模型下的轨道设计转变为两个三体问题进行处理。Koon 等[100]提出不变流形管的概念处理不同系统间轨道转移，并应用于日地与地月系统中。其研究表明，日地与地月两个三体系统不变流形管的交点可以作为流形拼接点，设计出低能量转移轨道。然而，由于三体系统不存在解析表达式，通过数值搜索流形拼接点会产生巨大的计算量，引入 Poincaré 截面能够有效处理此问题。Koon 等针对平面转移问题，结合 Poincaré 截面与 Jacobi 积分将问题简化，使解空间可视，从而确定出流形的拼接位置。Kakoi 等在日地和地月三体系统中，提出超平面的概念，在超平面上确定出流形拼接点，最终获得了多条不同系统 Halo 轨道间零消耗转移轨道[101]。雷汉伦等[102]研究了地月系与日地系之间的单脉冲和小推力转移轨道设计问题，结合不变流形构造出日地系 L_2 点 Lyapunov 轨道与地月系 L_3 点 Lyapunov 轨道、L_4 点和 L_5 点短周期轨道的转移轨迹。Ren Y 等和 Zhang P 等[103-104]采用小推力发动机替代传统化学推进，在双圆四体模型下研究了地月系与日地系平动点轨道的燃料最优小推力转移。此类型转移轨道不仅利用流形转移低耗能优势，同时具有小推力高比冲的特性。

Alonso 以地－火 Halo 轨道间的转移设计为研究背景，在精确星历模型下，借助流形实现了星际 Halo 轨道间脉冲转移，并结合两层微分修正算法对轨道进行了优化[105]。针对此背景，Pergola 等在小推力模型下，利用动力学系统理论，确定了不稳定流形的逃逸点与稳定流形的入轨点位置，采用直接法获得小推力最优控制律[106]。

Nakamiya 等[107]提出了另一种地－火 Halo 轨道间的转移设计方法。在 Hill 三体模型下，首先将地球 Halo 轨道不变流形递推至地球附近，在近地点施加脉冲获得星际转移轨道，当探测器飞抵火星近拱点时，施加减速脉冲进入火星 Halo 轨道的稳定流形，最终完成捕获任务。其研究表明，选取合适的 Jacobi 常数，太阳系中行星的平动点轨道不变流形能够到达行星表面。

4. 平动点轨道在行星探测中的应用

平动点轨道及其不变流形在行星探测低能量转移轨道设计过程中同样具有重要的应用价值。Kakoi 等深入研究了从地月系 L_1 点、L_2 平动点轨道出发，结合地月不稳定流形、日地稳定流形及天体借力飞行到达火星的可行性。其研究表明，相比直接转移，天体借力转移能够更好地降低燃料消耗[101]。Mingotti 和 Gurfil[108] 结合小推力技术与流形理论，提出了与传统平动点转移轨道不同的地－火转移设计新方法，利用火星附近大尺度顺行轨道进行中转，完成了火星自由捕获。Nakamiya 等基于火星 Halo 轨道和地球 Halo 轨道，对地球－火星往返轨道设计问题进行分析，在地、火轨道共面假设模型下，研究了不变流形捕获的长时间、短时间转移问题，并将设计方法推广至精确星历模型下[109]。

国内学者王亚敏等以月球向日地平动点轨道转移、日地平动点轨道向近地小行星转移为研究背景，利用主矢量理论与扰动法，设计了平动点轨道飞抵小天体的最优转移轨道[110]；同时，结合不变流形，分析了日－火三体系统中火星 Halo 轨道捕获问题[111]。王帅基于平动点附近周期轨道与不变流形，提出了一种载人小行星探测的低能量轨道设计方法，讨论分析整个任务的燃料消耗，对比实际探测任务方案，验证了所提转移策略的有效性[112]。Tan 等针对近地小行星捕获问题，在日地月四体模型下，通过地月 L_1 点和 L_2 点周期轨道及其不变流形，设计了直接捕获与间接捕获两种转移类型[113]。

1.3 本书的主要内容及结构安排

本书主要分为两大部分：基础理论部分与理论应用部分，其中，第 2～5 章为基础理论部分，第 6～9 章为理论应用部分。

第一部分　基础理论部分

第 2、3 章主要介绍三体问题及平动点轨道动力学相关理论，重点关注圆形限制性三体问题的推导，以及基于此导出的平动点及相关性质。

第 4 章主要介绍不变流形与流形拼接，分别介绍了平动点和周期轨道的不变流形，以及流形拼接的相关计算。

第 5 章主要介绍借力飞行技术，详细介绍了借力飞行的原理，并对借力飞行轨道设计问题进行了详细讨论。

第二部分　理论应用部分

第 6 章主要关注日地系平动点轨道多约束转移设计方法研究，该章节基于第 3 章的理论基础，介绍了探测器从地球出发飞抵日地系平动点轨道的转移轨道设计的方法，并系统地讨论不同地球停泊轨道约束、不同目标轨道幅值和入轨点对转移轨道的影响，重点分析了燃料消耗、飞行时间与地球逃逸时刻的变化特性，确定出短时间–高脉冲转移，燃料与时间折中转移等不同转移类型及对应的入轨点分布特点。

第 7 章主要关注地月系平动点轨道借力转移方案设计与分析，该章节基于第 3、5 章的理论基础，以地月三体系统的平动点轨道转移为背景，介绍了月球借力低能量转移轨道设计方法，详细分析了不同月球借力约束、不同目标轨道参数对轨道转移速度增量和飞行时间的影响，从而确定最佳的入轨点区间。

第 8 章主要关注平动点轨道间低能量转移设计与优化，该章节基于第 3、4 章的理论基础，针对三体系统内、不同三体系统间平动点轨道的低能量转移问题进行研究。首先，基于平动点轨道的流形结构，提出了流形拼接点搜索方法，通过分析不稳定流形与稳定流形的状态量关系，对状态量进行处理，确定可行的流形拼接机会，进一步优化求解构造出地月系统内、地月系统和日地系统间的平动点轨道低能量转移轨迹。其次，结合变比冲小推力技术，对地月三体系统中 5 个平动点附近不同类型周期轨道进行详细讨论，优化求解平面周期轨道之间、平面轨道与三维轨道之间、三维平动点轨道之间的转移问题。研究表明，相比 L_3 点、L_4 点、L_5 点转移任务，L_1 点和 L_2 点周期轨道间的转移轨迹在燃料消耗与时间方面均具有优势。

第 9 章主要关注基于平动点轨道的火星探测应用研究，该章节基于第 3、4、5 章的理论基础，以地月系平动点轨道向火星转移为研究背景，结合天体借力飞行技术，介绍了仅考虑地球借力、月球借力与地球借力结合的两种轨道转移方式，对比分析了不同转移方案下的燃料消耗与飞行时间的关系。

本书主要研究内容及相关关系如图 1 – 11 所示。

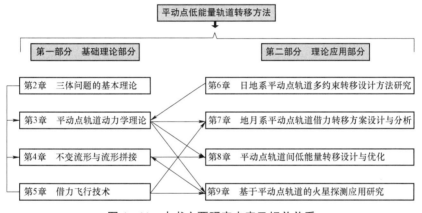

图 1–11 本书主要研究内容及相关关系

参考文献

[1] 叶培建，黄江川，张廷新，等. 嫦娥二号卫星技术成就与中国深空探测展望[J]. 中国科学: 技术科学, 2013, 43(5): 467 – 477.

[2] GAO Y, LI H N, HE M S. First-round design of the flight scenario for Chang'e – 2's extended mission: takeoff from lunar orbit[J]. Acta mechanica Sinica, 2012, 28(5): 1466 – 1478.

[3] QIAO D, CUI P Y, WANG Y M, et al. Design and analysis of an extended mission of CE – 2: from lunar orbit to Sun-Earth L_2 region[J]. Advances in space

reasearch, 2014, 54(10): 2087 – 2093.

[4] 乔栋, 黄江川, 崔平远, 等. 嫦娥二号飞越 Toutatis 小行星转移轨道设计[J]. 中国科学: 技术科学, 2013, 43(5): 487 – 492.

[5] 乔栋, 黄江川, 崔平远, 等. 嫦娥二号卫星飞越探测小行星的目标选择[J]. 中国科学: 技术科学, 2013, 43(6): 602 – 608.

[6] GAO Y. Near-earth asteroid flyby trajectories from the Sun-Earth L_2 for Chang'e – 2's extended flight[J]. Acta mechanica Sinca, 2013, 29(1): 123 – 131.

[7] NEWTON I. Mathematical principles of natural philosophy[M]. London：[s.n.], 1687.

[8] EULER L. De motu rectilineo trium corporum se mutuo attrahentium[J]. Novi commentarii academiae scientarum petropolitanae, 1767, 11: 144 – 151.

[9] LAGRANGE J L, SERRET J A. Essai sur le problème des trois corps[J]. Oeuvres de lagrange, 1772, 6: 229 – 332.

[10] GORDON S G. Orbit determination error analysis and station-keeping for libration point trajectories[D]. West Lafayette: Purdue Uniersity, 1991.

[11] POINCARÉ H. Sur le problèms des trois corps et les équations de la dynamique[J]. Acta math, 1890, 13: 1 – 27.

[12] POINCARÉ H. Les méthods nouvelles de la mécaniuqe celeste[M]. Paris: Gauthier-Villars, 1892.

[13] FARQUHAR R W, KAMEL A A. Quasi-periodic orbits about the translunar libration point[J]. Celestial mechanics, 1973, 7(4): 458 – 473.

[14] RICHARDSON D L. Analytical construction of periodic orbits about the collinear points[J]. Celestial mechanics, 1980, 22(3): 241 – 253.

[15] GÓMEZ G, JORBA A, MASDEMONT J J, et al. Study refinement of semi-analytical Halo orbit theory[R]. Final Report, ESOC Constract NO.: 8625/89/D/MD(SC), 1991.

[16] GÓMEZ G, MASDEMONT J J, SIMÓ C. Quasihalo orbits associated with libration points[J]. The journal of the astronautical sciences, 1998, 46: 135 – 176.

[17] 卢松涛, 赵育善. Halo 轨道 Richardson 三阶解析解的改进[J].宇航学报, 2009,

30(3): 863 – 869.

[18] HOWELL K C, PERNICKA H J. Numerical determination of Lissajous trajectories in the restricted three-body problem[J]. Celestial mechanics, 1998, 41(1 – 4): 107 – 124.

[19] GREBOW D. Generating periodic orbits in the circular restricted three-body problem with application to lunar south pole converage[D]. West Lafayette: Purdue University, 2006.

[20] LIAN Y J, GÓMEZ G, MASDEMONT J J, et al. A note on the dynamics around the lagrange collinear points of the Earth-Moon system in a complete solar system model[J]. Celestial mechanics and dynamcial astronomy, 2013, 115: 185 – 211.

[21] 陶雪峰, 连一君. 基于参数优化的平动点轨道族简单生成方法[J]. 中国科学: 技术科学, 2017, 47(1): 89 – 102.

[22] HÉNON M. Families of periodic orbits in the three-body problem[J]. Celestial mechanics and dynamcial astronomy, 1974, 10: 375 – 388.

[23] HÉNON M. A familiy of periodic solutions of the planar three-body problem, and their stability[J]. Celestial mechanics and dynamcial astronomy, 1976, 13: 267 – 285.

[24] BREAKWELL J V, BROWN J V. The Halo family of 3 – dimensional periodic orbits in the Earth-Moon restricted 3 – body problem[J]. Celestial mechanics, 1979, 20: 389 – 404.

[25] HOWELL K C. Three dimensional, periodic, Halo orbits[J]. Celesitial mechanics and dynamical astronomy, 1983, 32: 53 – 71.

[26] JORBA A, MASDEMONT J J. Dynamics in the center manifold of the collinear points of the restricted three body problem[J]. Physica D: nonlinear phenomena, 1999, 132: 189 – 213.

[27] ANDREU M A. Dunamics in the center manifold around L_2 in the quasi-bicircular problem[J]. Celestial mechanics and dynamcial astronomy, 2002, 84(2): 105 – 133.

[28] CROSS C A. Orbits for an extra-terrestrial observatory[J]. Journal of the British Interplanetary Society, 1954, 13(4): 204 – 207.

[29] FARQUHAR R W. Lunar communications with libration-point satellites[J]. Journal of spacecraft and rockets, 1967, 4(10): 1383 – 1384.

[30] HEATHER F. A wind trajectory design incorporating multiple transfers with libration points[C]// AIAA/AAS Astrodynamics Specialist Conference and Exhibit, Monterey, California, 2002.

[31] SHARER P, HARRINGTON T. Trajectory optimization for the ACE Halo orbit mission[C]//AIAA/AAS Astrodynamics Conference, San Diego, 1996.

[32] CANALIAS E, GÓMEZ G, MARCOTE, et al. Assessment of mission design including utilization of libration points and weak stability boundaries[R]. ESOC Contract 18141/04/NL/MV, Final Report, 2004.

[33] FARQUHAR R W, MUHONEN D P, RICHARDSON D L. Mission design for a Halo orbiter of the earth[J]. Journal of spacecraft and rockets, 1977, 14(3): 170 – 177.

[34] RICHARDSON D L. Halo-orbit formulation for the ISEE – 3 mission[J]. Journal of guidance and control, 1980, 3(6): 543 – 548.

[35] FARQUHAR R W. The flight of ISEE – 3/ICE: origins, mission history, and a legacy[J]. The journal of the astronautical sciences, 2001, 49: 23 – 73.

[36] GÓMEZ G, JORBA A, MASDEMONT J J, et al. A dynamical systems approach for the analysis of the SOHO mission[C]//Third International Symposium on Spacecraft Flight Dynamics, Darmstadt, Germany, 1991.

[37] DUNHAM D W, JEN S J, ROBERTS C E, et al. Transfer trajectory design for the SOHO libration-point mission[C]//43rd Congress of the International Astronautical Federation, Washington, DC, 1992.

[38] BONNET R M, FELICI F. Overview of the SOHO mission[J]. Advances in space research, 1997, 20: 2207 – 2218.

[39] FOLTA D, RICHON K. Libration orbit mission design at L_2: a MAP and NGST perspective[C]//AIAA/AAS Astrodynamics Conference, Boston, 1998.

[40] KOON W S, LO M W, MARSDEN J E, et al. The genesis trajectory and heteroclinic connections[C]//AIAA/AAS Astrodynamics Conference, Alaska, 1998.

[41] LO M W, WILLIAMS B G, BOLLMAN W E, et al. Genesis mission design[J]. Journal of the Astronautical Sciences, 2001, 49(1): 169－184.

[42] 吴伟仁, 崔平远, 乔栋, 等. 嫦娥二号日地拉格朗日 L_2 点探测轨道设计与实施[J].中国科学: 科学通报, 2012, 57(21): 1987－1991.

[43] WOODARD M, FOLTA D, WOODFORK D. ARTEMIS: the first mission to the lunar libration orbits[C]//21st International Symposium on Space Flight Dynamics, Toulouse, France, 2009.

[44] SWEETSER T H, BROSCHART S B, ANGELOPOULOS V, et al. ARTEMIS mission design[J]. Space science reviews, 2011, 165(1－4): 27－57.

[45] FOLTA D, WOODARD M, HOWELL K C, et al. Applications of multi-body dynamical environments: the ARTEMIS transfer trajectory design[J]. Acta astronautica, 2012, 73: 237－249.

[46] UESUGI K. Results of the MUSE-A "Hiten" mission[J]. Advances in space research, 1996, 18(11): 69－72.

[47] BELBRUNO E A, MILLER J K. Sun-perturbed earth-to-moon transfers with ballistic capture[J]. Journal of guidance, control, and dynamics, 1993, 16: 770－775.

[48] FARQUHAR R W. Trajectories and orbital maneuvers for the first libration-point satellite[J]. Journal of guidance, control, and dynamics, 1980, 3(6): 549－554.

[49] HOWELL K C, BREAKWELL J V. Almost rectilinear Halo orbits[J]. Celestial mechanics and dynamical astronomy,1984, 32(1): 29－52.

[50] GÓMEZ G, JORBA A, MASDEMONT J, et al. Study of the transfer from the earth to a Halo orbit around the equilibrum point L_1[J]. Celestial mechanics and dynamical astronomy, 1993, 56(4): 541－562.

[51] BARDEN B T. Using stable manifolds to generate transfers in the circular

restricted problem of three bodies[D]. West Lafayette: Purdue University, 1994.

[52] XU M, TAN T, XU S J. Research on the transfers to Halo orbits from the view of invariant manifolds[J]. Science China physics, mechanics and astronomy, 2012, 55(4): 671－683.

[53] MAINS D L. Transfer trajectories from earth parking orbits to L_1 Halo orbits[D]. West Lafayette: Purdue University, 1993.

[54] HOWELL K C, MAINS D L, BARDEN B T. Transfer trajectories from earth parking orbits to Sun-Earth Halo orbits[C]// AAS/AIAA Spaceflight Mechanics Meeting, Cocoa Beach, Florida, 1994.

[55] WILSON R S, HOWELL K C, LO M W. Optimization of insertion cost for transfer trajectories to libration point orbits[C]// AAS/AIAA Astrodynamics Specialist Conference, Girdwood, Alaska, 1999.

[56] MARCHAND B G, HOWELL K C. Improved corrections process for constrained trajectory design in the n-body problem[J]. Journal of spacecraft and rocket, 2007, 44(4): 884－897.

[57] 李明涛, 郑建华, 于锡峥, 等. 基于流形插入的日地系 Halo 轨道转移轨道设计[J]. 吉林大学学报, 2011, 41(2): 585－589.

[58] QI Y, XU S J. Study of lunar gravity assist orbits in the restricted four-body problem[J]. Celestial mechanics and dynamical astronomy, 2016, 125: 333－361.

[59] QI Y, XU S J, QI R. Transfer from earth to libration point orbit using lunar gravity assist[J]. Acta astronautica, 2017, 133: 145－157.

[60] SUKHANOV T, EISMONT N. Low thrust transfer to Sun-Earth L_1 and L_2 points with a constraint on the thrust direction[C]// Proceedings of the Libration Point Orbits and Applications Conference, World Scientific, London, 2003: 439－454.

[61] MAJID S, CHRISTOF B. Real-time control of optimal low-thrust transfer to the Sun-Earth L_1 Halo orbit in the bicircular four-body problem[J]. Acta astronautica, 2011, 69: 882－891.

[62] SENENT J, OCAMPO C, CAPELLA A. Low-thrust variable-specific-impulse

transfers and guidance to unstable periodic orbits[J]. Journal of guidance, control, and dynamics, 2005, 28(2): 280 – 290.

[63] RAUSCH R R. Earth to Halo orbit transfer trajectories[D]. West Lafayette: Purdue University, 2005.

[64] 潘迅, 杨瑞, 泮斌峰, 等.平动点双脉冲转移轨道的快速计算方法[J].宇航学报, 2017, 38(6): 575 – 582.

[65] PARKER J S, BORN G H. Direct lunar Halo transfers[J]. The journal of the astronautical science, 2008, 56(4): 441 – 471.

[66] ALESSI E M, GÓMEZ G, MASDEMONT J J. Two-maneuvers transfers between LEOs and Lissajous orbits in the Earth-Moon system[J]. Advances in space research, 2010, 45: 1276 – 1291.

[67] PARKER J S. Families of low-energy lunar Halo transfers[C]// AAS/AIAA Spaceflight Dynamics Conference, 2006.

[68] ZANZOTTERA A, MINGOTTI G, CASTELLI R, et al. Intersecting invariant manifolds in spatial restricted three-body problems: design and optimization of earth-to-Halo transfers in the Sun-Earth-Moon scenario[J]. Communications in nonlinear science and numerical simulation, 2012, 17(2): 832 – 843.

[69] GORDON D P. Transfers to Earth-Moon L_2 Halo orbits using lunar proximity and invariant manifolds[D]. West Lafayette: Purdue University, 2008.

[70] LI M T, ZHENG J H. Indirect transfer to the Earth-Moon L_1 libration point[J]. Celestial mechanics and dynamical astronomy, 2010, 108(2): 203 – 213.

[71] LI M T, ZHENG J H. Impulsive lunar Halo transfers using the stable manifolds and lunar flybys[J]. Acta astronautica, 2010, 66: 1481 – 1492.

[72] RENK F, HECHLER M, MESSERSCHMID E. Exploration missions in the Sun-Earth-Moon system: a detailed view on selcted transfer problems[J]. Acta astronautica, 2010, 67: 82 – 96.

[73] FOLTA D C, PAVLAK T A, HAAPALA A F, et al. Preliminary design considerations for access and operations in Earth-Moon L_1/L_2 orbits[C]// AAS/AIAA Space Flight Mechanics Meeting, Kauai, Hawaii, 2013.

[74] 李明涛. 共线平动点任务节能轨道设计与优化[D]. 北京: 中国科学院空间科学与应用研究中心, 2010.

[75] PAVLAK T A. Trajectory Design and orbit maintenance strategies in multi-body dynamical regimes[D]. West Lafayette: Purdue University, 2013.

[76] OZIMEK M T, HOWELL K C. Low-thrust transfers in the Earth-Moon system, including applications to libration point orbits[J]. Journal of guidance, control, and dynamics, 2010, 33(2): 533 – 549.

[77] QI R, XU S J. Optimal low-thrust transfers to lunar L_1 Halo orbit using variable specific impulse engine[J]. Journal of aerospace engeering, 2014, 28(4): 1 – 13.

[78] MINGOTTI G, TOPPUTO F, BERNELLI-ZAZZERA F. Combined optimal low-thrust and stable-manifold trajectories to the Earth-Moon Halo orbits[J]. New trends in astrodynamics and applications, 2007, 886(3): 100 – 112.

[79] MINGOTTI G, TOPPUTO F, BERNELLI-ZAZZERA F. Optimal low-thrust invariant manifold trajectories via attainable sets[J]. Journal of guidance, control, and dynamics, 2011, 34(6): 1644 – 1655.

[80] ZHANG C, TOPPUTO F, BERNELLI – ZAZZERA F, et al. Low-thrust minimum-fuel optimization in the circular restricted three-body problem[J]. Journal of guidance, control and dynamics, 2015, 38(8): 1501 – 1509.

[81] WINGGIN S. Introduction to applied nonlinear dynamical system and chaos: volume 2 of texts in applied mathematics[M]. Berlin: Springer-Verlag, 2003.

[82] CONLEY C C. Low energy transit orbits in the restricted three-body problem[J]. SIAM journal on applized mathematics, 1968, 16: 732 – 746.

[83] MCGEHEE R. Some homoclinic orbits for the restricted three-body problem[D]. Madison: University of Wisconsin-Madison, 1969.

[84] GÓMEZ G, MASDEMONT J J. Some zero cost transfers between libration point orbits[J].Advances in the astronautical sciences, 2000, 105(2): 1199 – 1216.

[85] KOON W S, LO M W, MARSDEN J E, et al. Heterclinic connections between periodic orbits and resonance transitions in celestial mechanics[J]. Chaos, 2000, 10: 427 – 469.

[86] CANALIAS E, MASDEMONT J J. Computing natural transfers between Sun-Earth and Earth-Moon Lissajous libration point orbits[J]. Acta astronautica, 2008, 63: 238 – 248.

[87] WILCZAK S, ZGLICZYNSKI P. Heteroclinic connections between periodic orbits in planar restricted circular three body problem – a computer assisted proof[J]. Communications in mathematical physics, 2003, 234: 37 – 75.

[88] KIRCHGRABER U, STOFFER D. Possible chaotic motion of comets in the sun-jupiter system-a computer-assisted approach based on shadowing[J]. Nonlinearity, 2004, 17: 281 – 300.

[89] PARKER J S, DAVIS K E, BORN G H. Chaining periodic three-body orbits in the Earth-Moon system[J]. Acta astronautica, 2010, 67: 623 – 638.

[90] HOWELL K C, HIDAY-JOHNSTON L A. Time-free transfers between libration point orbits in the elliptic restricted problem[J]. Acta astronautica, 1994, 32: 245 – 254.

[91] GÓMEZ G, JORBA A, MASDEMONT J, et al. Study of the transfer between Halo orbits[J]. Acta astronautica, 1998, 43: 493 – 520.

[92] DAVIS K E, ANDERSON R L, SCHEERES D J, et al. The use of invariant manifolds for transfers between unstable periodic orbits of different energies[J]. Celestial mechanics and dynamical astronomy, 2010, 107(4): 471 – 485.

[93] TSIROGIANNIS G A, MARKELLOS V V. A greedy global search algorithm for connecting unstable periodic orbits with low energy cost[J]. Celestial mechanics and dynamical astronomy, 2013, 117: 201 – 213.

[94] TSIROGIANNIS G A, DAVIS K E. A two-level perturbation method for connecting unstable periodic orbits with low fuel cost and short time of flight: application to a lunar observation mission[J]. Celestial mechanics and dynamical astronomy, 2016, 125: 287 – 307.

[95] CANALIAS E, COBOS J, MASDEMONT J J. Impulsive transfers between Lissajous libration point orbits[J]. The journal of the astronautical sciences, 2003, 51(4): 361 – 390.

[96] STUART J R, OZIMEK M T, HOWELL K C. Optimal, low-thrust, path-constrained transfers between libration point orbits using invariant manifolds[C]// AIAA/AAS Astrodynamics Specialist Conference, Toronto, Canada, 2010.

[97] EPENOY R. Low-thrust transfers between libration point orbits without explicit use of manifolds[J]. Recent advances in celestial and space mechanics, 2016, 23: 143−178.

[98] CHUPIN M, HABERKORN T, TRÉLAT E. Low-thrust Lyapunov to Lyapunov and Halo to Halo missions with L_2−minimization[J]. ESAIM: mathematical modelling and numerical analysis, 2017, 51(3): 965−996.

[99] CHUPIN M, HABERKORN T, TRÉLAT E. Transfer between invariant manifolds: from impulse transfer to low-thrust transfer[J]. Journal of guidance, control, and dynamics, 2017, 41(3): 1−15.

[100] KOON W S, LO M W, MARSDEN J E, et al. Low energy transfers to the moon[J]. Celestial mechanics and dynamical astronomy, 2001, 81(1): 63−73.

[101] KAKOI M, HOWELL K C, FOLTA D. Access to Mars from Earth-Moon libration point orbits: manifold and direct options[J]. Acta astronautica, 2014, 102: 269−286.

[102] LEI H L, XU B. Transfers between libration point orbits of Sun-Earth and earth-moon systems by using invariant manifolds[J]. Journal of engineering marhematics, 2016, 98: 163−186.

[103] REN Y, PERGOLA P, FANTINO E, et al. Optimal low-thrust transfers between libration point orbits[J]. Celestial mechanics and dynamical astronomy, 2010, 122: 1−21.

[104] ZHANG P, LI J F, BAOYIN H X, et al. A Low-Thrust Transfer between the Earth-Moon and Sun-Earth systems based on invariant manifolds[J]. Acta astronautica, 2013, 91: 77−88.

[105] ALONSO G P. The design of system-to-system transfer arcs using invariant manifolds in the multi-body problem[D]. West Lafayette: Purdue University, 2006.

[106] PERGOLA P, GEURTS K, CASAREGOLA C, et al. Earth-mars Halo to Halo low thrust manifold transfers[J]. Celestial mechanics and dynamical astronomy, 2009, 105: 19 – 32.

[107] NAKAMIYA M, SCHEERES D J, YAMAKAWA H, et al. Analysis of capture trajectories into periodic orbits about libration points[J]. Journal of guidance, control, and dynamics, 2008, 31(5): 1344 – 1351.

[108] MINGOTTI G, GURFIL P. Mixed low-thrust invariant-manifold transfers to distant prograde orbits around mars[J]. Journal of guidance, control, and dynamics, 2010, 33(6): 1753 – 1764.

[109] NAKAMIYA M, YAMAKAWA H, SCHEERES D J, et al. Interplanetary transfers between Halo orbits: connectivity between escape and capture trajectories[J]. Journal of guidance, control, and dynamics, 2010, 33(3): 803 – 813.

[110] WANG Y M, QIAO D, CUI P Y. Trajectory design for the transfer from the Lissajous orbit of Sun-Earth-Moon system to asteroids[J]. Applied mechanics and materials, 2013, 390: 478 – 484.

[111] WANG Y M, QIAO D, CUI P Y. Analysis of two-impulse capture trajectories into Halo orbits of sun-mars system[J]. Journal of guidance, control, and dynamics, 2017, 37(3): 985 – 990.

[112] 王帅. 行星际低能量转移轨道设计与优化方法研究[D]. 北京: 北京理工大学, 2015.

[113] TAN M H, MCINNES C, CERIOTTI M. Direct and indirect capture of near-earth asteroids in the Earth-Moon system[J]. Celestial mechanics and dynamical astronomy, 2017, 129: 57 – 88.

第一部分

基础理论部分

第 2 章

三体问题的基本理论

在传统的二体问题中,主要关注的是两个质点间的相对运动情况,譬如航天器相对地球的运动情况,此时航天器相对地球较近,地球的引力在航天器运动过程中起到了主导作用,而其他的天体引力量级较小,可以当作影响较小的摄动力,这种情况下,我们可以采用圆锥曲线对探测器的运动轨道进行近似。但是当航天器离地球较远时,其他天体(譬如太阳)的引力也将成为影响航天器运动的主要作用力之一,此时,就不能单纯地将其处理为二体问题,而应研究由各个主要影响天体和航天器组成的多体系统的运动情况,当系统仅含有 3 个物体时,称其为三体系统,研究三体系统的运动问题称为三体问题,本章将主要围绕三体问题展开,具体的章节结构安排与小节关系如图 2-1 所示。

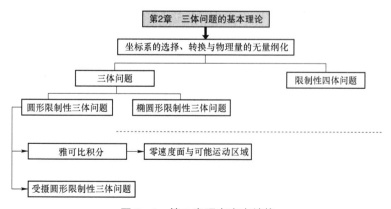

图 2-1 第 2 章研究内容结构

▨ 2.1 坐标系选择、转换与物理量的无量纲化

在研究三体问题前，首先需要选取合适的坐标系以便后续研究，在研究小天体（含航天器）的运动时，根据各种航天任务的需要，将会涉及下面三种坐标系的选择。

（1）主天体 P_i $(i=1,2)$ 的质心坐标系。

（2）两主天体系统质心惯性坐标系，简称质心惯性坐标系。

（3）两主天体系统质心旋转坐标系，通常称为会合坐标系（也称为旋转坐标系）。

其中，第一种坐标系的原点在主天体 P_i $(i=1,2)$ 上，后两种坐标系，质心惯性坐标系和会合坐标系的原点均在系统质心处。它们的基本平面（$x-y$ 坐标面）和主方向将根据不同的天体系统和不同的问题来选择。关于主天体的质心坐标系，还将涉及质心天球坐标系和体固坐标系。

这里要说明一点：上述惯性坐标系中"惯性"之意是针对两个大天体的孤立系统而言的，在无外力作用下，该二体的质心静止或做匀速直线运动，相应的坐标系在此意义下的惯性系，并非传统二体问题中对太阳系中惯性坐标系所下的定义。

小天体 P 在某一主天体 P_i 附近运动（例如月球探测器从地球上发射后的初始近地运行段和到达月球附近制动后的环月运行段），往往选取第一种坐标系，而当小天体 P 在两个主天体之间运行时（探测器的转移轨道段），则采用后两种坐标系之一，特别是最后一种坐标系，便于理论分析和发射轨道的选择计算。当然，就航天任务而言，最终还是要放到第一种坐标系去体现探测器 P 的具体运行状态。

因此，还需要研究不同坐标系之间小天体的位置矢量和速度矢量的转换关系。不妨以月球探测器为背景来讨论相应的转换关系，其方法同样可推广到对其他类型小天体运动的讨论中去。对于地月–探测器这样的限制性三体问题，探测器的运动可分为三个阶段，即从地球上发射，先在地球卫星的轨道上运行；经变轨后进入地月空间飞行；最后到达月球附近，或是靠近月球后远离而去（也可以是返回地球），或是再经变轨成为月球卫星。考虑上述三个运行阶段的轨道问题，

往往采用三种不同的坐标系，即中心天体（地球）的地心赤道坐标系；地月系质心旋转坐标系；被探测天体（月球）的月心赤道坐标系。

　　这里暂不考虑真赤道与平赤道之间的差别，也不考虑坐标系涉及的历元问题，它并不影响将要建立的转换关系的实际意义。采用赤道坐标系的原因，在于探测器靠近主天体时，该天体的非球形引力效应是最主要的摄动源，考虑这种非球形引力作用显然取赤道坐标系为宜。对于探测器运行的全过程，必然涉及上述三种坐标系之间的转换问题，而变轨过程中各运动量的改变，仍在各相应坐标系内完成，不影响下面将要建立的转换关系式[1]。

　　分别记上述三种坐标系（地心赤道坐标系，地月系质心旋转坐标系，月球的月心赤道坐标系）为

$$P_1 - \xi\eta\zeta, \quad C - xyz, \quad P_2 - \xi\eta\zeta \tag{2-1}$$

探测器在这三种坐标系中的位置矢量分别记为 $\boldsymbol{\rho}_1, \boldsymbol{r}, \boldsymbol{\rho}_2$。下面讨论由（$P_1 - \xi\eta\zeta$）坐标系先转换至（$C - xyz$）坐标系、最终转至（$P_2 - \xi\eta\zeta$）坐标系过程中，探测器的位置矢量和速度矢量的转换关系，坐标系之间的几何关系如图 2-2 和图 2-3 所示。

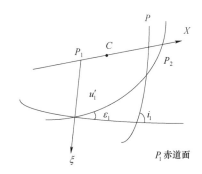
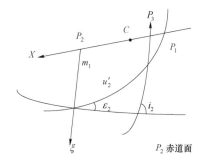

图 2-2　坐标系转换：
（$P_1 - \xi\eta\zeta$）→（$C - xyz$）

图 2-3　坐标系转换：
（$C - xyz$）→（$P_2 - \xi\eta\zeta$）

1. 位置矢量的转换关系

由图 2-2 和图 2-3 可知

$$\boldsymbol{r} = \boldsymbol{R}_z(u_1')\boldsymbol{R}_x(\varepsilon_1)\boldsymbol{\rho}_1 + \boldsymbol{r}_1'$$
$$\boldsymbol{\rho}_2 = \boldsymbol{R}_x(-\varepsilon_2)\boldsymbol{R}_z(-(u_2' + \pi))(\boldsymbol{r} - \boldsymbol{r}_2') \tag{2-2}$$

其中，$\boldsymbol{R}_k (k = x, y, z)$ 代表绕 k 轴的旋转矩阵，而质心旋转坐标系（$C - xyz$）中大

天体 P_1（地球）和 P_2（月球）的位置矢量如式（2-3）和式（2-4）所示：

$$r_1 = r - r_1', \quad r_2 = r - r_2' \tag{2-3}$$

$$r_1' = \begin{bmatrix} -\mu \\ 0 \\ 0 \end{bmatrix}, \quad r_2' = \begin{bmatrix} 1-\mu \\ 0 \\ 0 \end{bmatrix} \tag{2-4}$$

其中，小天体和两个主天体的坐标矢量各记为 r, r_1', r_2'。

倾角 ε_1、ε_2 和 P_2、P_1 的纬度角 u_1'、u_2'，以及坐标轴指向的选取，可参照图 2-2 和图 2-3。

2. 速度矢量的转换关系

对式（2-2）求导可得

$$\dot{r} = R_z(u_1') R_x(\varepsilon_1) \dot{\rho}_1 + \dot{R}_z(u_1') R_x(\varepsilon_1) \rho_1$$
$$\dot{\rho}_2 = R_x(-\varepsilon_2)[R_z(-(u_2'+\pi))\dot{r} + \dot{R}_z(-(u_2'+\pi))(r - r_2')] \tag{2-5}$$

则有

$$v^2 = \dot{x}^2 + \dot{y}^2 + \dot{z}^2$$
$$= (\dot{\xi}^2 + \dot{\eta}^2 + \dot{\zeta}^2) - 2[\xi(\dot{\eta}\cos\varepsilon_1 + \dot{\zeta}\sin\varepsilon_1) - \dot{\xi}(\eta\cos\varepsilon_1 + \varsigma\sin\varepsilon_1)] \tag{2-6}$$
$$+ [\dot{\xi}^2 + (\eta\cos\varepsilon_1 + \varsigma\sin\varepsilon_1)^2]$$

其中，

$$(\dot{\xi}^2 + \dot{\eta}^2 + \dot{\zeta}^2) = (\dot{x}^2 + \dot{y}^2 + \dot{z}^2) + 2[(x-(1-\mu))\dot{y} - y\dot{x}]$$
$$+ [(x-(1-\mu))^2 + y^2] \tag{2-7}$$

为了分析问题和计算上的方便，往往采用无量纲形式，不仅使各物理量无量纲化，而且它们的量级"归一化"，便于对问题的分析。在这里，若是第一种运动问题，即小天体在主天体 P 附近运动，则相应的质量单位[M]、长度单位[L]和时间单位[T]分别取为

$$\begin{cases} [\text{M}] = m_i \quad (i=1, 2) \\ [\text{L}] = a_e \\ [\text{T}] = (a_e^3 / Gm_i)^{1/2} \end{cases} \tag{2-8}$$

此时新系统的引力常数 $G=1$，m 为天体质量。对于第二种运动问题，由于小天体在两个主天体之间运动，其涉及的运动"尺度"与前者不同，为此，计算单位习惯取法为

$$\begin{cases} [M] = m_1 + m_2 \\ [L] = a_{12} \\ [T] = [a_{12}^3 / G(m_1 + m_2)]^{1/2} \end{cases} \quad (2-9)$$

式中，a_{12} 为两个主天体之间的距离，新系统的引力常数 $G=1$。

在此计算单位系统中，两个主天体的质量分别为

$$1 - \mu = \frac{m_1}{m_1 + m_2}, \quad \mu = \frac{m_2}{m_1 + m_2} \quad (2-10)$$

它们到质心的距离可表示为

$$r_1' = \mu, \quad r_2' = 1 - \mu \quad (2-11)$$

此外，针对不同三体系统间平动点轨道的转移轨道设计，需要将航天器的状态量在统一坐标系下描述。同时，考虑地球停泊轨道约束时，轨道根数在地心惯性系下定义，应将会合系中确定的航天器位置与速度矢量进行坐标变换。下面以日地三体系统与地月三体系统为例，讨论不同会合系下位置与速度的转换关系。

假设航天器位于日地三体系统中，在日地会合系下的状态量为 $\boldsymbol{X}_{se}^p = [\boldsymbol{r}_{se}^p, \boldsymbol{v}_{se}^p]^T$，地球的状态量为 $\boldsymbol{X}_{se}^e = [\boldsymbol{r}_{se}^e, \boldsymbol{0}_{1\times3}]^T$，地月系统中，地球状态量为 $\boldsymbol{X}_{em}^e = \left[\boldsymbol{r}_{em}^e, \boldsymbol{0}_{1\times3}\right]^T$。地球轨道相对于黄道面的倾角为 i_e，升交点赤经为 Ω_e，纬度幅角为 θ_e，黄赤交角为 η。月球轨道相对于赤道面的倾角为 i_m，升交点赤经为 Ω_m，纬度幅角为 θ_m，如图 2-4

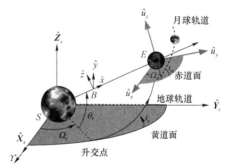

图 2-4　不同坐标系间关系示意图

所示。日地系和地月系的归一化长度单位与时间单位分别为 L_{SE}、T_{SE} 和 L_{EM}、T_{EM}。

首先，在会合系中求解航天器相对于地心的位置与速度矢量，并通过坐标变换，将状态量转换到地心赤道惯性系下，即

$$\boldsymbol{X}_{I-se}^p = \begin{bmatrix} {}^{I}\boldsymbol{C}_{se}^R & \vline & \boldsymbol{0}_{3\times3} \\ \hline C_{12} & -C_{11} & 0 & \\ C_{22} & -C_{21} & 0 & {}^{I}\boldsymbol{C}_{se}^R \\ C_{32} & -C_{31} & 0 & \end{bmatrix} \cdot (\boldsymbol{X}_{se}^p - \boldsymbol{X}_{se}^e) \quad (2-12)$$

其中，坐标转换矩阵 ${}^{I}\boldsymbol{C}_{se}^R = (R_z(\boldsymbol{\theta}_e)R_x(i_e)R_z(\Omega_e)R_x(\eta))^T$，$C_{ij}$ 对应矩阵的 ij 项元素。

在求解考虑地球停泊轨道约束的转移轨道问题时，式（2-12）中状态量 $X_{I-se}^{p} = [r_{se}^{I}, v_{se}^{I}]^{\mathrm{T}}$ 可以用于计算轨道端点对应的停泊轨道根数。由于日地系和地月系的长度单位与时间单位不一致，需要对日地系下状态量进行转换，满足

$$X_{I-em}^{p} = \begin{bmatrix} r_{em}^{I} \\ v_{em}^{I} \end{bmatrix} = \begin{bmatrix} L_{AB} r_{se}^{I} \\ \dfrac{L_{AB}}{T_{AB}} \cdot v_{se}^{I} \end{bmatrix} \qquad (2-13)$$

式中，$L_{AB} = L_{se} / L_{em}$，$T_{AB} = T_{se} / T_{em}$。通过式（2-13）即可确定地月三体系统中，地心赤道惯性系下航天器相对于地球的位置与速度。最后将状态量转换到地月质心会合坐标系中，即

$$X_{em}^{p} = \begin{bmatrix} & {}^{R}\widetilde{C}_{em}^{I} & & \boldsymbol{0}_{3\times3} \\ \tilde{C}_{21} & \tilde{C}_{22} & \tilde{C}_{23} & \\ -\tilde{C}_{11} & -\tilde{C}_{12} & -\tilde{C}_{13} & {}^{R}\widetilde{C}_{em}^{I} \\ 0 & 0 & 0 & \end{bmatrix} \cdot X_{I-em}^{p} + X_{em}^{e} \qquad (2-14)$$

${}^{R}\widetilde{C}_{em}^{I}$ 为地心惯性系到会合系的转换矩阵；$\tilde{C}_{ij}$ 为对应的矩阵元素。

2.2　三体问题基本方程

2.2.1　N体问题基本方程

在考虑三体问题前，首先考虑更一般的情况，即 N 体问题，N 体质点问题困扰了天文学家和数学家 3 个世纪。这个问题可以简单地表述为：已知质量的物体在某一初始时刻的位置和速度，求出该物体在任何其他时刻的位置和速度。这显然是一个非常实际的问题；这正是航天器在太阳和太阳系中所有行星的引力作用下，从一颗行星到另一颗行星所需要解决的问题。

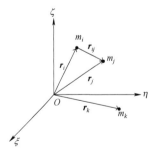

图 2-5　惯性坐标系中的绝对
位置矢量和相对位置矢量

首先记 r_i 为质量 m_i 的质点在某一惯性坐标系下的位置矢量，O 为该惯性坐标系的原点，如图 2-5 所示，记 r_{ij} 为第 j 个质点相对于第 i 个质点的位置矢量。

$$r_{ij} = r_j - r_i, \quad i = 1, 2, \cdots, N \tag{2-15}$$

第 i 个物体的引力由其他 $N-1$ 个质点对它的吸引力所决定，由此根据万有引力公式可得

$$m_i \ddot{r}_i = \sum_{j=1, j \neq i}^{N} \frac{G m_i m_j}{\left\| r_{ij} \right\|^3} r_{ij} \tag{2-16}$$

因为 $r_{ij} = -r_{ji}$，将式（2-16）对系统中所有质点进行加和可得

$$\sum_{i=1}^{N} m_i \ddot{r}_i = 0 \tag{2-17}$$

对式（2-17）依次进行两次积分可得

$$\sum_{i=1}^{N} m_i \dot{r}_i = C_1 \tag{2-18}$$

$$\sum_{i=1}^{N} m_i r_i = C_1 t + C_2 \tag{2-19}$$

其中，C_1、C_2 为常向量。注意到质心的定义：$r_{cm} \equiv \sum m_i r_i / \sum m_i$，式（2-19）决定了系统质心的运动是直线运动，式（2-18）说明系统在恒定速度下运动。因此，系统线性动量守恒，因为物体系统不受外力的影响。

下面对式（2-16）左右两端同时做矢量积

$$\sum_{i=1}^{N} m_i r_i \times \ddot{r}_i = G \sum_{i=1}^{N} \sum_{j=1}^{N} \frac{m_i m_j}{r_{ij}} r_i \times r_{ij} \quad (j \neq i) \tag{2-20}$$

对于右侧的矢量积，有等式（2-21）：

$$\begin{aligned} r_i \times r_{ij} &= r_i \times (r_j - r_i) = r_i \times r_j \\ r_j \times r_{ji} &= r_j \times (r_i - r_j) = -r_i \times r_j \end{aligned} \tag{2-21}$$

因此式（2-20）右端项为零，且积分后可得

$$\sum_{i=1}^{N} m_i r_i \times \dot{r}_i = C_3 \tag{2-22}$$

向量 C_3 是拉普拉斯定义的"不变平面"的法线，式（2-22）关于原点的系统角动量守恒，因为物体系统在原点没有外部净力矩。

2.2.2 不同形式的三体问题基本方程

在 N 问题的基础上，若仅考虑 3 个质点在空间的运动，即可给出三体问题的

运动方程

$$m_i\ddot{r}_i = \sum_{j=1,j\neq i}^{N} \frac{Gm_im_j}{\|r_{ij}\|^3}r_{ij} = -\frac{\partial U}{\partial r_i}, i=1,2,3,\cdots \qquad (2-23)$$

其中，G 为万有引力常数；U 为引力势能，其表达式可写为

$$U = -\sum_{j=1,j\neq i}^{N} \frac{Gm_im_j}{\|r_{ij}\|} \qquad (2-24)$$

常用的三体问题基本运动方程均是基于式（2-23）展开的，不同点仅在于采用了不同的变量，目的是描述不同形式的运动，主要有欧拉、拉格朗日和雅可比形式的运动方程[2]，下面依次介绍这三种运动方程形式。

首先以三体系统的质心 O 为原点建立惯性坐标系 $O\xi\eta\zeta$（图 2-6），其中，r_1、r_2 和 r_3 代表 3 个质点在惯性坐标系中的位置矢量，则运动方程（2-23）可以改写并展开成

$$\begin{cases} \ddot{r}_1 = G\frac{m_2}{r_{12}^3}r_{12} + G\frac{m_3}{r_{13}^3}r_{13} \\ \ddot{r}_2 = G\frac{m_1}{r_{21}^3}r_{21} + G\frac{m_3}{r_{23}^3}r_{23} \\ \ddot{r}_3 = G\frac{m_1}{r_{31}^3}r_{31} + G\frac{m_2}{r_{32}^3}r_{32} \end{cases} \qquad (2-25)$$

其中，$r_{ij} = r_i - r_j, i\neq j, i=1,2,3$，表示第 i 个质点 P_i 指向第 j 个质点 P_j 的位置矢量。式（2-25）即为欧拉形式三体问题运动方程，其微分变量取为 3 个质点相对于原点的位置矢量，描述三体系统中质点相对于系统原点的运动。

对式（2-25）两两相减，容易得到以下形式运动方程：

$$\begin{cases} \ddot{r}_{12} = G\left[m_3\left(\frac{r_{23}}{r_{23}^3} + \frac{r_{31}}{r_{31}^3}\right) - (m_1+m_2)\frac{r_{12}}{r_{12}^3} \right] \\ \ddot{r}_{23} = G\left[m_1\left(\frac{r_{31}}{r_{31}^3} + \frac{r_{12}}{r_{12}^3}\right) - (m_2+m_3)\frac{r_{23}}{r_{23}^3} \right] \\ \ddot{r}_{31} = G\left[m_2\left(\frac{r_{12}}{r_{12}^3} + \frac{r_{23}}{r_{23}^3}\right) - (m_3+m_1)\frac{r_{31}}{r_{31}^3} \right] \end{cases} \qquad (2-26)$$

式（2-26）即为拉格朗日形式的三体问题运动方程，拉格朗日形式的运动方程描述了质点间的相对运动。

雅可比形式的运动方程采用 $\boldsymbol{r}_{12}$ 和由质点 P_1 与 P_2 共同质心指向 P_3 的矢量 $\boldsymbol{R}$ 来描述质点之间的相对运动（图 2-7）。雅可比形式的三体问题运动方程可以描述为

$$\begin{cases} \ddot{\boldsymbol{R}} = -GM\left[\alpha\dfrac{\boldsymbol{r}_{13}}{r_{13}^3} + (1-\alpha)\dfrac{\boldsymbol{r}_{23}}{r_{23}^3}\right] \\ \ddot{\boldsymbol{r}}_{12} = -G\left[(m_1+m_2)\dfrac{\boldsymbol{r}_{12}}{r_{12}^3} + m_3\left(\dfrac{\boldsymbol{r}_{13}}{r_{13}^3} - \dfrac{\boldsymbol{r}_{23}}{r_{23}^3}\right)\right] \end{cases} \tag{2-27}$$

其中，$M = m_1 + m_2 + m_3$，为 3 个质点的总质量，α 表达式如下：

$$\alpha = \frac{m_1}{m_1 + m_2} \tag{2-28}$$

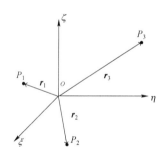

图 2-6 欧拉形式的位置矢量示意图

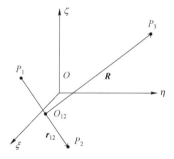

图 2-7 雅可比形式的位置矢量示意图

下面考虑几种特殊的简化情况。

（1）假定 P_1 为地球，P_2 为探测器，P_3 为太阳。

此时有 $m_2 \ll m_1$，因此 $\alpha \approx 1$，并且有 $\boldsymbol{r}_{13} \approx \boldsymbol{R}$，式（2-27）可以简化为

$$\begin{cases} \ddot{\boldsymbol{R}} = -GM\dfrac{\boldsymbol{R}}{R^3} \\ \ddot{\boldsymbol{r}}_{12} = -G\left[(m_1+m_2)\dfrac{\boldsymbol{r}_{12}}{r_{12}^3} + m_3\left(\dfrac{\boldsymbol{R}}{R^3} - \dfrac{\boldsymbol{r}_{23}}{r_{23}^3}\right)\right] \end{cases} \tag{2-29}$$

（2）在上述基础上，考虑探测器在地球附近运动。

由于地球与太阳的距离遥远，可以近似认为 $\boldsymbol{r}_{13} \approx \boldsymbol{r}_{23} \approx \boldsymbol{R}$，此时三体运动方程可以简化为

$$\begin{cases} \ddot{\boldsymbol{R}} = -GM\dfrac{\boldsymbol{R}}{R^3} \\ \ddot{\boldsymbol{r}}_{12} = -G(m_1 + m_2)\dfrac{\boldsymbol{r}_{12}}{r_{12}^3} \end{cases} \tag{2-30}$$

值得注意的是，雅可比形式的运动方程比欧拉、拉格朗日形式运动方程少 3 个二阶常微分方程，这是因为雅可比形式的运动方程只包含了 P_1 和 P_2 的相对运动信息，没有给出 P_1 和 P_2 相对惯性坐标系的绝对运动信息。

▰ 2.3 圆形限制性三体问题

2.3.1 基本假设

2.2 节讨论的一般性三体问题难以寻找其一般性规律，而在研究深空探测器轨道动力学时，通常探测器的运动规律由两个主要天体决定（如地月系内的地球和月球），并且两个主要天体通常以近似圆形轨道相互绕转，因此可以基于此，进行合理的简化来近似复杂的三体问题，成为限制性三体问题。实际上通过研究更低维数的平面限制性三体问题，已经可以对探测器的动力学行为有一个广泛的、定性的认识。

圆形限制性三体问题即是其中一种限制性三体问题，也是本书内容的重要基础，它基于一般三体问题，又附加了以下两条假设：

（1）三体系统中有两个大质量主天体，一个引力可忽略的小质量第三天体（航天器或小行星）；

（2）两个大质量天体绕它们的共同质心做圆周运动。

由于小质量天体的质量可以忽略不计，故三体系统的质心可以认为就是两主天体 P_1 和 P_2 的质心，并且 P_1 和 P_2 的运动将始终保持在同一个平面。在圆形限制性三体问题中，研究的对象是质点 P_3。换言之，是研究 P_3 在两个大质量质点 P_1 和 P_2 的引力作用下的运动问题。因此，圆形限制性三体问题中的运动方程仅包含关于质点 P_3 运动的 3 个二阶微分方程。

2.3.2　惯性与会合坐标系运动方程

在圆形限制性三体问题的假设下，2.1 节的物理量无量纲形式中，两个主天体之间的距离 a_{12} 变为常数，且时间单位 $[T]$ 就是两主天体相对圆运动的角速度 n 的倒数，即 $[T]=1/n$，引力常数 $G=1$，第二主天体质量为 $\mu=m_2/(m_1+m_2)$，而第一主天体质量为 $1-\mu$。

在惯性坐标系 $O\xi\eta\zeta$ 中研究第 3 个质点 P_3 的运动并不方便。为此，引入会合坐标系 $Oxyz$，该坐标系的定义为：原点位于 P_1 和 P_2 的共同质心处，x 轴沿由 P_1 指向 P_2 的方向，y 轴在 P_1 和 P_2 的运动平面内指向 P_2 的运动方向，z 轴构成右手坐标系。显然，z 轴与 ζ 轴重合。会合坐标系又称为质心旋转坐标系，惯性坐标系 $O\xi\eta\zeta$ 与会合坐标系 $Oxyz$ 的关系如图 2-8 所示。

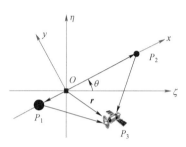

图 2-8　惯性坐标系 $O\xi\eta\zeta$ 与会合坐标系 $Oxyz$ 的关系

根据式（2-23）与圆形限制性三体问题的假设，可得到质点 P_3 在惯性坐标系中的运动方程：

$$\ddot{r}=-G\frac{m_1}{r_1^3}r_1-G\frac{m_2}{r_2^3}r_2 \tag{2-31}$$

对于旋转坐标系下动力学方程的推导可以采用坐标变换法、拉格朗日法、哈密尔顿法等多种方法，这里只介绍拉格朗日法。

由于三体系统为哈密尔顿系统，根据拉格朗日方程，该系统满足方程

$$\frac{d}{dt}\left(\frac{\partial L}{\partial \dot{r}}\right)-\frac{\partial L}{\partial r}=0 \tag{2-32}$$

其中，L 为拉格朗日函数，且有

$$L=\frac{1}{2}m\left(\frac{dr}{dt}\cdot\frac{dr}{dt}\right)+Gm\left(\frac{m_1}{r_{13}}+\frac{m_2}{r_{23}}\right)$$

$$\frac{dr}{dt}=\frac{\delta r}{\delta t}+\omega\times r \tag{2-33}$$

其中，ω 为质点 P_1 和 P_2 绕其公共质心做匀速圆周运动的角速度。

将式（2-32）在旋转坐标系 3 个方向上分别进行投影，则可得到分量形

式，即

$$
\begin{cases}
\dfrac{\mathrm{d}}{\mathrm{d}t}\left(\dfrac{\partial L}{\partial \dot{x}}\right) - \dfrac{\partial L}{\partial x} = 0 \\[2mm]
\dfrac{\mathrm{d}}{\mathrm{d}t}\left(\dfrac{\partial L}{\partial \dot{y}}\right) - \dfrac{\partial L}{\partial y} = 0 \\[2mm]
\dfrac{\mathrm{d}}{\mathrm{d}t}\left(\dfrac{\partial L}{\partial \dot{z}}\right) - \dfrac{\partial L}{\partial z} = 0
\end{cases}
\tag{2-34}
$$

将 L 中的各量在旋转坐标系 $Oxyz$ 中分解，有

$$
\begin{cases}
\boldsymbol{r} = x \cdot \boldsymbol{i} + y \cdot \boldsymbol{j} + z \cdot \boldsymbol{k} \\[2mm]
\dfrac{\delta \boldsymbol{r}}{\delta x} = \dot{z} \cdot \boldsymbol{i} + \dot{y} \cdot \boldsymbol{j} + \dot{z} \cdot \boldsymbol{k} \\[2mm]
\boldsymbol{\omega} = n \cdot \boldsymbol{k}
\end{cases}
\tag{2-35}
$$

代入拉格朗日函数得

$$
\begin{aligned}
L = {} & \frac{1}{2} m \left[(\dot{x}^2 + \dot{y}^2 + \dot{z}^2) + 2n(x\dot{y} - \dot{x}y) + n^2(x^2 + y^2) \right] \\
& + Gm\left(\frac{m_1}{r_{13}} + \frac{m_2}{r_{23}} \right)
\end{aligned}
\tag{2-36}
$$

最终在质心会合系中，第三天体的运动方程如下：

$$
\begin{cases}
\ddot{x} - 2\dot{y} = \partial U / \partial x \\
\ddot{y} + 2\dot{x} = \partial U / \partial y \\
\ddot{z} = \partial U / \partial z
\end{cases}
\tag{2-37}
$$

式中，

$$
\begin{aligned}
U(\boldsymbol{r}) = {} & \frac{1}{2}[(x^2 + y^2) + \mu(1-\mu)] + \frac{1-\mu}{\sqrt{(x+\mu)^2 + y^2 + z^2}} \\
& + \frac{\mu}{\sqrt{(x-1+\mu)^2 + y^2 + z^2}}
\end{aligned}
\tag{2-38}
$$

$\partial U / \partial(x, y, z)$ 为势能函数关于 x, y, z 的偏导数。将式（2-37）与式（2-38）中 z 轴分量去除，便可简化为平面圆形限制性三体问题，即第三天体的运动位于两个主天体运动平面内。

2.4　雅可比积分、零速度面与希尔域

传统的二体问题中，在不受外力情况下存在着三种常量：动量矩常量、能量常量以及拉普拉斯常矢量。圆形限制性三体问题中不再存在上述特征量，但是雅可比发现了圆形限制性三体系统还有一个与能量积分有关的运动常数，称之为雅可比积分常数，也是圆形限制性三体问题中找到的唯一的积分常数。下面首先推导雅可比积分常数的表达式。

对 $v^2/2$ 求导可得

$$\frac{\mathrm{d}}{\mathrm{d}t}\frac{1}{2}v^2 = \frac{\mathrm{d}}{\mathrm{d}t}\frac{1}{2}(\dot{x}^2 + \dot{y}^2 + \dot{z}^2) = \dot{x}\ddot{x} + \dot{y}\ddot{y} + \dot{z}\ddot{z} \qquad （2-39）$$

根据式（2-37）可知：

$$\dot{x}\ddot{x} + \dot{y}\ddot{y} + \dot{z}\ddot{z} = \dot{x}\frac{\partial U}{\partial x} + \dot{y}\frac{\partial U}{\partial y} + \dot{z}\frac{\partial U}{\partial z} \qquad （2-40）$$

因此，整理可得

$$\frac{1}{2}\frac{\mathrm{d}}{\mathrm{d}t}(v^2) = \frac{\mathrm{d}U}{\mathrm{d}t} \qquad （2-41）$$

由此，对式（2-41）两边积分可得

$$2U - v^2 = C \qquad （2-42）$$

即为会合坐标系中的雅可比积分常数，它描述了在质点 P_3 的运动过程中，随着时间的推移，雅可比积分 C 始终保持恒定。雅可比积分在三体问题的研究中具有重要作用。

在式（2-42）中，当雅可比积分常数给定为 C，并令 $\dot{x} = \dot{y} = \dot{z} = 0$，此时系统的能量全部转化成为势能，所构成的曲面被称作零速度曲面（即当 P 从任意初始状态出发，到此曲面时速度为零，而不能穿过这个曲面），数学上可表示为

$$2U = C \qquad （2-43）$$

零速度曲面将整个空间分为三个部分，分别对应着速度平方大于零、等于零以及小于零，速度平方小于零显然是不可行的，此区域成为运动禁行区；而速度平方大于零的区域与零速度曲面成为运动可能区域，又称为希尔（Hill）域。平面问题中，集中典型的希尔域如图 2-9 所示，其中不同类型的区别主要在于雅

可比积分常数的不同,每个临界值取决于第 3 章的平动点。

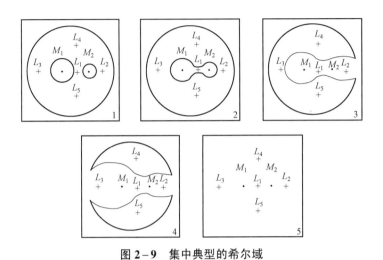

图 2-9　集中典型的希尔域

由图 2-9 可以看出关于轨道转移能量的大量信息(图中右下角标号 1～5 代表 5 个类别),若考虑从较大的天体向较小的天体转移,如从地球到月球的往返转移等,则要求飞行器必须满足地月-飞行器系统中轨道能量的第二类。为了从地球分离飞向外部的大行星,如木星等,则太阳地球飞行器三体系统的可行区域必须在 L_2 处是开放的,如第三类。为了到达木星系统后多次拜访木星的卫星,如伽利略任务等,对于太阳-木星系统的质量比而言,能量水平应该降到第一类,飞行器才能不逃逸木星系统。

2.5　椭圆形限制性三体问题基本理论

太阳系中除水星之外的其他各大行星的公转轨道偏心率较小,月球围绕地球的运行轨道偏心率也非常小(表 2-1),因此在一般情况下,圆形限制性三体问题可以满足问题分析的需求。但是在平动点稳定性、探测器在平动点附近的控制等问题的研究中,偏心率对分析结果有较大的影响,即使系统中主天体之间绕行轨道的偏心率很小,圆形限制性三体问题模型也难以提供精确的分析依据。

表 2-1　各大行星和月球轨道偏心率

行星	水星	金星	地球	火星	木星	土星	天王星	海王星	月球
偏心率	0.205 6	0.006 8	0.016 7	0.093 4	0.048 5	0.055 5	0.046 3	0.009 0	0.054 9

两个主天体 P_1 和 P_2 相互之间做椭圆运动,在该系统中研究另一小天体 P 的运动,即椭圆形限制性三体问题。在该力学模型中,小天体的运动状况更为复杂,而且即使采用这一模型,也不能代替深空探测器运动所对应的实际力学模型,仍然是一种近似。因此,为了更接近真实的力学模型,有必要在限制性三体问题中考虑主天体相对运动轨道的偏心率,以椭圆形限制性三体问题模型为基础,比较该模型下解析解和特解的变化以及新模型对小天体运行的影响。圆形限制性三体问题模型下的平动点轨道特性在椭圆形限制性三体问题模型中的变化也需要进一步研究。本节将简单介绍一下椭圆形限制性三体问题及其无量纲化过程。

仍旧采用处理圆形限制性三体问题的方法,在相应的会合坐标系(椭圆形运动对应的质心旋转坐标系) $Oxyz$ 中研究小天体的运动。由于两个主天体 P_1 和 P_2 的相对运动为椭圆形,相互距离不再为常值,故无量纲化中的长度单位只有选取这一变化的相互距离,才有可能使两个主天体在相应的会合坐标系中保持"固定"位置,纳入讨论圆形问题的"范畴",便于针对圆形问题的基本规律进行相应的分析。

正是由于长度单位将是变化的,建立椭圆形限制性三体问题的基本方程将分为两步进行:第一步,建立会合坐标系中有量纲(原物理量)形式的运动方程;第二步,进行无量纲化。

2.5.1　会合坐标系下有量纲形式的小天体运动方程

椭圆形限制性三体问题仍满足圆形限制性三体问题的第一条假设:质量假设。因此,在质心惯性系 $O\xi\eta\zeta$ 中,小天体 P 的运动方程为式(2-44)。下文的描述涉及多种坐标系和量纲系统,为了区分坐标系统和量纲系统,质心惯性坐标系中的位置矢量用大写字母表示,质心会合坐标系(质心旋转坐标系)中的位置矢量用小写字母表示,并且规定有量纲的变量用上画线标示,如 $\bar{r}$、$\bar{R}$ 分别表示小天体在质心旋转坐标系和质心惯性坐标系中有量纲的位置矢量,r 表示小天体在质心旋转坐标系中量纲为 1 的位置矢量。

根据牛顿定律，质心惯性系下的运动方程为

$$\ddot{\bar{R}} = -G\frac{m_1}{\bar{R}_1^3}\bar{R}_1 - G\frac{m_2}{\bar{R}_2^3}\bar{R}_2 \tag{2-44}$$

其中，$\bar{R}_1$ 和 $\bar{R}_2$ 分别为质心惯性系和质心旋转坐标系下航天器与主天体之间的距离。定义如下势能函数：

$$\bar{U} = \frac{Gm_1}{\bar{R}_1} + \frac{Gm_2}{\bar{R}_2} \tag{2-45}$$

那么，质心惯性系下的运动方程可以写为

$$\ddot{\bar{R}} = \left[\frac{\partial \bar{U}}{\partial \bar{R}}\right]^{\mathrm{T}} \tag{2-46}$$

质心惯性系和质心旋转坐标系下的位置矢量之间的转换关系为

$$\bar{R} = R_z(-\theta)\bar{r} \tag{2-47}$$

式中，R_z 为质心旋转系中的向量绕 z 轴的旋转矩阵；θ 为质心惯性坐标系 ξ 轴与会合坐标系 x 轴之间的夹角，本书定义 θ 的角度矢量指向 z 轴正方向为正。f 是主天体相对运动的真近点角，具体关系如式（2-48）所示：

$$\begin{cases} \theta = f - f_0, & \bar{t}_0 : \theta_0 = 0 \\ \dot{\theta} = \dot{f} = \mathrm{d}f/\mathrm{d}\bar{t} \end{cases} \tag{2-48}$$

由质心惯性系到质心旋转系的转换关系及其相关导数如下：

$$\bar{R} = R_z(-\theta)\bar{r} = \begin{bmatrix} \cos\theta & -\sin\theta & 0 \\ \sin\theta & \cos\theta & 0 \\ 0 & 0 & 1 \end{bmatrix}\begin{bmatrix} \bar{x} \\ \bar{y} \\ \bar{z} \end{bmatrix} = \begin{bmatrix} \bar{x}\cos\theta - \bar{y}\sin\theta \\ \bar{x}\sin\theta + \bar{y}\cos\theta \\ \bar{z} \end{bmatrix} \tag{2-49}$$

对式（2-49）求一阶导数和二阶导数可得

$$\dot{\bar{R}} = R_z(-\theta)\dot{\bar{r}} + \dot{R}_z(-\theta)\bar{r} \tag{2-50}$$

$$\ddot{\bar{R}} = R_z(-\theta)\ddot{\bar{r}} + 2\dot{R}_z(-\theta)\dot{\bar{r}} + \ddot{R}_z(-\theta)\bar{r} \tag{2-51}$$

记 $\bar{r}_1$ 和 $\bar{r}_2$ 分别为质心惯性系和质心旋转坐标系下航天器与主天体之间的距离，坐标系旋转并不会改变矢量模的大小，于是有 $\bar{R}_1 = \bar{r}_1$，$\bar{R}_1 = \bar{r}_2$，那么势能函数 $\bar{U}(\bar{r}_1, \bar{r}_2)$ 可表达为

$$\overline{U}(\overline{r}_1, \overline{r}_2) = U(\overline{R}_1, \overline{R}_2) = \frac{Gm_1}{\overline{r}_1} + \frac{Gm_2}{\overline{r}_2} \tag{2-52}$$

将式（2-51）与式（2-46）联立可得

$$\begin{aligned}
\boldsymbol{R}_z(-\theta)\ddot{\overline{r}} + 2\dot{\boldsymbol{R}}_z(-\theta)\dot{\overline{r}} + \ddot{\boldsymbol{R}}_z(-\theta)\overline{r} &= \left(\frac{\partial \overline{U}}{\partial \overline{\boldsymbol{R}}}\right)^{\mathrm{T}} \\
&= \left(\frac{\partial \overline{U}}{\partial \overline{r}} \frac{\partial \overline{r}}{\partial \overline{\boldsymbol{R}}}\right)^{\mathrm{T}} \\
&= \boldsymbol{R}_z(-\theta)\left(\frac{\partial \overline{U}}{\partial \overline{r}}\right)^{\mathrm{T}}
\end{aligned} \tag{2-53}$$

将质心旋转坐标系下的运动方程按照分量的形式给出

$$\begin{cases}
\ddot{\overline{x}} - 2\dot{f}\,\dot{\overline{y}} - \dot{f}^2\overline{x} - \ddot{f}\,\overline{y} = \overline{U}_{\overline{x}} \\
\ddot{\overline{y}} + 2\dot{f}\,\dot{\overline{x}} - \dot{f}^2\overline{y} + \ddot{f}\,\overline{x} = \overline{U}_{\overline{y}} \\
\ddot{\overline{z}} = \overline{U}_{\overline{z}}
\end{cases} \tag{2-54}$$

其中，

$$\begin{cases}
\overline{U}_{\overline{x}} = -\dfrac{(1-\mu)(\overline{x}+\mu)}{d^3} - \dfrac{\mu(\overline{x}-1-\mu)}{\overline{r}^3} \\
\overline{U}_{\overline{y}} = -\dfrac{(1-\mu)y}{d^3} - \dfrac{\mu y}{\overline{r}^3} \\
\overline{U}_{\overline{z}} = -\dfrac{(1-\mu)z}{d^3} - \dfrac{\mu z}{\overline{r}^3}
\end{cases} \tag{2-55}$$

$$\begin{cases}
d = \sqrt{(\overline{x}+\mu)^2 + \overline{y}^2 + \overline{z}^2} \\
\overline{r} = \sqrt{(\overline{x}-1+\mu)^2 + \overline{y}^2 + \overline{z}^2}
\end{cases} \tag{2-56}$$

2.5.2　会合坐标系下无量纲形式的小天体运动方程

椭圆形限制性三体问题与圆形限制性三体问题一个重要的不同点就是无量纲系统的单位不同。三体问题常用主天体之间的距离作为系统的长度单位，而在椭圆形限制性三体问题中，主天体之间的距离是一个随时间变化的量，具体的单位定义如式（2-57）所示，式中，f 是主天体相对运动真近点角，并采用其无量纲形式即弧度形式；a、e 是两个主天体相对运动椭圆轨道的半长轴、偏心率。可以看出，新模型下长度单位和时间单位都随时间变化。

$$\begin{cases} [M] = m_1 + m_2 \\ [L] = \bar{R} = \dfrac{a(1-e^2)}{1+e\cos f} \\ [T] = [\bar{R}^3 / G(m_1 + m_2)]^{1/2} = \sqrt{1+e\cos f} / \dot{f} \end{cases} \qquad (2-57)$$

记

$$1 - \mu = \frac{Gm_1}{G(m_1+m_2)}, \quad \mu = \frac{Gm_2}{G(m_1+m_2)} \qquad (2-58)$$

下面我们以真近点角 f 作为独立变量，推导质心旋转坐标系下的无量纲形式运动方程。首先约定变量 x 关于时间的导数记为 $\dot{x}$，而关于真近点角的导数记为 x'。

根据新的单位定义，可知无量纲和有量纲之间存在式（2-59）：

$$\bar{x} = \bar{R}x \qquad (2-59)$$

对式（2-59）求导可得

$$\begin{cases} \dot{\bar{x}} = \dot{\bar{R}}x + \bar{R}\dot{x} \\ \ddot{\bar{x}} = \ddot{\bar{R}}x + 2\dot{\bar{R}}\dot{x} + \bar{R}\ddot{x} \end{cases} \qquad (2-60)$$

根据二体关系又有

$$\dot{f} = \frac{h}{R^2}, \quad \ddot{f} = \frac{2h^2}{R^4}\left(\frac{-e\sin f}{1+e\cos f}\right) \qquad (2-61)$$

其中，$h = \sqrt{\mu_1 p} = \sqrt{G(m_1+m_2)a(1-e^2)}$ 为主天体 P_2 的轨道角动量。将式（2-61）代入式（2-60）可得

$$\begin{cases} \dot{\bar{x}} = \dfrac{h}{R}\left[x' + x\dfrac{e\sin f}{1+e\cos f} \right] \\ \ddot{\bar{x}} = \dfrac{h^2}{R^3}\left(x'' + x\dfrac{e\cos f}{1+e\cos f} \right) \end{cases} \qquad (2-62)$$

结合式（2-60），可得椭圆形限制性三体系统的无量纲运动方程：

$$\begin{cases} x'' - 2y' = \dfrac{1}{1+e\cos f}U_x \\ y'' + 2x' = \dfrac{1}{1+e\cos f}U_y \\ z'' = \dfrac{1}{1+e\cos f}U_z - z \end{cases} \qquad (2-63)$$

其中，U 为椭圆形限制性三体系统下的有效势函数，表达式为

$$U = \frac{1}{2}(x^2 + y^2 + z^2) + \frac{1-\mu}{r_1} + \frac{\mu}{r_2} \tag{2-64}$$

■ 2.6　受摄圆形限制性三体问题基本理论

实际中，理想的圆形限制性三体问题是不存在的，如 2.5 节提到的椭圆形限制性三体问题；此外，除了两个主天体之外，还存在其他大质量天体。对某些系统来说，这些摄动因素甚至能改变系统的动力学特征，譬如系统稳定性，因而必须加以考虑。通常情况下，运动方程可以写成圆形限制性三体问题的运动方程，加上摄动项的形式，如式（2-65）所示，称这样的力学模型为受摄圆形限制性三体模型，值得注意的是，2.5 节考虑的轨道偏心率同样可以处理为一个摄动项。

$$\begin{cases} \ddot{x} - 2\dot{y} = \partial U / \partial x + F_x \\ \ddot{y} + 2\dot{x} = \partial U / \partial y + F_y \\ \ddot{z} = \partial U / \partial z + F_z \end{cases} \tag{2-65}$$

其中，F_x、F_y、F_z 为摄动项分量。

对于不同的系统来说，摄动项的具体表达式各不相同，譬如考虑偏心率、第四体引力、太阳光压为摄动项[3]的动力学模型，下面主要介绍一种特定的情况，即在地月系统中考虑太阳引力摄动的受摄动力学模型[4]。

下记 $P_1 \sim P_8$ 表示太阳系由内到外的八大行星，P_9 表示月球，P_{10} 表示太阳。记其集合为 $S = \{P_1, \cdots, P_9, P_{10}\}$。对地月系而言，主要的摄动天体是太阳，其他大天体的摄动相对较小，可以忽略不计。因此，我们只需考虑集合中的 P_3（地球）、P_9（月球）和 P_{10}（太阳）即可。如前所述，不同的系统引力模型所包含的天体并不一样，如果是日地月系，则通常需要考虑整个集合 S 中的天体。本节仅以受太阳引力扰动的地月系为例说明问题。

对地月系而言，地球和月球是两个主天体，太阳是摄动天体。记 $\boldsymbol{R}_i\,(i=1,\cdots,10)$ 为 S 中的天体在太阳系质心坐标系中的位置矢量，$\boldsymbol{R}$ 为小天体（探测器）在太阳系质心坐标系中的位置矢量。则地月系的质心坐标矢量（记为 $\boldsymbol{B}$）满足式（2-66）：

$$B = \frac{m_3 R_3 + m_9 R_9}{m_3 + m_9} \qquad (2-66)$$

与圆形限制性三体问题类似，采用两个主天体（地球和月球）的质量之和为质量单位，则地球、月球和太阳的"约化"质量为

$$\mu_3 = 1 - \mu = \frac{M_3}{M_3 + M_9}, \ \mu_9 = \mu = \frac{M_9}{M_3 + M_9}, \ \mu_{10} = \frac{M_{10}}{M_3 + M_9} \qquad (2-67)$$

其中，μ 即地月系对应的圆形限制性三体问题的质量参数。记地月间的瞬时距离为 k，如果会合坐标系中的长度单位采用 k（类似前面介绍的椭圆形限制性三体问题），则有如下关系存在，即

$$R = B + kCr \qquad (2-68)$$

其中，r 为会合坐标系下的位置矢量；而 C 为会合坐标系下的矢量转换到惯性系下的转换矩阵。对圆形限制性三体问题或椭圆形限制性三体问题而言，矩阵 C 即为简单的绕 z 轴的旋转矩阵，但对受到太阳摄动的地月系而言，由于月球轨道的不断运动，C 不能够再简单地表示成绕某个轴的旋转，它的计算公式为

$$\begin{aligned} &C = (\hat{e}_1, \hat{e}_2, \hat{e}_3) \\ &\hat{e}_1 = \frac{R_{9,3}}{\|R_{9,3}\|}, \quad \hat{e}_3 = \frac{R_{9,3} \times \dot{R}_{9,3}}{\|R_{9,3} \times \dot{R}_{9,3}\|}, \quad \hat{e}_2 = \hat{e}_3 \times \hat{e}_1 \end{aligned} \qquad (2-69)$$

在式（2-69）中，$R_{9,3} = R_9 - R_3$、$\dot{R}_{9,3} = \dot{R}_9 - \dot{R}_3$ 为月球相对地球的位置矢量和速度矢量。而式（2-68）中的 $k = \|R_{9,3}\|$。

下面给出地月会合坐标系中小天体的运动方程。首先在惯性系（这里为太阳系质心坐标系）下给出运动方程，然后将关系式（2-68）代入从而给出会合坐标系中的运动方程。忽略影响较小的其他大行星的引力作用，仅考虑地球、月球及太阳，在太阳系质心坐标系中，小天体的运动方程形式为

$$\begin{cases} \ddot{R} = -\sum_{i=3,9,10} \frac{\mu_i R_i'}{R_i^{r3}} \\ R' = R - R_i \end{cases} \qquad (2-70)$$

对式（2-68）求导可得

$$\ddot{R} = \ddot{B} + (\ddot{k}C + 2\dot{k}\dot{C} + k\ddot{C})r + 2(\dot{k}C + k\dot{C})\dot{r} + k\ddot{r} \qquad (2-71)$$

将式（2-71）和式（2-68）一并代入式（2-70），整理可得

$$\ddot{\boldsymbol{r}} = -\frac{\ddot{\boldsymbol{b}}}{k} - \frac{(\ddot{k}\boldsymbol{C}^{\mathrm{T}}\boldsymbol{C} + 2\dot{k}\boldsymbol{C}^{\mathrm{T}}\dot{\boldsymbol{C}} + k\boldsymbol{C}^{\mathrm{T}}\ddot{\boldsymbol{C}})\boldsymbol{r}}{k} - \frac{2(\dot{k}\boldsymbol{C}^{\mathrm{T}}\boldsymbol{C} + k\boldsymbol{C}^{\mathrm{T}}\dot{\boldsymbol{C}})\dot{\boldsymbol{r}}}{k}$$

$$- \sum_{i=3,9,10} \frac{\mu_i \boldsymbol{r}_i'}{k^3 r_i'^3} \tag{2-72}$$

$$\ddot{\boldsymbol{b}} = \boldsymbol{C}^{\mathrm{T}}\ddot{\boldsymbol{B}}, \quad \boldsymbol{r}_i' = \boldsymbol{C}^{\mathrm{T}}\boldsymbol{R}_i'$$

根据文献［5］中的证明，式（2-72）中右端项满足式（2-73）：

$$\begin{cases} -\dfrac{\ddot{\boldsymbol{b}}}{k} - \displaystyle\sum_{i=3,9,10} \dfrac{\mu_i \boldsymbol{r}_i'}{k^3 r_i'^3} = -\dfrac{\mu_3 \boldsymbol{r}_3}{r_3^3} - \dfrac{\mu_9 \boldsymbol{r}_9}{r_9^3} + O(\varepsilon) \\[3mm] -\dfrac{(k\boldsymbol{C}^{\mathrm{T}}\boldsymbol{C} + 2\dot{k}\boldsymbol{C}^{\mathrm{T}}\dot{\boldsymbol{C}} + k\boldsymbol{C}^{\mathrm{T}}\ddot{\boldsymbol{C}})}{k} = \begin{bmatrix} 1 & 0 & 0 \\ 0 & 1 & 0 \\ 0 & 0 & 0 \end{bmatrix} + O(\varepsilon) \\[6mm] -\dfrac{2(\dot{k}\boldsymbol{C}^{\mathrm{T}}\boldsymbol{C} + k\boldsymbol{C}^{\mathrm{T}}\dot{\boldsymbol{C}})\dot{\boldsymbol{r}}}{k} = \begin{bmatrix} 0 & 2 & 0 \\ -2 & 0 & 0 \\ 0 & 0 & 0 \end{bmatrix} + O(\varepsilon) \end{cases} \tag{2-73}$$

其中，$\boldsymbol{r}_3$、$\boldsymbol{r}_{10}$ 分别为地月会合坐标系下第一主天体（地球）和第二主天体（月球）到小天体的位置矢量；$O(\varepsilon)$ 为小量，其量级为太阳对地月系的引力摄动量级（或者月球轨道偏心率的量级）。显然，式（2-72）可以看成圆形限制性三体问题的运动方程加上摄动量的形式。

2.7 限制性四体问题基本理论

虽然本章大多在讨论三体相关问题，但是当航天器在空间大范围进行运动时，其他大天体的引力已不能简单地视作摄动项，为了更精确地描述航天器的轨道结构，还需考虑其他天体的引力影响，则限制性三体模型转变为四体模型，本节将对限制性四体问题做简要介绍。常用的四体模型包括：①研究太阳系行星运动特征的同心圆模型；②日地月组成系统的双圆模型；③考虑轨道偏心率的双椭圆模型；④根据月球运动理论，修正地月运动的准双圆模型。本章仅针对双圆限制性四体模型进行分析，如图 2-10 所示。其中，图 2-10（a）为日地三体系统中，考虑月球引力的影响，月球绕地球做圆周运动。图 2-10（b）为地月三体系统中，考虑太阳引力作用，假设地月质心绕日匀速转动，且忽略黄白交角。

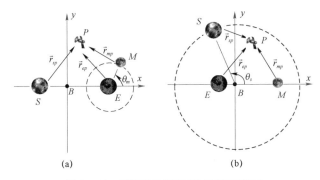

图 2-10 双圆限制性四体模型示意图

(a) 日地三体系统；(b) 地月三体系统

双圆限制性四体模型的微分方程与式（2-37）形式一致，但有效势能函数不同。日地系统和地月系统的势能函数分别表示为

$$U_{se-m} = \frac{1}{2}\left[(x^2+y^2) + \mu(1-\mu)\right] + \frac{1-\mu}{r_{sp}} + \frac{\mu}{r_{ep}}$$

$$+ \frac{m_m}{r_{mp}} - \frac{m_m}{a_m^2}\cos(\theta_m)x - \frac{m_m}{a_m^2}\sin(\theta_m)y \qquad (2-74)$$

$$U_{em-s} = \frac{1}{2}\left[(x^2+y^2) + \mu(1-\mu)\right] + \frac{1-\mu}{r_{ep}} + \frac{\mu}{r_{mp}}$$

$$+ \frac{m_s}{r_{sp}} - \frac{m_s}{a_s^2}\cos(\theta_s)x - \frac{m_s}{a_s^2}\sin(\theta_s)y \qquad (2-75)$$

其中，$\theta_s = -\omega_s t + \theta_{s0}$、$\theta_m = \omega_m t + \theta_{m0}$，$\theta_{m0}$ 和 θ_{s0} 为 $t=0$ 时刻的相位角；r_{sp}、r_{ep} 与 r_{mp} 分别为航天器到太阳、地球和月球的距离；a_s 和 a_m 分别为与太阳、月球位置有关的量。本书所使用的常数见表 2-2。

表 2-2 不同三体系统的常数

参　　数	日地/月系统	地月系统
μ	3.040 423 8×10⁻⁶	0.012 150 6
L/km	1.495 978 7×10⁸	384 400
ω_s/ω_m	—/12.368 87	0.925 196/—
a_s/a_m	—/0.002 569	389.172 0/—
m_s/m_m	—/3.694 4×10⁻⁸	328 900.0/—

■ 参考文献

[1] 刘林, 侯锡云. 深空探测轨道理论与应用[M]. 北京: 电子工业出版社, 2015.

[2] 尚海滨. 行星际飞行轨道理论与应用[M]. 北京: 北京理工大学出版社, 2019.

[3] 李明涛, 郑建华, 于锡峥, 等. 受摄三体问题研究[J]. 中国空间科学技术, 2008, 28(6): 14 − 20.

[4] 刘林. 航天器轨道理论[M]. 北京: 国防工业出版社, 2000.

[5] MONDELO GONZÁLEZ J M. Contribution to the study of fourier methods for quasi-periodical functions and the vicinity of the collinear libration points[M]. Barcelona: Universitat de Barcelona, 2001.

第 3 章

平动点轨道动力学理论

在平动点轨道任务中，探测器在运动过程中会受到多个天体引力的作用，多天体系统下复杂的动力学特性给任务轨道的确定带来难题，但也增加了轨道设计的多样性。因此，多天体模型下轨道动力学特性研究成为当今航天领域关注的热点之一。

多天体系统作为真实引力场的精确描述，其复杂的非线性动力学使问题无法解析求解，理论研究主要通过对模型简化进行分析。圆形限制性三体问题是最常用的简化动力学模型。此系统包含 5 个平动点，且附近存在不同类型的周期轨道与拟周期轨道，是三体问题空间结构研究的有力工具。

第 2 章已对圆形限制性三体问题的基本理论进行了介绍，本章将针对该问题的 5 个特解，习惯上称为平动解，进行推导，简单分析与总结平动点具有的动力学特性。在此基础上，对平动点附近轨道的动力学特性进行分析，简要介绍共线平动点与三角平动点附近的周期轨道（Lyapunov 轨道、Halo 轨道）与拟周期轨道（Lissajous 轨道）的构造方法。最后根据平动点及其附近轨道的特殊性质，进一步论述其在航天任务中的应用领域。第 3 章研究内容结构如图 3-1所示。

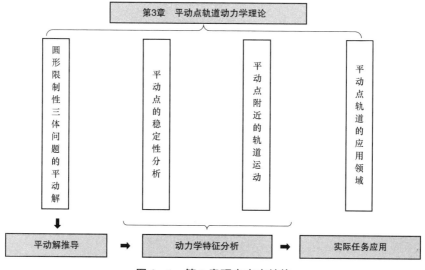

图 3-1　第 3 章研究内容结构

3.1　圆形限制性三体问题的平动解

在圆形限制性三体问题中，存在着 5 个特殊的点，这些点相对于质心会合系始终保持静止，即在质心会合系中引力和惯性力互相平衡。它们是动力学方程的特解，这些点称为拉格朗日点（Lagrange points），也称平动点。在质心会合系中，平动点位置固定，速度和加速度分量等于零，即

$$\begin{cases} \dot{x} = 0, \quad \dot{y} = 0, \quad \dot{z} = 0 \\ \ddot{x} = 0, \quad \ddot{y} = 0, \quad \ddot{z} = 0 \end{cases} \tag{3-1}$$

将式（3-1）代入式（2-37）得

$$\begin{cases} \dfrac{\partial U}{\partial x} = x - \dfrac{1-\mu}{r_1^3}(\mu + x) + \dfrac{\mu}{r_2^3}(1-\mu - x) = 0 \\[3mm] \dfrac{\partial U}{\partial y} = y\left(1 - \dfrac{1-\mu}{r_1^3} + \dfrac{\mu}{r_2^3}\right) = 0 \\[3mm] \dfrac{\partial U}{\partial z} = -z\left(\dfrac{1-\mu}{r_1^3} + \dfrac{\mu}{r_2^3}\right) = 0 \end{cases} \tag{3-2}$$

对于式（3-2）中第三式有

$$\frac{1-\mu}{r_1^3} + \frac{\mu}{r_2^3} \neq 0 \qquad (3-3)$$

因此必定有 $z=0$，这表明 5 个平动点都在 $x-y$ 平面内。对于 $z=0$，条件式（3-2）有下列两种情况：

$$y=0, \quad \begin{cases} x - \dfrac{1-\mu}{(x+\mu)^2} + \dfrac{\mu}{(x-1+\mu)^2} = 0 \\[2mm] x - \dfrac{1-\mu}{(x+\mu)^2} - \dfrac{\mu}{(x-1+\mu)^2} = 0 \\[2mm] x + \dfrac{1-\mu}{(x+\mu)^2} + \dfrac{\mu}{(x-1+\mu)^2} = 0 \end{cases} \qquad (3-4)$$

$$y \neq 0, \quad \begin{cases} 1 - \dfrac{1-\mu}{r_1^3} - \dfrac{\mu}{r_2^3} = 0 \\[2mm] x - \dfrac{(1-\mu)(x+\mu)}{r_1^3} - \dfrac{\mu(x-1+\mu)}{r_2^3} = 0 \end{cases} \qquad (3-5)$$

下面分别对两种情况对应的平动解进行介绍。

3.1.1　3 个共线平动解

对于第一种情况 $y=0$，无法通过解析方法求解。实际上，该方程存在 3 个实根：$x_1(\mu)$、$x_2(\mu)$、$x_3(\mu)$，相应的 3 个平动点 L_1、L_2、L_3 在 x 轴上，称为共线平动点，其分布如图 3-2 所示。

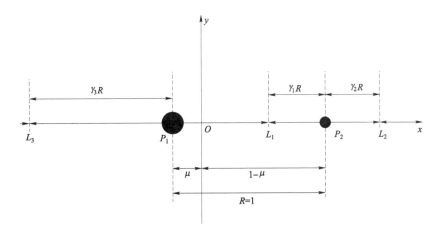

图 3-2　共线平动点示意图[1]

图 3-2 中，主天体 P_1 和 P_2 之间的距离为 R ，平动点 L_1 和主天体 P_2 之间的距离为 $\gamma_1 R$ ，平动点 L_2 和主天体 P_2 之间的距离为 $\gamma_2 R$ ，平动点 L_3 和主天体 P_1 之间的距离为 $\gamma_3 R$ ，其中， γ_1 、 γ_2 、 γ_3 为无量纲归一化距离。定义

$$\kappa = \frac{\mu}{1-\mu}, \sigma = \left(\frac{\kappa}{3}\right)^{1/3} \quad (3-6)$$

式（3-4）存在的解析级数解

$$\begin{cases} \gamma_1 = \sigma - \dfrac{1}{3}\sigma^2 - \dfrac{1}{9}\sigma^3 - \dfrac{23}{81}\sigma^4 + o(\sigma^5) \\[2mm] \gamma_2 = \sigma + \dfrac{1}{3}\sigma^2 - \dfrac{1}{9}\sigma^3 - \dfrac{31}{81}\sigma^4 + o(\sigma^5) \\[2mm] \gamma_3 = 1 - \dfrac{7}{12}\kappa + \dfrac{7}{12}\kappa^2 - \dfrac{13\,223}{20\,736}\kappa^3 + o(\kappa^4) \end{cases} \quad (3-7)$$

因此，得到 3 个共线平动点在质心会和系中的坐标分别为

$$\begin{cases} x_1 = 1 - \mu - \gamma_1 \\ x_2 = 1 - \mu + \gamma_2 \\ x_3 = -\mu - \gamma_3 \end{cases} \quad (3-8)$$

这里需要说明，图 3-2 中平动点 L_1 位于主天体 P_1 和 P_2 之间，平动点 L_2 位于主天体 P_2 的右侧，平动点 L_3 则位于主天体 P_1 的左侧，这里不是按照平动点在 x 轴上的顺序排列，而是按照相应的能量大小来排列的，目前航天领域中均采用该种排列顺序。

共线平动点的位置在 x 轴上将随 μ 值的变化而变化，表 3-1 为太阳系中部分三体系统的共线平动点位置参数[1]。

表 3-1　太阳系中部分三体系统的共线平动点位置参数

系　　统	μ	γ_1	γ_2	γ_3
太阳 - 金星	2.448×10^{-6}	9.315×10^{-3}	9.373×10^{-3}	1.000 00
太阳 - 地月	3.040×10^{-6}	1.001×10^{-2}	1.008×10^{-2}	1.000 00
太阳 - 火星	3.227×10^{-7}	4.748×10^{-3}	4.763×10^{-3}	1.000 00
太阳 - 木星	9.537×10^{-4}	6.668×10^{-2}	6.978×10^{-2}	0.999 44
地球 - 月球	1.215×10^{-2}	1.509×10^{-1}	1.679×10^{-1}	0.992 91

由表 3–1 可以看出，共线平动点 L_1 和 L_2 在 x 轴上的位置非常接近天体 P_2，这是因为在每一个三体系统中，天体 P_2 相比天体 P_1 的质量都小得多，即 μ 很小。μ 越小，则 L_1 点和 L_2 点越接近天体 P_2。平动点 L_3 与大质量天体 P_1 的距离则近似等于两个小天体之间的距离。

3.1.2　两个三角平动解

对于第二种情况 $y \neq 0$，式（3–5）的解为

$$r_1 = r_2 = 1 \tag{3–9}$$

这表示对应平动点与两个主天体构成等边三角形，称此平动解为三角平动解，其分布如图 3–3 所示。

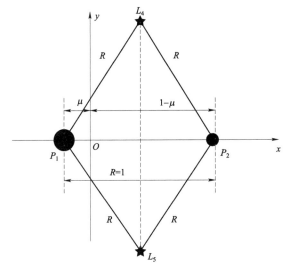

图 3–3　三角平动点示意图[1]

三角平动解有两个对称平动点 L_4 和 L_5，称为三角平动点，它们在质心会和系中的坐标为

$$\begin{cases} x_4 = x_5 = \dfrac{1}{2} - \mu \\ y_4 = \dfrac{\sqrt{3}}{2} \\ y_5 = -\dfrac{\sqrt{3}}{2} \end{cases} \tag{3–10}$$

在太阳系中,各大行星环绕太阳的运动轨道接近圆轨道。在行星系统中,很多行星的卫星绕行星的运动轨道也近似为圆轨道,例如月球绕地球的轨道。太阳系中不同的圆形限制性三体系统中都存在 5 个平动点,如太阳 – 行星 – 质点、行星 – 卫星 – 质点构成的系统,其中质点的质量可以忽略。图 3 – 4 给出了地月三体系统中 5 个平动点及日地三体系统 L_1、L_2 点的位置分布。需要注意的是,地球 – 月球系统平动点会随月球的运动而绕太阳 – 地球连线整体转动。

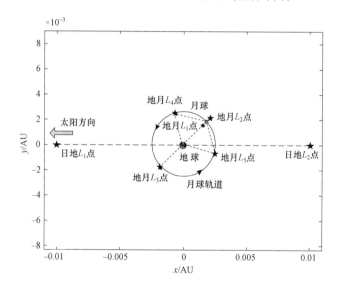

图 3 – 4 地月三体系统会合系下平动点位置分布

▮ 3.2 平动点的稳定性分析

平动点稳定的定义是指当一个静止于平动点的质点 P 受到小摄动之后是否会远离平动点。若施加小摄动后,质点 P 快速偏离平动点附近,则认为该平动点是不稳定的;若施加小摄动后,质点 P 只是在平动点附近振荡,则认为该平动点是稳定的。分析平动点的稳定性,首先假设平动点受到小扰动,即

$$\begin{cases} x = x_i + \delta x \\ y = y_i + \delta y \\ z = z_i + \delta z \end{cases} \quad (3 - 11)$$

式中,i 为平动点。将势能函数 $U(x, y, z)$ 在平动点附近进行泰勒展开,略去二阶

以上的项，则有

$$
\begin{cases}
\dfrac{\partial U}{\partial x} = \left(\dfrac{\partial U}{\partial x}\right)_i + \left(\dfrac{\partial^2 U}{\partial x^2}\right)_i \delta x + \left(\dfrac{\partial^2 U}{\partial x \partial y}\right) \delta y + \left(\dfrac{\partial^2 U}{\partial x \partial z}\right) \delta z \\[3mm]
\dfrac{\partial U}{\partial y} = \left(\dfrac{\partial U}{\partial y}\right)_i + \left(\dfrac{\partial^2 U}{\partial x \partial y}\right) \delta x + \left(\dfrac{\partial^2 U}{\partial y^2}\right) \delta y + \left(\dfrac{\partial^2 U}{\partial y \partial z}\right) \delta z \\[3mm]
\dfrac{\partial U}{\partial z} = \left(\dfrac{\partial U}{\partial z}\right)_i + \left(\dfrac{\partial^2 U}{\partial z \partial x}\right)_i \delta x + \left(\dfrac{\partial^2 U}{\partial z \partial y}\right) \delta y + \left(\dfrac{\partial^2 U}{\partial z^2}\right) \delta z
\end{cases} \tag{3-12}
$$

令

$$
U_{\alpha\beta} = \left(\dfrac{\partial^2 U}{\partial \alpha \partial \beta}\right)\bigg|_i, \quad \alpha = x, y, z, \quad \beta = x, y, z \tag{3-13}
$$

将方程（3-12）代入动力学方程，经过化简后得到

$$
\begin{cases}
\dfrac{\mathrm{d}^2 \delta x}{\mathrm{d}\tau^2} - 2\dfrac{\mathrm{d}\delta y}{\mathrm{d}\tau} - U_{xx}\delta x - U_{xy}\delta y - U_{xz}\delta z = 0 \\[3mm]
\dfrac{\mathrm{d}^2 \delta y}{\mathrm{d}\tau^2} + 2\dfrac{\mathrm{d}\delta x}{\mathrm{d}\tau} - U_{xy}\delta x - U_{yy}\delta y - U_{yz}\delta z = 0 \\[3mm]
\dfrac{\mathrm{d}^2 \delta z}{\mathrm{d}\tau^2} - U_{xz}\delta x - U_{yz}\delta y - U_{zz}\delta z = 0
\end{cases} \tag{3-14}
$$

对于平动点 $L_1 \sim L_5$，二阶偏导数项 U_{xx}、U_{yy}、U_{zz}、U_{xy}、U_{xz} 和 U_{yz} 的具体数值都可以通过平动点的位置坐标计算得到，因此，式（3-14）是常系数线性微分方程组。由于圆形限制性三体问题中所有平动点都位于质心会合系 xy 平面内，因此式（3-14）可以进一步简化。由

$$
U_{zz} = -\left(\dfrac{1-\mu}{r_1^3} + \dfrac{\mu}{r_2^3}\right) < 0 \tag{3-15}
$$

$$
U_{xz} = U_{yz} = 0
$$

式（3-14）可简化为

$$
\begin{cases}
\dfrac{\mathrm{d}^2 \delta x}{\mathrm{d}\tau^2} - 2\dfrac{\mathrm{d}\delta y}{\mathrm{d}\tau} - U_{xx}\delta x - U_{xy}\delta y = 0 \\[3mm]
\dfrac{\mathrm{d}^2 \delta y}{\mathrm{d}\tau^2} + 2\dfrac{\mathrm{d}\delta x}{\mathrm{d}\tau} - U_{xy}\delta x - U_{yy}\delta y = 0 \\[3mm]
\dfrac{\mathrm{d}^2 \delta z}{\mathrm{d}\tau^2} - U_{zz}\delta z = 0
\end{cases} \tag{3-16}
$$

由方程（3-16）可以看出，第三式与前两式独立，即 z 方向的运动与 xy 平面内的运动是解耦的，并且 $U_{zz} < 0$，则 $\mathrm{d}^2 \delta z / \mathrm{d}\tau^2$，式（3-16）中第三式的解为

$$\delta z(t) = C_1 \cos\left(\sqrt{|U_{zz}|}t\right) + C_2 \sin\left(\sqrt{|U_{zz}|}t\right) \tag{3-17}$$

其中，C_1 和 C_2 为常值系数。

式（3-17）表明，平动点附近的质点 P 在 z 方向的运动为简谐振动，即质点 P 不会远离 xy 平面，并且振荡周期与 xy 平面内的运动无关，因而平动点在 z 方向上是稳定的。下面讨论 xy 平面的情况。

式（3-16）中前两式是耦合的，且系数定常，因此构成二阶常系数齐次线性微分方程组，其通解形式为

$$\begin{cases} \delta x(t) = \displaystyle\sum_{i=1}^{4} A_i \mathrm{e}^{\lambda_i t} \\ \delta y(t) = \displaystyle\sum_{i=1}^{4} B_i \mathrm{e}^{\lambda_i t} \end{cases} \tag{3-18}$$

其中，A_i 和 B_i 为常值系数；λ_i 为特征方程的根。二阶常系数齐次线性微分方程组的特征方程可以写成

$$(\lambda^2 - U_{xx})(\lambda^2 - U_{yy}) + (2\lambda + U_{xy})(2\lambda - U_{xy}) = 0 \tag{3-19}$$

展开得

$$\lambda^4 + (4 - U_{xx} - U_{yy})\lambda^2 + U_{xx}U_{yy} - U_{xy}^2 = 0 \tag{3-20}$$

式（3-20）是关于 λ 的一元四次方程，存在 4 个解，通常有实数也有复数。同时，该方程又可以看作是关于 λ^2 的一元二次方程，因此 λ 的 4 个解应是由两组反数对构成的。

不妨假设 $\lambda_1 = -\lambda_2$，$\lambda_3 = -\lambda_4$，如果 4 个解各不相等，则二阶微分方程组的解可以写成

$$\begin{cases} \delta x = A_1 \mathrm{e}^{\lambda_1 t} + A_2 \mathrm{e}^{-\lambda_1 t} + A_3 \mathrm{e}^{\lambda_3 t} + A_4 \mathrm{e}^{-\lambda_3 t} \\ \delta y = B_1 \mathrm{e}^{\lambda_1 t} + B_2 \mathrm{e}^{-\lambda_1 t} + B_3 \mathrm{e}^{\lambda_3 t} + B_4 \mathrm{e}^{-\lambda_3 t} \end{cases} \tag{3-21}$$

若有 $\lambda_2 = \lambda_4$，那么也有 $\lambda_1 = \lambda_3$，此时解为

$$\begin{cases} \delta x = A_1 \mathrm{e}^{\lambda_1 t} + A_2 \mathrm{e}^{-\lambda_1 t} + A_3 t \mathrm{e}^{\lambda_1 t} + A_4 t \mathrm{e}^{-\lambda_1 t} \\ \delta y = B_1 \mathrm{e}^{\lambda_1 t} + B_2 \mathrm{e}^{-\lambda_1 t} + B_3 t \mathrm{e}^{\lambda_1 t} + B_4 t \mathrm{e}^{-\lambda_1 t} \end{cases} \tag{3-22}$$

根据式（3-21）和式（3-22）可知，只有当λ的 4 个解均不相等时，质点 P 在 xy 平面内的运动才可能是稳定的。

定义方程（3-21）的解的一般形式为

$$\lambda = a + bi \tag{3-23}$$

则有

$$e^{\lambda t} = e^{at}e^{ibt} \tag{3-24}$$

式（3-24）中，e^{ibt} 是与正弦函数和余弦函数有关的项，具有周期性；e^{at} 则决定了 $e^{\lambda t}$ 的运动形式。当 $a=0$ 时，$e^{\lambda t}$ 描述了简谐振动；当 $a<0$ 时，$e^{\lambda t}$ 描述了阻尼振荡；当 $a>0$ 时，为发散振荡。因此，只有当 $a \leqslant 0$ 时，式（3-21）中 δx 和 δy 才不会任意地增大。另外，由于 λ 的 4 个解是以反数对的形式出现的，因此只需要所有 $\lambda_i, i=1,2,3,4$ 都不相等且为纯虚数，即 λ_i^2 是负实数时，式（3-16）描述的运动在 xy 平面是稳定的简谐运动。

根据以上结论，首先讨论共线平动点 $L_1 \sim L_3$ 的情况。对于 $0 < \mu < \dfrac{1}{2}$（任何一个限制性三体问题，除 $m_1 = m_2$ 外均符合这一条件），有

$$\begin{cases} U_{xx} = 1 + 2C_0 > 0 \\ U_{yy} = 1 - C_0 < 0 \\ U_{zz} = -C_0 < 0 \end{cases} \tag{3-25}$$

$$\begin{cases} U_{xy} = 0 \\ U_{xx}U_{yy} - U_{xy}^2 < 0 \end{cases} \tag{3-26}$$

其中，

$$C_0 = \frac{1-\mu}{|\mu + x_i|^3} + \frac{\mu}{|1-\mu-x_i|^3} \tag{3-27}$$

于是式（3-20）的 4 个特征根分别为

$$\begin{aligned} \lambda_{1,2} &= S_1^{1/2} \\ \lambda_{3,4} &= S_2^{1/2} \end{aligned} \tag{3-28}$$

其中，

$$S_1 = \frac{1}{2}\{-(4 - U_{xx} - U_{yy}) + [(4 - U_{xx} - U_{yy})^2 - 4U_{xx}U_{yy}]^{1/2}\}$$
$$S_2 = \frac{1}{2}\{-(4 - U_{xx} - U_{yy}) - [(4 - U_{xx} - U_{yy})^2 - 4U_{xx}U_{yy}]^{1/2}\} \tag{3-29}$$

由式（3-29）可知，$S_1 > 0$，$S_2 < 0$，故有一正实根。根据前述关于解的稳定性的结论，可知 3 个共线平动解是不稳定的。考虑式右端的高阶项后仍然如此，不再进一步讨论。

式（3-28）给出的 4 个特征值和 δz 分量对应的两个特征根可以写成

$$
\begin{aligned}
\lambda_{1,2} &= \pm d_1 \\
\lambda_{3,4} &= \pm d_2 i, i = \sqrt{-1} \\
\lambda_{5,6} &= \pm d_3 i
\end{aligned}
\tag{3-30}
$$

其中，$d_3 = \sqrt{C_0} > 0$，$d_1 > 0$，$d_2 > 0$，具体值为

$$
\begin{aligned}
d_1 &= \left[\frac{1}{2}(9C_0{}^2 - 8C_0)^{1/2} - \left(1 - \frac{C_0}{2}\right) \right]^{1/2} \\
d_2 &= \left[\frac{1}{2}(9C_0{}^2 - 8C_0)^{1/2} + \left(1 - \frac{C_0}{2}\right) \right]^{1/2}
\end{aligned}
\tag{3-31}
$$

在线性意义下，相应平动点附近的运动为

$$
\begin{cases}
\delta x = C_1 \mathrm{e}^{d_1 t} + C_2 \mathrm{e}^{-d_1 t} + C_3 \cos d_2 t + C_4 \sin d_2 t \\
\delta y = \alpha_1 C_1 \mathrm{e}^{d_1 t} - \alpha_1 C_2 \mathrm{e}^{-d_1 t} - \alpha_2 C_3 \sin d_2 t + \alpha_2 C_4 \cos d_2 t \\
\delta z = C_5 \cos d_3 t + C_6 \sin d_3 t
\end{cases}
\tag{3-32}
$$

其中，

$$
\alpha_1 = \frac{1}{2}(d_1 - U_{xx}/d_1), \quad \alpha_2 = \frac{1}{2}(d_2 + U_{xx}/d_2)
\tag{3-33}
$$

上述 6 个积分常数 $C_1, C_2, \cdots, C_6$，由初始扰动条件 $t_0 = 0: \delta x_0, \delta \dot{x}_0, \delta y_0$，$\delta \dot{y}_0, \delta z_0, \delta \dot{z}_0$ 确定。这表明，尽管质点初始运动状态满足共线平动解的条件，但经小扰动后会远离平动点，远离的快慢取决于 d_1 值的大小。例如，日-（地+月）-小天体系统，3 个共线平动点 L_1、L_2、L_3 处的值分别为 2.532 659、2.484 317 和 0.002 825，这表明 L_1 点和 L_2 点的不稳定性要比 L_3 点的不稳定性强得多，也就是说 L_1 点和 L_2 点附近的小天体要比 L_3 点附近的小天体远离快得多。

对于三角平动点 L_4 和 L_5，有

$$
\begin{cases}
U_{xx} = \dfrac{3}{4} \\[2mm]
U_{xy} = \pm \dfrac{3}{4}\sqrt{3}(1 - 2\mu) \\[2mm]
U_{yy} = \dfrac{9}{4}
\end{cases}
\tag{3-34}
$$

其中，第二个方程中的正号对应平动点 L_4，负号对应平动点 L_5。

将式（3–34）代入式（3–20）可得

$$\lambda^4 + \lambda^2 + \frac{27}{4}\mu(1-\mu) = 0 \qquad (3-35)$$

方程（3–35）关于 λ^2 的两个根 S_1、S_2 为

$$S_{1,2} = \frac{-1 \pm \sqrt{1 - 27\mu(1-\mu)}}{2} \qquad (3-36)$$

相应的特征根 λ 为

$$\begin{cases} \lambda_1 = \sqrt{S_1}, \lambda_2 = -\sqrt{S_1} \\ \lambda_3 = \sqrt{S_2}, \lambda_4 = -\sqrt{S_2} \end{cases} \qquad (3-37)$$

特征根的性质取决于式（3–36）中的 $d = 1 - 27\mu(1-\mu)$，当

$$0 < 1 - 27\mu(1-\mu) < 1 \qquad (3-38)$$

时，即

$$\mu(1-\mu) < \frac{1}{27} \qquad (3-39)$$

有 $S_1 < 0, S_2 < 0$，特征根为两对共轭虚根。则根据前述关于解的稳定性结论，可知三角平动解是稳定的，相应的临界值 μ_0 满足

$$\mu_0(1-\mu_0) = \frac{1}{27} \qquad (3-40)$$

由于 $\mu < 1/2$，故有

$$\mu_0 = \frac{1}{2} - \sqrt{\frac{23}{108}} \approx 0.038\,52 \qquad (3-41)$$

因此，对于圆形限制性三体系统，当 $\mu < 0.038\,52$ 时，位于三角平动点处的质点运动是稳定的，其受到小摄动后会进行简谐运动；当 $\mu > 0.038\,52$ 时，位于三角平动点处的质点运动是不稳定的，其受到小摄动后会逐渐远离三角平动点。表3–2为太阳系大行星之间的 μ 值，可知均满足上述稳定条件，故平衡点 L_4、L_5 运动是稳定的。

表 3-2　太阳系行星之间的 μ 值

天体系统	μ	天体系统	μ
太阳－水星	0.000 000 17	太阳金星	0.000 002 45
太阳－地月	0.000 003 04	太阳火星	0.000 000 32
太阳－ 木星	0.000 953 88	太阳－土星	0.000 285 50
太阳－天王星	0.000 043 73	太阳－海王星	0.000 051 77
太阳－冥王星	0.000 002 78	地球－月球	0.012 150 57

■ 3.3　平动点附近的轨道运动

与二体问题不同，限制性三体问题只存在一个雅可比积分，因此无法得到类似圆锥曲线的运动轨道的一般形式解。为了探索三体系统中运动的规律，多年来学者们一直将研究重点放在周期性运动（周期轨道）方面。根据庞加莱猜想，对于定义在相空间中的有界开子集的自治系统而言，其周期轨道集合在所有解组成的度量空间中是稠密的。相空间，指的是由三维位置矢量和三维速度矢量构成的六维状态空间。在理论研究方面，人们希望通过对周期轨道的发现与研究来定性刻画限制性三体系统中所有可能的解。从航天实际任务角度，三体系统中的周期轨道有着重要的应用价值。

共线平动点与三角平动点附近存在着不同类型的周期轨道和拟周期轨道，在构造平动点轨道时，由于 CRTBP 模型无法直接求得解析表达式，需要运用级数展开进行分析。下面首先介绍构造平动点轨道常用到的数学方法 - 微分修正方法，然后分别介绍并讨论共线平动点和三角平动点附近不同类型轨道的近似解析解与数值解计算方法。

3.3.1　微分修正方法

1. 时间固定变分

考虑自治动力学系统，轨迹动力学方程可以表示为常微分向量方程的形式：

$$\dot{x} = f(x) \tag{3-42}$$

其中，x 为 n 维的系统状态变量。

令 $x_0 = x(t_0)$ 为初始 t_0 时刻的状态，记 $x(t, x_0)$ 为过点 x_0 的轨迹，在动力学系统理论中称为流，其是关于时间 t 和 x_0 的连续可微函数。根据上述定义，轨迹动力学方程可以改写为

$$\dot{x}(t, x_0) = f(x(t, x_0)) \tag{3-43}$$

由常微分方程的性质，对于给定的 x_0 和 t，$x(t, x_0)$ 是唯一确定的，并且有

$$x(t_0, x_0) = x_0 \tag{3-44}$$

假定某一条轨迹的初始状态 x_0^* 已知，对应的轨迹为 $x^*(t, x_0^*)$，下文将称这条轨迹为参考轨迹。不考虑时间 t 摄动，对参考轨迹的初始状态进行微小摄动，表示为

$$x_0 = x_0^* + \delta x_0 \tag{3-45}$$

其中，δx_0 为 n 维的摄动量。

摄动后轨迹将偏离参考轨道，如图 3-5 所示。定义 t 时刻摄动轨迹与参考轨迹的状态偏差为 $\delta x(t)$，则可以表示成

$$\delta x(t) = x(t, x_0^* + \delta x_0) - x^*(t, x_0^*) \tag{3-46}$$

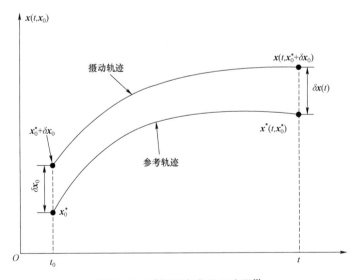

图 3-5 时间固定变分示意图[1]

将式（3-46）右端在 x_0^* 附近进行泰勒级数展开并只保留一阶项，可得

$$\delta \boldsymbol{x}(t) \approx \boldsymbol{x}^*(t, \boldsymbol{x}_0^*) + \frac{\partial \boldsymbol{x}(t, \boldsymbol{x}_0^*)}{\partial \boldsymbol{x}_0} \delta \boldsymbol{x}_0 - \boldsymbol{x}^*(t, \boldsymbol{x}_0^*) = \frac{\partial \boldsymbol{x}(t, \boldsymbol{x}_0^*)}{\partial \boldsymbol{x}_0} \delta \boldsymbol{x}_0 \qquad （3-47）$$

定义 $n \times n$ 维矩阵为

$$\boldsymbol{\Phi}(t, t_0) = \frac{\partial \boldsymbol{x}(t, \boldsymbol{x}_0^*)}{\partial \boldsymbol{x}_0} \qquad （3-48）$$

则式（3-47）可以改写为

$$\delta \boldsymbol{x}(t) = \boldsymbol{\Phi}(t, t_0) \delta \boldsymbol{x}_0 \qquad （3-49）$$

式（3-49）反映了摄动状态偏差 $\delta \boldsymbol{x}(t)$ 与初始状态摄动 $\delta \boldsymbol{x}_0$ 之间的线性映射关系，矩阵 $\boldsymbol{\Phi}(t, t_0)$ 称为系统（3-42）的状态转移矩阵（state transition matrix，STM）。

根据动力学系统理论，式（3-49）为自治系统（3-42）对应的变分方程的解，变分方程表示为

$$\dot{z} = \boldsymbol{A}(t) z \qquad （3-50）$$

其中，$n \times n$ 维矩阵 $\boldsymbol{A}(t)$ 为由 $\boldsymbol{x}(t, \boldsymbol{x}_0)$ 到 $\dot{\boldsymbol{x}}(t, \boldsymbol{x}_0)$ 的雅可比矩阵，表示为

$$\boldsymbol{A}(t) = \frac{\partial \dot{\boldsymbol{x}}(t, \boldsymbol{x}_0)}{\partial \boldsymbol{x}(t, \boldsymbol{x}_0)} = \left. \frac{\partial f}{\partial \boldsymbol{x}} \right|_{x_0} \qquad （3-51）$$

系统（3-50）为线性齐次微分方程组。

2. 时间不定变分

若对参考轨迹的时间 t^* 也进行摄动，表示为

$$t = t^* + \delta t \qquad （3-52）$$

则摄动后轨迹与参考轨迹在时刻 t 的偏差可以表示为

$$\delta \boldsymbol{x}(t) = \boldsymbol{x}(t^* + \delta t, \boldsymbol{x}_0^* + \delta \boldsymbol{x}_0) - \boldsymbol{x}^*(t^*, \boldsymbol{x}_0^*) \qquad （3-53）$$

将式（3-53）右端在 $\boldsymbol{x}_0^*$ 和 t^* 附近进行泰勒级数展开并只保留一阶项，可得

$$\delta \boldsymbol{x}(t) \approx \frac{\partial \boldsymbol{x}(t^*, \boldsymbol{x}_0^*)}{\partial \boldsymbol{x}_0} \delta \boldsymbol{x}_0 + \frac{\partial \boldsymbol{x}(t^*, \boldsymbol{x}_0^*)}{\partial t} \delta t \qquad （3-54）$$

由式（3-54）可知，轨迹状态偏差 $\delta \boldsymbol{x}(t)$ 由两项组成：第一项是由初始摄动 $\delta \boldsymbol{x}_0$ 引起的状态偏差，定义为 $\delta \boldsymbol{x}_1$，这与时间固定变分是一样的；第二项是由时间摄动 δt 引起的状态偏差，定义为 $\delta \boldsymbol{x}_2$。时间不定变分示意图如图 3-6 所示。

式（3-54）中，$\partial \boldsymbol{x}(t^*, \boldsymbol{x}_0^*) / \partial t$ 为参考轨迹状态在 t^* 时刻的微分，定义为 $\dot{\boldsymbol{x}}(t^*)$。结合式（3-49），式（3-54）的一般形式可以写成

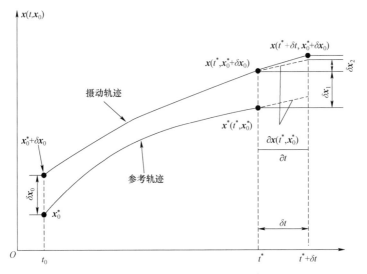

图 3-6 时间不定变分示意图[1]

$$\delta x(t) = \Phi(t,t_0)\delta x_0 + \dot{x}(t)\delta t \qquad (3-55)$$

式（3-55）建立了轨迹状态偏差 $\delta x(t)$ 与初始状态摄动 δx_0 和时间摄动 δt 的线性映射关系。式（3-49）和式（3-55）是对轨迹进行微分修正的基础。

3. 状态转移矩阵

状态转移矩阵是动力学方程的流函数对初始状态的导数，在圆形限制性三体问题中，状态转移矩阵反映了参考轨道对微小扰动的线性化特征，它在周期轨道的微分校正、轨道的局部稳定性分析和不变流形的计算等过程中都有广泛应用，可通过将动力学方程线性化并对变分方程进行积分得到。状态转移矩阵 $\Phi(t,t_0)$ 是系统从初始 t_0 时刻状态到 t 时刻状态的线性映射，通过它可以估算出初始状态变分对轨道递推的影响。记 $x(t_0)$ 和 $x(t)$ 分别为 t_0 与 t 时刻的轨迹状态，则由式（3-49）可得

$$\Phi(t,t_0) = \frac{\partial x(t)}{\partial x(t_0)} = \begin{bmatrix} \dfrac{\partial x_1(t)}{\partial x_1(t_0)} & \dfrac{\partial x_1(t)}{\partial x_2(t_0)} & \cdots & \dfrac{\partial x_1(t)}{\partial x_n(t_0)} \\[2mm] \dfrac{\partial x_2(t)}{\partial x_1(t_0)} & \dfrac{\partial x_2(t)}{\partial x_2(t_0)} & \cdots & \dfrac{\partial x_2(t)}{\partial x_n(t_0)} \\[2mm] \vdots & \vdots & & \vdots \\[2mm] \dfrac{\partial x_n(t)}{\partial x_1(t_0)} & \dfrac{\partial x_n(t)}{\partial x_2(t_0)} & \cdots & \dfrac{\partial x_n(t)}{\partial x_n(t_0)} \end{bmatrix} \qquad (3-56)$$

其中，$x_i(t), i=1,2,\cdots,N$ 和 $x_i(t_0), i=1,2,\cdots,N$ 分别为 $x(t)$ 与 $x(t_0)$ 的分量。状态转

移矩阵必须满足矩阵微分方程

$$\dot{\boldsymbol{\Phi}}(t,t_0) = \frac{\mathrm{d}}{\mathrm{d}t}\frac{\partial \boldsymbol{x}(t,\boldsymbol{x}_0^*)}{\partial \boldsymbol{x}_0} = \frac{\partial \boldsymbol{f}(\boldsymbol{x}(t,\boldsymbol{x}_0^*))}{\partial \boldsymbol{x}(t,\boldsymbol{x}_0^*)}\frac{\partial \boldsymbol{x}(t,\boldsymbol{x}_0^*)}{\partial \boldsymbol{x}_0} \tag{3-57}$$

结合式（3-51），式（3-57）可以改写成

$$\dot{\boldsymbol{\Phi}}(t,t_0) = A(t)\boldsymbol{\Phi}(t,t_0) \tag{3-58}$$

给定初始条件 $\boldsymbol{\Phi}(t_0,t_0) = \boldsymbol{I}_{n\times n}$，这里 $\boldsymbol{I}_{n\times n}$ 为 $n\times n$ 的单位矩阵。在 t 时刻的状态转移矩阵通过从初始条件的数值积分得到。因为状态转移矩阵是 $n\times n$，所以方程（3-58）的递推可以通过 n^2 个一阶常微分方程的积分得到。由式（3-58）可知，矩阵 $A(t)$ 是时变矩阵，说明式（3-58）为非自治微分方程，需要对动学方程（3-42）和式（3-58）同时积分才能形成自治系统，即

$$\begin{cases} \dot{\boldsymbol{x}} = \boldsymbol{f}(\boldsymbol{x}) \\ \dot{\boldsymbol{\Phi}}(t_0,t) = A(\boldsymbol{x})\boldsymbol{\Phi}(t_0,t) \\ \boldsymbol{x}(t_0) = \boldsymbol{x}_0 \\ \boldsymbol{\Phi}(t_0,t_0) = \boldsymbol{I} \end{cases} \tag{3-59}$$

通过数值方法积分以上微分方程组，共包括 $n^2 + n$ 个一阶常微分方程，计算得到状态转移矩阵的数值解。

上述内容介绍了微分修正方法涉及的主要概念，下面简要介绍采用微分修正方法进行数值求解的过程。

求解精确数值解一般需要通过多次迭代过程来完成，该问题可以归结如下：定义六维状态矢量 $\boldsymbol{x} = [x,y,z,\dot{x},\dot{y},\dot{z}]$，寻找初始状态 $\boldsymbol{x}(t_0)$，使周期轨道在 t_f 时刻满足约束条件 $\boldsymbol{x}(t_f)_d$。采用微分修正方法求解该问题的基本原理是：根据当前末端状态与理想状态的偏差，通过状态转移矩阵对初始状态进行修正，使最终的末端状态满足要求的约束条件。末端状态的偏差为

$$\delta\boldsymbol{x}(t_f) = \frac{\partial \boldsymbol{x}(t_f)}{\partial \boldsymbol{x}(t_0)}\delta\boldsymbol{x}(t_0) + \dot{\boldsymbol{x}}(t_f)\delta(t_f - t_0) \tag{3-60}$$

矩阵的偏导数 $\partial \boldsymbol{x}(t_f)/\partial \boldsymbol{x}(t_0)$ 等于在 t_f 时刻的状态转移矩阵，那么方程（3-60）可以简化为

$$\delta\boldsymbol{x}(t_f) = \boldsymbol{\Phi}(t_f,t_0)\delta\boldsymbol{x}(t_0) + \dot{\boldsymbol{x}}(t_f)\delta(t_f - t_0) \tag{3-61}$$

末端状态的偏差量为

$$\delta \boldsymbol{x}(t_f) = \boldsymbol{x}(t_f)_d - \boldsymbol{x}(t_f) \qquad (3-62)$$

将方程（3－62）代入方程（3－61），可以解出一个初始状态修正量的估计值 $\delta \boldsymbol{x}(t_0)$，通过方程（3－61）的迭代可以得到最终的数值解。经典的微分修正方法是利用轨道的状态转移矩阵构造牛顿迭代过程，牛顿迭代法对应为

$$\mathrm{D}\boldsymbol{f}(\boldsymbol{X}_n)(\boldsymbol{X}_{n+1} - \boldsymbol{X}_n) = -\boldsymbol{f}(\boldsymbol{X}_n) \qquad (3-63)$$

则 $(\boldsymbol{X}_{n+1} - \boldsymbol{X}_n)$ 极小范数的最小二乘法解为

$$\boldsymbol{X}_{n+1} - \boldsymbol{X}_n = -[\mathrm{D}\boldsymbol{f}(\boldsymbol{X}_n)]^{\mathrm{T}}[\mathrm{D}\boldsymbol{f}(\boldsymbol{X}_n)(\mathrm{D}\boldsymbol{f}(\boldsymbol{X}_n))^{\mathrm{T}}]^{-1}\boldsymbol{f}(\boldsymbol{X}_n) \qquad (3-64)$$

整理得到迭代公式

$$\boldsymbol{X}_{n+1} = \boldsymbol{X}_n - [\mathrm{D}\boldsymbol{f}(\boldsymbol{X}_n)]^{\mathrm{T}}[\mathrm{D}\boldsymbol{f}(\boldsymbol{X}_n)(\mathrm{D}\boldsymbol{f}(\boldsymbol{X}_n))^{\mathrm{T}}]^{-1}\boldsymbol{f}(\boldsymbol{X}_n) \qquad (3-65)$$

选择最小范数解的主要原因是，每一步迭代过程都是基于当前参考轨迹进行的，修正量选择最小范数解会使修正后的轨迹保持在参考轨迹附近，将提高迭代过程的成功率。另外，根据微分修正的原理可以看出，微分修正方法依赖于参数的初值选择。为了提高迭代的成功率，应选择合适的初值猜测。

理论上讲，微分修正方法可以用于任意影响轨迹的参数的修正问题。在行星际飞行轨道中，微分修正方法主要用于初始状态和飞行时间的修正问题。如在 Halo 轨道的设计中，利用三阶解析解提供的初值，采用微分修正方法可以很容易地得到原非线性系统的周期解。

3.3.2　分层微分修正

微分修正法为一种牛顿迭代逼近期望值算法，通过不断修正控制变量使约束变量最终收敛于期望值。当同时考虑轨道高度、轨道倾角、升交点赤经及航迹角多个约束时，转移轨道末端满足约束条件的程度各不相同，相互之间存在影响，最终使得一次修正算法将出现不易收敛的问题。再者，利用遗传算法或序列二次规划等优化算法对多约束问题进行求解时，存在计算时间长等问题。因此，针对以上问题，结合转移轨道末端不同的约束条件，利用分层修正算法搜索精确轨道，可以使转移轨道末端同时满足轨道高度、轨道倾角、升交点赤经及航迹角的多种约束条件。下面以地球停泊轨道出发到日地 L_1 点 Halo 轨道为例，对分层微分修正做简要说明。

第一层修正：使转移轨道末端靠近地球。

在初步搜索过程中，只考虑轨道高度约束。由于选取的停泊轨道为近地轨道且初次积分得到的转移轨道末端距离地球较远，通过第一层修正能够保证转移轨道末端位于停泊轨道附近，为施加倾角与升交点赤经约束奠定基础。具体地，首先对初始状态量进行积分，判断约束条件 Δh_1 是否小于给定误差，若满足则进行下一层微分修正。否则，微分修正控制变量 $\boldsymbol{X}_0 = [\Delta V_x \quad \Delta V_y \quad \Delta V_z]^{\mathrm{T}}$，直至满足轨道末端位置约束条件。

第二层修正：考虑轨道高度与倾角约束。

经过第一层修正后，保证了转移轨道末端位于地球附近，此阶段进一步细化修正模型，同时考虑轨道高度与轨道倾角约束。以第一层满足高度约束的状态量为初值进行积分，判断轨道末端高度与倾角约束 Δh_2、Δi_1 是否小于误差值，若满足则进行第三层修正，否则进一步对控制变量循环迭代求解，使最终约束收敛于期望值。

第三层修正：求解精确日地 L_1 点 Halo 轨道转移轨道。

通过前两层微分修正，转移轨道末端高度与倾角已经接近期望值，但仍不满足升交点赤经约束。因此，第三层修正同时考虑轨道高度、轨道倾角及升交点赤经约束，最终获得满足多约束条件的精确日地 L_1 点 Halo 轨道转移轨道。同样地，对上一层状态量进行积分，迭代修正控制变量使轨道末端同时满足轨道高度、轨道倾角及升交点赤经多约束条件。

另外，为了保证算法具有较好的收敛效果且缩短计算时间，本书对传统微分修正算法中迭代修正量与状态转移矩阵分别进行改进。

首先针对迭代修正量，为了保证算法收敛，对每一步的迭代修正量乘以式（3-66）所示的步长因子。其主要功能为：由于微分修正初始阶段，实际值与期望值差距较大，步长因子能够保证较小的修正量，防止一步"跨过"期望值而导致算法发散。同时，随着迭代修正次数不断增加，步长因子逐步增大并最终趋近于 1，不会影响收敛速度，即

$$k_1 = a - b^x \tag{3-66}$$

式中，a、b 为常数且取值 $a=1$、$b=0.85$，x 在每步迭代修正中以 $u=0.1$ 增量增加。

而针对状态转移矩阵，通过仿真校验，在微分修正过程中，对状态转移矩阵进行比例变换后，微分修正迭代次数将会减少。具体地，比例系数可根据当前修正量与前一时刻修正量进行比较后增加或减小。以只考虑轨道高度约束的第一层修正为例，定义判别依据 $\delta\Delta h = \Delta h_i - \Delta h_{i-1}$，则比例系数 k_2^i 可表示为

$$\begin{cases} k_2^i = 1, & i = 1 \\ k_2^i = k_2^{i-1} - q_1, & \delta\Delta h \leqslant 0, i > 1 \\ k_2^i = k_2^{i-1} + q_1, & \delta\Delta h > 0, i > 1 \end{cases} \quad (3-67)$$

式中，q_1 为取值小于 0.1 的实数；i 为微分修正迭代次数。第二层修正和第三层修正分别选取轨道倾角与升交点赤经为判别依据。

3.3.3　共线平动点附近轨道

定义以共线平动点 $L_i(i=1,2,3)$ 为原点的平动点会合系，新坐标系下小天体位置为 $\rho = (\xi,\eta,\zeta)^{\mathrm{T}}$，选取平动点与最近主天体距离 $\gamma_i(i=1,2,3)$ 作为新的无量纲长度单位，则在新坐标系下的小天体运动方程为

$$\ddot{\rho} + 2\begin{bmatrix} -\dot{\eta} \\ \dot{\xi} \\ 0 \end{bmatrix} = \frac{1}{\gamma_i^2}\left[\frac{\partial U}{\partial \rho}\right]^{\mathrm{T}} \quad (3-68)$$

其中，势能函数 $U = U(\rho)$ 变化为

$$U(\rho) = \frac{1}{2}\left[(\gamma_i\zeta + x_i)^2 + (\gamma_i\eta)^2 + \mu(1-\mu)\right] + \frac{1-\mu}{r_1} + \frac{\mu}{r_2} \quad (3-69)$$

其中，x_i 为共线平动点 L_i 在原会合系下的坐标值；r_1 和 r_2 为新坐标系下小天体与两个主天体的距离。

研究平动点附近的运动，ξ,η,ζ 是扰动坐标，式（3-68）的线性化形式为

$$\begin{cases} \ddot{\xi} - 2\dot{\eta} - (1 + 2C_0)\xi = 0 \\ \ddot{\eta} + 2\dot{\xi} - (1 - C_0)\eta = 0 \\ \ddot{\zeta} + C_0\zeta = 0 \end{cases} \quad (3-70)$$

式中，

$$C_0 = \frac{(1-\mu)}{r_1^3} + \frac{\mu}{r_2^3} \quad (3-71)$$

式（3-70）的解为

$$
\begin{cases}
\xi = C_1 e^{d_1 t} + C_2 e^{-d_1 t} + C_3 \cos d_2 t + C_4 \sin d_2 t \\
\eta = \alpha_1 C_1 e^{d_1 t} - \alpha_1 C_2 e^{-d_1 t} - \alpha_2 C_3 \sin d_2 t + \alpha_2 C_4 \cos d_2 t \\
\zeta = C_5 \cos d_3 t + C_6 \sin d_3 t
\end{cases}
\tag{3-72}
$$

式中，

$$
\alpha_1 = (d_1^2 - 2C_0 - 1)/2d_1, \quad \alpha_2 = (d_2^2 + 2C_0 + 1)/2d_2
\tag{3-73}
$$

3 个特征频率 d_1, d_2, d_3 与三体系统的质量参数 μ 值有关，其关系式为

$$
\begin{cases}
d_1 = \sqrt{\left(\sqrt{9C_0^2 - 8C_0} + C_0 - 2\right)/2} \\
d_2 = \sqrt{\left(\sqrt{9C_0^2 - 8C_0} - C_0 + 2\right)/2} \\
d_3 = \sqrt{C_0}
\end{cases}
\tag{3-74}
$$

式（3-72）中的 $C_i (i = 1, \cdots, 6)$ 是由初始条件确定的积分常数。因 $d_1 > 0$，解中存在指数发散项，因此，线性化解是不稳定的，但可以找到初始状态量使 $C_1 = C_2 = 0$，达到条件稳定的要求。而对于太阳系的主要限制性三体系统而言，两个频率 d_1 和 d_2 不通约，此时式（3-72）一般对应拟周期运动（ $C_1 = C_2 = 0$ ），可表示为

$$
\begin{cases}
\xi(t) = \alpha \cos(\omega_0 t + \phi_1) \\
\eta(t) = \kappa \alpha \sin(\omega_0 t + \phi_1) \\
\zeta(t) = \beta \cos(v_0 t + \phi_2)
\end{cases}
\tag{3-75}
$$

式中，$\omega_0 = d_2, v_0 = d_3, \kappa = -\alpha_2$，$\alpha$ 和 β 分别称为平面振幅与垂直振幅。下面将考虑式（3-68）右端展开式的高次项，深入研究共线平动点的动力学特征。

关于共线平动点附近运动方程式（3-68）右端的展开，也就是位函数 $U(\boldsymbol{\rho})$ 的展开，对其进行 Legendre 级数展开，小天体相对共线平动点 L_i 的运动方程写为[2]

$$
\begin{cases}
\ddot{\xi} - 2\dot{\eta} - (1 + 2c_2)\xi = \dfrac{\partial}{\partial \xi} \sum_{n \geqslant 3} c_n(\mu) \rho^n P_n\left(\dfrac{\xi}{\rho}\right) \\
\ddot{\eta} + 2\dot{\xi} - (1 - c_2)\eta = \dfrac{\partial}{\partial \eta} \sum_{n \geqslant 3} c_n(\mu) \rho^n P_n\left(\dfrac{\xi}{\rho}\right) \\
\ddot{\zeta} + c_2 \zeta = \dfrac{\partial}{\partial \zeta} \sum_{n \geqslant 3} c_n(\mu) \rho^n P_n\left(\dfrac{\xi}{\rho}\right)
\end{cases}
\tag{3-76}
$$

式中，$\rho = \|\boldsymbol{\rho}\|$，$P_n(\xi/\rho)$ 为 n 阶 Legendre 多项式，c_n 的表达式为

$$
\begin{aligned}
c_n(\mu) &= \left((\pm 1)^n \mu \gamma_i^{-3} + (-1)^n (1-\mu) \gamma_i^{n-2} (1 \mp \gamma_i)^{-(n+1)}\right), \quad i = 1,2 \\
c_n(\mu) &= (-1)^n \left((1-\mu) \gamma_3^{-3} + \mu \gamma_3^{n-2} (1 + \gamma_3)^{-(n+1)}\right), \quad i = 3
\end{aligned}
\tag{3-77}
$$

γ_i 前的加减符号分别对应 L 和平动点。通过 Legendre 级数展开后，小天体运动方程能够表示成任意阶的形式，为求解近似解析解奠定了基础。还可将式（3-76）进一步写成便于计算的形式，即

$$\begin{cases} \ddot{\xi} - 2\dot{\eta} - (1 + 2c_2)\xi = \sum_{n \geq 2} c_{n+1}(n+1)\rho^n P_n\left(\frac{\xi}{\rho}\right) \\ \ddot{\eta} + 2\dot{\xi} - (1 - c_2)\eta = \eta \sum_{n \geq 2} c_{n+1} n \rho^{n-1} T_n\left(\frac{\xi}{\rho}\right) \\ \ddot{\zeta} + c_2 \zeta = \zeta \sum_{n \geq 2} c_{n+1} n \rho^{n-1} T_n\left(\frac{\xi}{\rho}\right) \end{cases} \quad (3-78)$$

其中，

$$T_n\left(\frac{\xi}{\rho}\right) = \left[\left(\frac{\xi}{\rho}\right) P_n\left(\frac{\xi}{\rho}\right) - P_{n-1}\left(\frac{\xi}{\rho}\right)\right] \Big/ \left[1 - \left(\frac{\xi}{\rho}\right)^2\right] \quad (3-79)$$

1. Halo 轨道

研究表明，Halo 轨道解析解最低应为三阶形式，且三阶 Halo 轨道是较为理想的参考轨道模型。Richardson 截取式（3-76）前三阶表达式，采用 Lindstedt-Poincaré 逐步逼近法推导了共线平动点附近 Halo 轨道的三阶解析式，得到 Halo 轨道的三阶近似解析解满足[3]

$$\begin{cases} \xi = -\alpha \cos \tau + a_{21}\alpha^2 + a_{22}\beta^2 + (a_{23}\alpha^2 - a_{24}\beta^2)\cos 2\tau \\ \quad + (a_{31}\alpha^3 - a_{32}\alpha\beta^2)\cos 3\tau \\ \eta = k\alpha \sin \tau + (b_{21}\alpha^2 - b_{22}\beta^2)\sin 2\tau + (b_{31}\alpha^3 - b_{32}\alpha\beta^2)\sin 3\tau \\ \quad + [b_{33}\alpha^3 + (b_{34} - b_{35})\alpha\beta^2]\sin \tau \\ \zeta = \beta \cos \tau + d_{21}\alpha\beta(\cos 2\tau - 3) + (d_{32}\beta\alpha^2 - d_{31}\beta^3)\cos 3\tau \end{cases} \quad (3-80)$$

式中，$\tau = \omega t + \phi$，$\omega = \omega_0 + \omega_1 + \omega_2 + \cdots$，$\omega_i$ 表示 α、β 的 i 阶量。近似的解析表达式能够对 Halo 轨道族的存在性和数值计算提供重要的信息。动力学方程的数值解法要求给出周期轨道附近的初始猜测，这个初始猜测值通常由近似解析解得到。

在轨道设计时，越精确的运动模型越能反映出航天器的空间运动情况。为了得到更为精确的运动状态，需要求解动平衡点附近周期轨道的数值解。结合微分修正算法，对式（3-80）解析解进行修正，即可得到满足数值精度要求的精确 Halo 轨道。微分修正算法实质是一种迭代的打靶法，通过状态转移矩阵联系当前时刻与下一时刻的状态量，不断修正自由变量使得约束条件最终收敛于期望值。

具体地，在 CRTBP 模型中，状态转移矩阵满足以下微分方程：

$$\dot{\boldsymbol{\Phi}}(t,t_0) = \boldsymbol{A}_6(\boldsymbol{X}(t))\boldsymbol{\Phi}(t,t_0) = \begin{bmatrix} \boldsymbol{0}_{3\times3} & \boldsymbol{I}_{3\times3} \\ & 0 & 2 & 0 \\ \nabla_r^2 U(\boldsymbol{r}) & -2 & 0 & 0 \\ & 0 & 0 & 0 \end{bmatrix}_{6\times6} \boldsymbol{\Phi}(t,t_0) \quad (3-81)$$

其中，$\boldsymbol{0}_{3\times3}$ 和 $\boldsymbol{I}_{3\times3}$ 分别为 3×3 阶零矩阵与单位矩阵，$\nabla_r^2 U(\boldsymbol{r})$ 为势能函数的 Hessian 矩阵，状态转移矩阵的初值为 6×6 阶单位矩阵。一般情况下，矩阵 $\boldsymbol{\Phi}$ 没有解析形式，联立求解式第三天体的运动方程与式（3-81），能够确定任意时刻的状态转移矩阵。

假设自由变量为起始端 n 维向量 $\boldsymbol{D} = [D_1,\cdots,D_n]^{\mathrm{T}}$ 和递推时间 t，约束变量为末端 m 维向量 $\boldsymbol{C} = [C_1,\cdots,C_m]^{\mathrm{T}}$，初始状态 $\boldsymbol{X}_0$ 与末端状态 $\boldsymbol{X}_f$，由求导法则得

$$\begin{aligned} \delta\boldsymbol{C} &= \frac{\partial\boldsymbol{C}}{\partial\boldsymbol{D}}\delta\boldsymbol{D} + \frac{\partial\boldsymbol{C}}{\partial t}\delta t = \frac{\partial\boldsymbol{C}}{\partial\boldsymbol{X}_f}\frac{\partial\boldsymbol{X}_f}{\partial\boldsymbol{X}_0}\frac{\partial\boldsymbol{X}_0}{\partial\boldsymbol{D}}\delta\boldsymbol{D} + \frac{\partial\boldsymbol{C}}{\partial t}\delta t \\ &= \begin{bmatrix} \dfrac{\partial\boldsymbol{C}}{\partial\boldsymbol{X}_f}\boldsymbol{\Phi}(t,t_0)\dfrac{\partial\boldsymbol{X}_0}{\partial\boldsymbol{D}} & \dfrac{\partial\boldsymbol{C}}{\partial t} \end{bmatrix}\begin{bmatrix} \delta\boldsymbol{D} \\ \delta t \end{bmatrix} = \boldsymbol{M}\begin{bmatrix} \delta\boldsymbol{D} \\ \delta t \end{bmatrix} \end{aligned} \quad (3-82)$$

当矩阵 $\boldsymbol{M}$ 为方阵时，自由变量的改变量满足：

$$\begin{bmatrix} \delta\boldsymbol{D} \\ \delta t \end{bmatrix} = \boldsymbol{M}^{-1}\delta\boldsymbol{C} \quad (3-83)$$

否则，利用最小二乘法进行求解，即

$$\begin{bmatrix} \delta\boldsymbol{D} \\ \delta t \end{bmatrix} = \boldsymbol{M}^{\mathrm{T}}(\boldsymbol{M}\boldsymbol{M}^{\mathrm{T}})^{-1}\delta\boldsymbol{C} \quad (3-84)$$

对于 Halo 轨道而言，由于轨道关于 xz 平面对称，即 Halo 轨道与 xz 平面交点处具有垂直经过此平面的速度，则 $\dot{x} = \dot{z} = 0$，应用此特性能够进一步简化微分修正过程。假设 Halo 轨道初始点位于 xz 平面，状态为 $\boldsymbol{X}_0 = (x_0,0,z_0,0,\dot{y}_0,0)^{\mathrm{T}}$，积分半个轨道周期，期望末端点状态为 $\boldsymbol{X}_d = (x_1,0,z_1,0,\dot{y}_1,0)^{\mathrm{T}}$，实际状态为 $\boldsymbol{X}_1 = (x_1,y_1,z_1,\dot{x}_1,\dot{y}_1,\dot{z}_1)^{\mathrm{T}}$。则约束变量为 y_1、$\dot{x}_1$ 与 $\dot{z}_1$，自由变量为 x_0、z_0 与 $\dot{y}_0$，在修正过程中，以 $y_1 = 0$ 作为积分终止条件，且假定 z 坐标分量未变化，即 $\delta z_0 = 0$，由式（3-82）可得

$$\begin{bmatrix} \delta x_0 \\ \delta\dot{y}_0 \\ \delta t_1 \end{bmatrix} = \begin{bmatrix} \phi_{21} & \phi_{25} & \dot{y}_1 \\ \phi_{41} & \phi_{45} & \ddot{x}_1 \\ \phi_{61} & \phi_{65} & \ddot{z}_1 \end{bmatrix}^{-1}\begin{bmatrix} 0 \\ \delta\dot{x}_1 \\ \delta\dot{z}_1 \end{bmatrix} = \boldsymbol{M}^{-1}\begin{bmatrix} 0 \\ \delta\dot{x}_1 \\ \delta\dot{z}_1 \end{bmatrix} \quad (3-85)$$

其中，ϕ_{ij} 为状态转移矩阵 $\boldsymbol{\Phi}(t,t_0)$ 的第 (i,j) 项取值。通过式（3-85）求出状态修正量与时间修正量，进而对初值进行反复迭代修正，得到精确初值点（误差允许范围内）。

2. Lissajous 轨道与 Lyapunov 轨道

平动点附近的运动能够分解为轨道面内与面外的周期运动。一般地，平面与垂直方向上的两个线性频率之比为无理数，合成的轨迹即为 Lissajous 轨道。由式（3-76）求得高阶解析式为[4]

$$
\begin{cases}
x = \sum_{i,j=0}^{\infty} \left(\sum_{|k| \le i, |m| \le j} a_{ijkm} \cos\left(k\theta_1 + m\theta_2\right) \right) \alpha^i \beta^j \\[2ex]
y = \sum_{i,j=0}^{\infty} \left(\sum_{|k| \le i, |m| \le j} b_{ijinn} \sin\left(k\theta_1 + m\theta_2\right) \right) \alpha^i \beta^j \\[2ex]
z = \sum_{i,j=0}^{\infty} \left(\sum_{|k| \le i, |m| \le j} c_{ijkm} \cos\left(k\theta_1 + m\theta_2\right) \right) \alpha^i \beta^j
\end{cases}
\tag{3-86}
$$

式中，$\theta_1 = \omega t + \kappa_{l1}$，$\theta_2 = v t + \kappa_{l2}$（$\kappa_{l1}$ 和 κ_{l2} 为平面内、外运动的相位常数），α 和 β 分别为平面与垂直方向运动振幅。由于非线性项的存在，两个频率 ω 和 v 关于 α 和 β 进行级数展开：

$$
\omega = \sum_{i,j=0}^{\infty} \omega_{ij} \alpha^i \beta^j, \quad v = \sum_{i,j=0}^{\infty} v_{ij} \alpha^i \beta^j
\tag{3-87}
$$

为了获得 Lissajous 轨道任意阶解析表达式，只需采用 Lindstedt-Poincaré 法确定式（3-86）与式（3-87）中各项系数即可。研究表明，当式（3-86）中垂直振幅 $\beta = 0$ 时，Lissajous 轨道退化为 xy 平面内水平 Lyapunov 周期轨道；当水平振幅 $\alpha = 0$ 时，得到垂直 Lyapunov 周期轨道（定义为 Vertical 轨道）。

针对 Lissajous 轨道的精确数值解计算，由于拟周期轨道不具有周期轨道良好的对称性与周期性，对轨道目标点修正具有一定的复杂性。一般地，采用多重打靶法进行求解。如图 3-7 所示，通过对轨道进行分段，逐步修正各点状态量，最终保证各个拼接点的状态量连续。

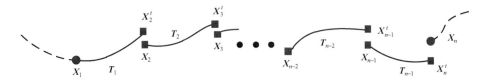

图 3-7　多重打靶法示意图

将 Lissajous 轨道以 n 个等间隔时间点划分，以各点的状态量作为自由变量，即 $\boldsymbol{D} = [\boldsymbol{X}_1, \cdots, \boldsymbol{X}_n]^{\mathrm{T}}$，约束变量选取轨道末端状态量 $\boldsymbol{C} = [\boldsymbol{X}_2^t, \cdots, \boldsymbol{X}_n^t]^{\mathrm{T}}$，通过不断修正自由变量的位置与速度，最终使得 $\boldsymbol{F} = [\boldsymbol{X}_2^t - \boldsymbol{X}_2, \cdots, \boldsymbol{X}_n^t - \boldsymbol{X}_n]^{\mathrm{T}} = 0$，则

$$\delta \boldsymbol{C} = \begin{bmatrix} \dfrac{\partial \boldsymbol{X}_2^t}{\partial \boldsymbol{X}_1} & -\dfrac{\partial \boldsymbol{X}_2}{\partial \boldsymbol{X}_2} & & \\ & \ddots & \ddots & \\ & & \dfrac{\partial \boldsymbol{X}_n^t}{\partial \boldsymbol{X}_{n-1}} & -\dfrac{\partial \boldsymbol{X}_n}{\partial \boldsymbol{X}_n} \end{bmatrix} \delta \boldsymbol{D} = \begin{bmatrix} \boldsymbol{\Phi}_1 & -\boldsymbol{I} & & \\ & \ddots & \ddots & \\ & & \boldsymbol{\Phi}_{n-1} & -\boldsymbol{I} \end{bmatrix} \delta \boldsymbol{D} \quad (3-88)$$

针对 Lyapunov 轨道的精确数值解计算，垂直 Lyapunov 轨道的精确求解与 Halo 轨道的思路一致，而水平 Lyapunov 轨道仅修正 $\dot{y}_0$ 与 t_1 项。图 3-8 描述了地月三体系统 L_1 点附近典型的周期轨道与拟周期轨道。

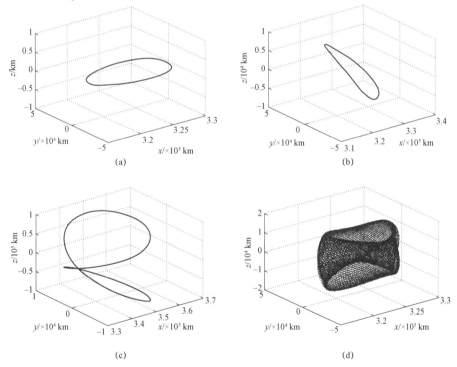

图 3-8　地月三体系统 L_1 点附近典型的周期轨道与拟周期轨道
（a）水平 Lyapunov 轨道；（b）Halo 轨道；（c）垂直 Lyapunov 轨道；（d）Lissajous 轨道

3.3.4　三角平动点附近轨道

针对三角平动点附近轨道的设计问题，类似地，将坐标系原点平移至三角平

动点，不需要考虑新的长度单位。将运动微分方程在三角平动点附近高阶展开，满足：

$$
\begin{cases}
\ddot{\bar{x}} = 2\dot{\bar{y}} + U_{xx}\bar{x} + U_{xy}\bar{y} + (1-\mu)\dfrac{\partial}{\partial \bar{x}}\sum_{n\geq 3}\rho^n P_n\left(\dfrac{-\bar{x}\mp\sqrt{3}\bar{y}}{2\rho}\right) + \mu\dfrac{\partial}{\partial \bar{x}}\sum_{n\geq 3}\rho^n P_n\left(\dfrac{\bar{x}\mp\sqrt{3}\bar{y}}{2\rho}\right) \\[3mm]
\ddot{\bar{y}} = -2\dot{\bar{x}} + U_{yx}\bar{x} + U_{3x}\bar{y} + (1-\mu)\dfrac{\partial}{\partial \bar{y}}\sum_{n<3}\rho^n P_n\left(\dfrac{-\bar{x}\mp\sqrt{3}\bar{y}}{2\rho}\right) + \mu\dfrac{\partial}{\partial \bar{y}}\sum_{n\geq 3}\rho^n P_n\left(\dfrac{\bar{x}\mp\sqrt{3}\bar{y}}{2\rho}\right) \\[3mm]
\ddot{\bar{z}} = -\bar{z} + (1-\mu)\dfrac{\partial}{\partial \bar{z}}\sum_{n\geq 3}\rho^n P_n\left(\dfrac{-\bar{x}\mp\sqrt{3}\bar{y}}{2\rho}\right) + \mu\dfrac{\partial}{\partial \bar{z}}\sum_{n\geq 3}\rho^n P_n\left(\dfrac{\bar{x}\mp\sqrt{3}\bar{y}}{2\rho}\right)
\end{cases}
$$

$$(3-89)$$

根据式（3-89）可以构造出三角平动点附近轨道的高阶解析式，研究表明，三角平动点附近存在平面短周期轨道、长周期轨道、垂直轨道及拟周期轨道。以下针对平面短周期轨道与垂直轨道的数值解计算方法进行分析。

针对平面短周期轨道，轨道对称面不易确定，需要积分一个轨道周期，比较初始点与末端点状态量，确定自由变量改变量。假设修正时，固定 $\dot{y}_0$，即 $\delta\dot{y}_0 = 0$，自由变量选取 x_0、$\dot{x}_0$，约束变量为 x 和 $\dot{x}$，记 $x = H(x_0,\dot{x}_0)$ 与 $\dot{x} = G(x_0,\dot{x}_0)$，积分至 $y = y_0$ 时终止，满足

$$
\begin{cases}
x = x_0 + \delta x_0 = H(x_0,\dot{x}_0) + \dfrac{\partial H}{\partial x_0}\delta x_0 + \dfrac{\partial H}{\partial \dot{x}_0}\delta\dot{x}_0 \\[3mm]
\dot{x} = \dot{x}_0 + \delta\dot{x}_0 = G(x_0,\dot{x}_0) + \dfrac{\partial G}{\partial x_0}\delta x_0 + \dfrac{\partial G}{\partial \dot{x}_0}\delta\dot{x}_0
\end{cases}
\tag{3-90}
$$

整理得

$$
\begin{bmatrix} \delta x_0 \\ \delta\dot{x}_0 \end{bmatrix} = \begin{bmatrix} \left(\dfrac{\partial H}{\partial x_0}-1\right) & \dfrac{\partial H}{\partial \dot{x}_0} \\[3mm] \dfrac{\partial G}{\partial x_0} & \left(\dfrac{\partial G}{\partial \dot{x}_0}-1\right) \end{bmatrix}^{-1} \begin{bmatrix} \delta x \\ \delta\dot{x} \end{bmatrix}
\tag{3-91}
$$

其中，

$$
\begin{cases}
\dfrac{\partial H}{\partial x_0} = \dfrac{\partial x}{\partial x_0} - \dfrac{\dot{x}}{\dot{y}}\dfrac{\partial y}{\partial x_0} = \phi_{11} - \dfrac{\dot{x}}{\dot{y}}\phi_{21}, \quad \dfrac{\partial H}{\partial \dot{x}_0} = \dfrac{\partial x}{\partial \dot{x}_0} - \dfrac{\dot{x}}{\dot{y}}\dfrac{\partial y}{\partial \dot{x}_0} = \phi_{14} - \dfrac{\dot{x}}{\dot{y}}\phi_{24} \\[3mm]
\dfrac{\partial G}{\partial x_0} = \dfrac{\partial \dot{x}}{\partial x_0} - \dfrac{\ddot{x}}{\dot{y}}\dfrac{\partial y}{\partial x_0} = \phi_{41} - \dfrac{\ddot{x}}{\dot{y}}\phi_{21}, \quad \dfrac{\partial G}{\partial \dot{x}_0} = \dfrac{\partial \dot{x}}{\partial \dot{x}_0} - \dfrac{\ddot{x}}{\dot{y}}\dfrac{\partial y}{\partial \dot{x}_0} = \phi_{44} - \dfrac{\ddot{x}}{\dot{y}}\phi_{24}
\end{cases}
$$

$$(3-92)$$

同理，针对垂直周期轨道，固定 $\dot{y}_0$，以 $y = y_0$ 作为积分终止条件，选取自由变量满足 $\boldsymbol{D} = (x_0, z_0, \dot{x}_0, \dot{y}_0, \dot{z}_0)^{\mathrm{T}}$，约束变量满足 $\boldsymbol{C} = (x, z, \dot{x}, \dot{z})^{\mathrm{T}}$，记 $x = H(x_0, z_0, \dot{x}_0, \dot{y}_0, \dot{z}_0)$，$z = I(x_0, z_0, \dot{x}_0, \dot{y}_0, \dot{z}_0)$，$\dot{x} = G(x_0, z_0, \dot{x}_0, \dot{y}_0, \dot{z}_0)$ 与 $\dot{z} = L(x_0, z_0, \dot{x}_0, \dot{y}_0, \dot{z}_0)$，则

$$\begin{bmatrix} \delta x \\ \delta z \\ \delta \dot{x} \\ \delta \dot{z} \end{bmatrix} = \begin{bmatrix} \left(\dfrac{\partial H}{\partial x_0} - 1\right) & \dfrac{\partial H}{\partial z_0} & \dfrac{\partial H}{\partial \dot{x}_0} & \dfrac{\partial H}{\partial \dot{y}_0} & \dfrac{\partial H}{\partial \dot{z}_0} \\[2mm] \dfrac{\partial I}{\partial x_0} & \left(\dfrac{\partial I}{\partial z_0} - 1\right) & \dfrac{\partial I}{\partial \dot{x}_0} & \dfrac{\partial I}{\partial \dot{y}_0} & \dfrac{\partial I}{\partial \dot{z}_0} \\[2mm] \dfrac{\partial G}{\partial x_0} & \dfrac{\partial G}{\partial z_0} & \left(\dfrac{\partial G}{\partial \dot{x}_0} - 1\right) & \dfrac{\partial G}{\partial \dot{y}_0} & \dfrac{\partial G}{\partial \dot{z}_0} \\[2mm] \dfrac{\partial L}{\partial x_0} & \dfrac{\partial L}{\partial z_0} & \dfrac{\partial L}{\partial \dot{x}_0} & \dfrac{\partial L}{\partial \dot{y}_0} & \left(\dfrac{\partial L}{\partial \dot{z}_0} - 1\right) \end{bmatrix} \begin{bmatrix} \delta x_0 \\ \delta z_0 \\ \delta \dot{x}_0 \\ \delta \dot{y}_0 \\ \delta \dot{z}_0 \end{bmatrix}$$

$$(3-93)$$

其中，$\partial H / \partial x_0$ 等各项表达式与方程（3-92）类似，利用最小二乘法即可求解自由变量的改变量。图 3-9 给出了地月系统 L_4 点附近的两种典型周期轨道。

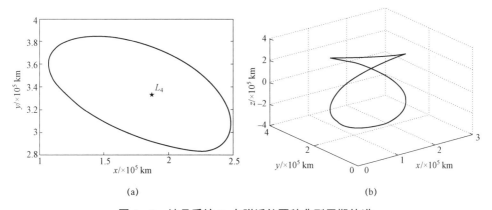

(a)　　　　　　　　　　　　　(b)

图 3-9　地月系统 L_4 点附近的两种典型周期轨道

（a）平面短周期轨道；（b）垂直轨道

3.4　平动点轨道的应用领域

3.2 节和 3.3 节介绍了平动点及其附近轨道的动力学特征，由于其特殊的性质，平动点轨道在航天任务中具有重要的应用价值，主要体现在以下三点。

（1）航天器在平动点附近受力平衡，因此有利于实现长期观测，对平动点附近的周期、拟周期轨道进行系统计算是实现探测任务的基础。

（2）由平动点过渡到附近轨道具有节能特性，可利用平动点周期、拟周期轨道实现低能量轨道转移。

（3）平动点及其附近空间具有优良特性，在导航星座上具有广阔前景与应用价值。

本节针对日地平动点和地月平动点在航天任务中的应用领域展开论述，并对相应的实际任务进行介绍。

3.4.1 日地平动点应用领域

日地系统中的两个三角平动点均为稳定平衡点，其稳定的动力学性质意味着放置在该点附近的航天器几乎不需要燃料便可实现长期的轨道服务。另外，三角平动点与太阳的距离始终保持不变，因此具备极其稳定的热力学环境；并且，在三角平动点附近没有任何星体驻留，因此具备完全不受遮挡的、全方位的观测视野。这些特性使三角平动点区域可成为执行复杂空间任务的理想平台。其中，L_1 点是观测太阳活动的绝佳位置，而 L_2 点因其始终处于太阳、地球以及月球的同一边，其附近的环境又非常适合热稳定性要求较高的任务，受引力摄动较小，易于保护和校准，可用于放置高精度可见光望远镜对天体进行观测[5]。在能源供给、温度变化、辐照干扰和引力场等方面具有明显的优势，已经成为国内外航天机构研究的重点。日地平动点的应用领域包含以下几个方面。

1. 太阳观测

作为太阳观测的绝佳位置，日地平动点成为人类进行平动点任务探索的第一站。早期执行的平动点任务，大多集中于太阳观测，如 NASA 先后发射了 ISEE–C、WIND、SOHO、ACE、Genesis 等探测器进行太阳观测。其中，ISEE–C 用于长期监测太阳活动，任务主要包括：①在地磁层的外边界研究日地关系；②研究太阳风的结构以及太阳风与地球磁层作用所形成的激波；③在离太阳一个天文单位处研究宇宙射线及太阳耀斑等。WIND 的主要用途为监测太阳风，进一步研究日地之间的联系。SOHO 的主要用途为研究太阳内、外部活动关系。ACE 的研究对象是太阳风和粒子。Genesis 主要执行太阳风样本采集任务。

2. 天文观测

日地 L_2 点适用于执行天文观测任务。例如，2001 年发射的威尔金森微波各向异性探测器用于探测宇宙中大爆炸后残留的辐射热，观测并绘制了一张由空间微波、辐射与温度组合的宇宙微波全星图，详细的测量数据在一定程度上反映出深空环境与宇宙未来的演变趋势，为天文观测作出了重要贡献。ESA 于 2009 年部署的赫歇尔空间天文台（Herschel Space Observatory，HSO）作为唯一覆盖远红外—亚毫米波的望远镜，采用口径达 3.5 m 望远镜收集遥远寒冷目标辐射的超长电磁波，使人类对银河系中恒星、行星有了更多的了解。2009 年至 2013 年，普朗克（Planck）卫星补充了 WMAP 的测量数据，收集了数千个宇宙天体的数据。

3. 编队飞行

围绕日地 L_2 平动点开展的飞行任务技术难度大、成本高，因此，目前各 L_2 平动点航天器均为单星任务。随着深空探测进程的推进，探测任务日益先进复杂，导致单个航天器集总了越来越多的功能，从而不可避免地带来了开发周期长、风险高、投入大等问题。与传统单一航天器相比，在科学任务和军事应用中，编队飞行具有诸多优点，如任务可行性和灵活性，项目成本和风险控制，系统可重构性和鲁棒性等。特别是对于大型空间干涉测量和长基线合成孔径雷达等应用，只有基于航天器间编队飞行技术才能实现长达几千米甚至是几十千米的孔径或基线。对于编队任务而言，三角平动点的稳定特性所提供的优势尤为突出。深空中的编队任务往往在不稳定轨道上运行，因此需要同时控制航天器的轨道与编队基线的长度。而在三角平动点附近，航天器不需要推力介入便可沿预定轨道长期运行，完全免去了航天器轨道保持控制单元。所以，在三角平动点轨道执行编队飞行任务，能进一步简化航天器结构，降低任务复杂度，从而更大限度地将航天器资源集中于探测任务中[6]。此外，利用小卫星编队飞行，多颗卫星协同工作，组成一个巨大的"虚拟卫星"，依靠大的孔径和测量基线，在完成单个大型空间飞行器功能的同时，能够大幅降低成本和风险，最大限度地消除卫星故障对任务的影响。针对日地 L_2 平动点部署编队飞行器的相关计划，国际上各航天机构相继提出了达尔文计划（Detection of Alien Remote Worlds by Interferometeric Nulling, DARWIN）[7]，旨在采用化零干涉（nulling interferometry）技术来选择适合人类居住的类地行星，该计划以 1 颗集成航天器为主，配备 3～6 颗收集航天器，包括五边形构型以及三角形的艾玛构型，最后采用 X 形构型。编队运行在 L_2 平动点，相互之间距离几百千米至几千千米；类地行星探测者－干涉仪计划（Terrestrial Planet Finder－Interferoemtry，TPF－I）[8]，用以寻找类地行星并观测其大气组成。编队以 1 颗集成航天器为主，配备 4 颗收集航天器，采用 X 形构型；宇宙演化 X 射线光谱仪（X－ray Evolving Universe Spectroscopy，XEUS）[9]与 DARWIN 相似，用于寻找类地行星并观测其大气组成；微角秒级 X 射线成像任务（Micro Arcsecond X－ray Imaging Mission，MAXIM）[10]，用于获取超质量黑洞的照片，由 2 颗航天器前后编队组成，间距 500 km，用于获得微角秒级的分辨率，进而实现哈勃望远镜未能实现的任务；恒星成像者（Stellar Imager，SI）[10]是由 31 颗微小型航天器组成的大规模编队天文观测系统，采用紫外线与可见光相结合，借助编队间形成的超长基线，可达到对类似于太阳的恒星高达 0.1 微角秒的分辨率，获得恒星地面地形以及活动内核形成的恒星风。

3.4.2 地月平动点应用领域

关于地月平动点的应用研究在 20 世纪六七十年代初开始第一轮热潮，伴随着月球探测任务的兴起和阿波罗登月计划的实施，在 NASA 的组织下，结合月球中继通信任务需求，很多中继通信卫星方案都采用了地月 L_1／L_2 点轨道。由于当时技术能力等条件限制，研究论证工作还停留在设想和概念阶段，工程可实现性不强。20 世纪 90 年代后，美国和欧洲对利用地月平动点轨道实现中继通信和导航定位的方案又开展了大量的研究论证工作，很多方案也都选择了地月平动点轨道，这一阶段的论证大多基于已有的成熟卫星平台，具有较好的工程可实现性。基于地月 L_1／L_2 点轨道支持月球和深空探测任务的中转站是这一时期研究论证的另一个重点方向。

目前，国际上关于地月平动点轨道应用研究主要包括三个方面：月球和深空探测的中继通信、月球和深空探测的低能量转移中枢、地月空间航天器的自主导航支持。其相关的研究机构包括：美国的约翰·霍普金斯大学（JHU）、麻省理工学院（MIT）、科罗拉多大学等高校，NASA 的 JPL（喷气推进实验室）、戈达德（Goddard）航天中心、格伦（Glenn）研究中心等研究机构以及休斯公司、波音公司、微卫星（Microsat）公司等工业部门，都开展了专题研究和方案论证，提出了很多解决方案[11]。结合国内外对地月平动点的研究，地月平动点的应用领域可以概括为以下几个方面。

1. 中继卫星

由于月球背面始终无法与地球相见，而地月 L_2 点附近轨道上的航天器是唯一可以同时对地球和月球背面可见的位置，此航天器可实现地面站与月球背面探测器的连续中继通信。虽然环月轨道用于月球中继通信与导航方面，具有距离月面近等优点，但是其运动特点决定单颗卫星无法实现对月球背面区域的连续覆盖。2018 年 5 月，我国开始实施"嫦娥四号"任务，主要任务目标为月球背面着陆与巡视探测。为了保障探测器在月球背面着陆后与地面测控网的通信，特在地月 L_2 点 Halo 轨道布设了中继卫星"鹊桥"[12]，其发射和转移布设轨道如图 3-10 所示。2019 年 1 月 3 日，"嫦娥四号"着陆器利用"鹊桥"提供的中继通信链路，成功软着陆于月球背面，由此实现了国际首次月球背面软着陆，同时拉开了对地月平动点有效实际利用的序幕。

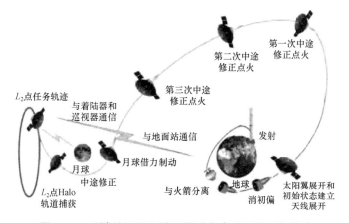

图 3-10 "嫦娥四号"地月平动点中继卫星飞行轨道

"鹊桥"中继卫星在地月平动点的实际任务中有诸多创新点[13]，如：首次采用绕地月平动点运行的 Halo 轨道，该种轨道自 20 世纪 60 年代提出以来还没有在绕地月平动点运行的航天器上采用；首个支持月球探测任务的专用中继通信系统；固网结合的高增益可展开天线首次在轨应用，该天线展开状态下的口径为 4.2 m，增益达到 45 dB，是迄今国内外深空探测任务中所采用的最大口径通信天线；采用单组元推进系统实现了大速度增量轨道控制，星上共配置了 4 台 20 N 推力轨控发动机，在正常情况下，4 台发动机同时工作，故障情况下，2 台工作也能完成任务，同时 5 N 推力的姿控发动机还能起到一定的备份作用，工作组合多，与以往嫦娥任务采用的单个大推力轨控发动机方案相比，完成轨道转移任务的可靠性大大提高。"鹊桥"的成功在轨运行开辟了月球中继通信的新领域，对支持我国探月工程后续任务中继通信卫星系统的发展具有重要意义，同时也为未来基于地月平动点轨道构建新型航天器系统、拓展应用领域奠定了良好的技术基础。此外，发展专用中继通信卫星系统是满足月球探测任务通信需求的一种重要途径。

2. 自主导航定位

对于月球正面的探测器而言，有多种导航方式可用，包括利用地面系统和地球轨道 GNSS（全球导航卫星系统）的信号来进行导航定位，但定位精度和覆盖性能受限，并且无法实现对月球背面探测器的导航定位，利用平动点引力场非对称的自主导航——行星际联合自主导航（LiAISON）技术提供了一种有效的解决方案[14]。该导航技术基于平动点独特的动力学特性，系统简单，仅利用星间测距或测速方式，即可实现地月平动点轨道上的导航卫星与用户卫星的联合自主定轨。采用该种导航技术，只需要一颗运行在地月平动点轨道上的导航卫星，通过星间测量信息，就能够实现环月探测器的定轨、月面探测器（特别是月球背面探测器）的定位、地球轨道卫星（特别是高轨卫星）的定轨以及地月平动点轨道卫星的自主定轨，大大增强了航天器的自主导航能力，同时缓解了地面测控网的任务压力。

3. 对地遥感和态势感知

地月 L_3、L_4、L_5 点呈 120° 角均布地球周围，与地球静止轨道（GEO）相比，地月 L_3、L_4、L_5 点轨道上的航天器能够以较小的视场角实现对地球的覆盖，并且与 GEO 相比，轨道进入的代价相当甚至略小，轨道维持的代价远小于 GEO 南北位置保持的代价。因此在对地观测方面也有重要的应用价值，气象等大尺度对地观测是未来可应用的方向，还可以开展地表热异常监测，全球能量平衡观测等对地观测任务。

地月空间的态势感知是地月平动点的一个重要的应用领域，图 3 – 11 为在地

月 L_3、L_4、L_5 点上建立全球遥感和态势感知系统的示意图，该系统能够实时覆盖整个地球及地球轨道的航天器，可以作为目前地球轨道系统的补充和增强，3颗卫星之间还可以通过星间测距，采用 LiAISON 方法能够实现系统的长期自主运行。

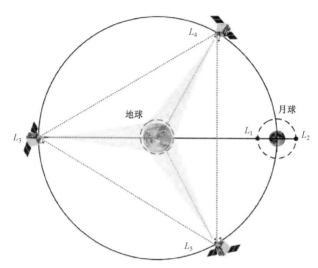

图 3-11 基于 L_3、L_4、L_5 点的对地观测系统示意图

4. 空间科学与空间探测

甚长基线（VLBI）是当前各种天文观测手段中空间分辨率较高的观测技术，由于地月平动点间距离远（L_3、L_4、L_5 之间的距离是 66 万 km），可以进行 VLBI 观测应用。地月 L_3、L_4、L_5 是布设空间射电望远镜的理想选择，能够同时实现三星之间以及与地面之间的干涉测量。该空间 VLBI 系统的测量精度高，还能接收到比地面 VLBI 更多的宇宙信息，具有重要的科学价值。利用地月平动点还可以实现地球掩星探测的应用，基于地月 L_1 点和 L_3 点轨道上的 8 星星座方案可实现每天约 20 万次的掩星事件，具有较高的探测效率。

5. 载人空间站

在月球附近建立空间站能够衔接近地载人活动与深空载人探索，有效支持载人登月任务，作为任务的通信和监控中心，提供中继通信、导航支持，指挥、控制并监视月面任务，同时可作为月面任务的后勤补给站，提供维护保障服务。采用地月平动点轨道便于从空间站往返月球和地球，没有严格的窗口限制。近年来，美国月球空间站的论证主要是围绕地月平动点轨道进行的，包括地月 L_1 点和 L_2 点轨道。2017 年 3 月，NASA 提出了"深空之门"（Deep Space Gateway）和"深空运输站"（Deep Space Transport）计划。"深空之门"为有人照料的地月空间站，用作未来"深空运输站"的中转补给站，并考虑作为未来机器人和载人月面任务的中转基地，该计划选择月球附近的近直线 Halo 轨道，该轨道也属于地月平动点轨道[15]。

6. 深空探测轨道转移的中转站

太阳系的行星和卫星间的平动点 Halo 轨道及其衍生的不变流形在深空探测任务中备受青睐，这些轨道构成了一个复杂而蜿蜒的"交通网"通道，称为"行星际高速公路"（Interplanetary Superhighway）[16]，通过该低能转移通道，航天器只需要较小的推进剂消耗，就能实现深空探测轨道转移任务。地月 L_1 点和 L_2 点是向行星际空间转移的低能通道入口，可以作为行星际高速公路的起点，方便地到达日地 L_1 点和 L_2 点以及火星、木星等深空探测目标，图 3-12 为美国的 Farquhar 等提出的利用 L_2 点轨道上的空间中转站来实现月球、小行星、火星等探测任务的想法[17]。

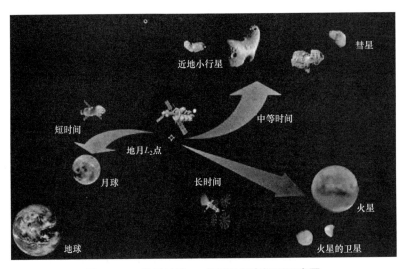

图 3-12　基于地月 L_2 点开展深空探测示意图

对于月球探测器的发射，通常有两种方式：一种是通过 L_1 点的不变流形的过渡方式，由于 L_1 点的流形不能靠近近地停泊轨道，这种过渡方式需要在近地停泊轨道和不变流形间增加一连接弧段；另一种是从 L_2 点进入月球引力范围，这种过渡方式需要借助日地系的不变流形。对于行星际探测器的发射，可以利用不同限制性三体系统之间流形在位形空间的相交（如果相交）状态来进行低能过渡，也是当今深空探测器轨道设计的趋势之一，不同的太阳－行星系统之间稳定流形与不稳定流形相交情况有两种：第一种是两者在位形空间中可以相交，这样只需在相交处变轨即可实现两个系统流形之间的过渡；第二种是两者在位形空间中并不相交，或者相交所需的时间很长，对于这种状态，需要在两个系统的稳定流形与不稳定流形之间添加一段连接"弧段"（搭桥）才能实现探测器在两者之间的过渡，而且在连接弧段的两端一般都需要变轨，这就需要付出额外能量的消耗，是否节能，最终要看总能量的消耗量。

与地球轨道相比，利用地月平动点轨道构建的航天器系统覆盖面广、自主性强、安全性好，具有重要的应用价值，能够产生显著的应用效益。国内外对基于地月平动点轨道的航天器系统开展的研究论证和"鹊桥"的在轨应用结果表明，地月平动点轨道具有很大的应用潜力。我国未来的探月任务可以朝以下两个方面发展：考虑多个地月平动点卫星组网形成导航星座，或与地面测控网联合组成天地基测控系统，直接为月球探测器提供相应的中继通信、月面定位和各飞行阶段的自主导航等支持，甚至为整个地月空间甚至月球以外的探测器提供中继通信和导航定位服务，从而在弥补地面测控不足、减轻地面测控压力和提高探测器导航定位精度与增强自主能力等方面，最大限度地发挥地月平动点的重要作用；可将地月平动点作为未来地外天体探测任务的转移中枢和开发利用场所。可以考虑利用地月平动点作为未来地外天体探测的低能量转移中枢，探测器由地月平动点出发前往小行星等地外天体，实现伴随、环绕和着陆等多种形式探测。更进一步，可以考虑将探测器附着于小行星表面，而后施加推力将小行星转移至地月平动点附近实现捕获，使之长期稳定驻留在地月空间，为后续科学研究、采集高价值矿产等开发利用提供先决条件。

结合上述对日地、地月平动点应用领域的介绍，对我国平动点应用研究提出以下建议。

目前地月 L_1、L_2 点轨道已有航天器在轨运行经验，地月 L_3、L_4、L_5 点轨道还没有人类航天器涉足，尚处于应用空白，应抢占先机，加快利用，尽早建立起相关系统。特别是地月 L_4、L_5 点属于三角平动点，其轨道特性和空间环境与地月 L_1、L_2 点有所不同，建议尽快研制运行于地月 L_4 点或者 L_5 点轨道的技术试验星，结合尘埃云观测等应用，对三角平动点的空间环境、轨道动力学特性、应用效能进行验证，积累经验，为未来基于地月 L_3、L_4、L_5 点轨道，覆盖地球的实时观测和态势感知系统的发展打好基础。

地月平动点轨道的应用刚刚起步，应充分发挥地月平动点轨道的特点，进一步深化运行在地月平动点轨道的航天器任务的研究论证，提出创新性应用，解决目前地球轨道航天器系统无法解决的问题。同时加快发展适合远距离条件下工作的新型有效载荷，为后续的工程应用奠定坚实的技术基础。通过地月平动点轨道航天器系统的发展，不断解决新问题，形成新能力，推动我国的航天器应用迈向新的高度。

▉ 参考文献

[1] 尚海滨. 行星际飞行轨道理论与应用[M]. 北京: 北京理工大学出版社, 2019.

[2] 刘林, 侯锡云. 深空探测器轨道力学[M]. 北京: 电子工业出版社, 2012.

[3] RICHARDSON D L. Analytical construction of periodic orbits about the collinear points[J]. Celestial mechanics, 1980, 22(3): 241 – 253.

[4] JORBA A, MASDEMONT J. Dynamics in the center manifold of the collinear points of the restricted three body problem[J]. Physica D: nonlinear phenomena, 1999, 132(1): 189 – 213.

[5] 苏定强. 未来的地面和空间大望远镜以及我国目前的大项目[J]. 紫金山天文台台刊, 2003, 22(1): 1 – 7.

[6] CATLIN K, MCLAUGHLIN C. Relative motion of two spacecraft near the Earth-Moon triangular libration points[C]//AIAA/AAS Astrodynamics Specialist Conference and Exhibit, 2004.

[7] Darwin: study ended, no further activities planned[EB/OL]. [2014 – 12 – 04]. http://www.esa.int/ science/darwin.

[8] Terrestrial planet finder: a space telescope to find planets outside from our solar

system as small as earth[EB/OL]. [2014 − 12 − 04]. http://www.Terrestrial-planet-finder.com.

[9] XEUS overview[EB/OL]. [2014 − 12 − 04]. http://www.esa.int/science/xeus.

[10] CARPENTER K. The stellar imager(SI)vision mission[EB/OL]. [2014 − 12 − 04]. http://hires.gsfc.nasa.gov/si.

[11] 张立华, 吴伟仁. 月球中继通信卫星系统发展综述与展望[J]. 深空探测学报, 2018, 5(6): 497 − 505.

[12] 吴伟仁, 王琼, 唐玉华, 等. "嫦娥 4 号" 月球背面软着陆任务设计[J]. 深空探测学报, 2017, 4(2): 111 − 117.

[13] 张立华, 熊亮, 孙骥, 等. 嫦娥四号任务中继星 "鹊桥" 技术特点[J]. 中国科学: 技术科学, 2019, 49(2): 138 − 146.

[14] HILL K, BORN G H, LO M W. Linked, autonomous, interplanetary satellite orbit navigation (LiAISON) in lunar Halo orbits[C]//Proceedings of the AAS/AIAA Astrodynamics Specialist Conference. Washington D.C.: AIAA, 2005.

[15] WILLIAMS J, LEE D E, WHITLEY R J, et al. Targeting cislunar near rectilinear Halo orbits for human space exploration[C]//27th AAS/AIAA Space Flight Mechanics Meeting. Washington D.C.: AIAA, 2017.

[16] LO M W. The Inter planetary superhighway and the origins program[C]//Aerospace Conference Proceedings. New York: IEEE, 2002: 3543 − 3562.

[17] FARQUHAR R W, DUNHAM D W, GUO Y, et al. Utilization of libration points for human exploration in the Sun-Earth-Moon system and beyond[J]. Acta astronautica, 2004, 55(3 − 9): 687 − 700.

第4章
不变流形与流形拼接

常用的转移方法中，认为航天器始终在一个天体为主引力天体的吸引下运动，把其余天体对于航天器的引力当作摄动力处理，这样的处理方式会造成轨道预测出现偏差以及转移所需能量较大的问题。研究限制性三体问题就是希望能将第三体引力考虑到动力学模型中来，并使设计的轨道有任务希望的一些特性。利用不变流形与流形拼接的方式设计轨道是圆形限制性三体问题的一大研究成果，理论上可以使航天器轨道转移所需能量减少甚至实现零燃料转移。本章将介绍不变流形基本理论和流行拼接方法，研究内容结构如图 4-1 所示。在不变流

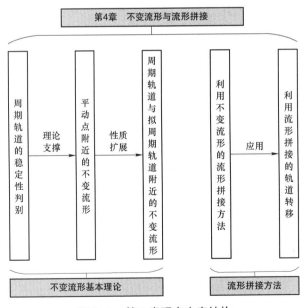

图 4-1 第 4 章研究内容结构

形基本理论部分，将依次梳理周期轨道的稳定性判别、平动点附近不变流形和周期轨道与拟周期轨道附近不变流形的数学和力学内涵；在流形拼接方法部分，将系统论述三体系统中流管在相空间拼接的可行性以及利用流形拼接进行转移轨道设计的总体思路。

4.1　周期轨道的稳定性判别

我们在前面的章节中已经进行了平动点稳定性的求解，得到了 L_1、L_2、L_3 平动点不稳定，L_4、L_5 平动点稳定的结论，在平动点附近可以求解得到周期轨道（比如 Halo 轨道）。不变流形可以分为稳定的不变流形和不稳定的不变流形，分别对应周期轨道（或平动点）沿时间轴向前和向后发展的轨道簇的集合，因此对于周期轨道的稳定性的求解就变得十分重要。

分析周期轨道的稳定性时的方法可以利用 Poincaré 映射，该方法是研究周期轨道的稳定性和分叉的最基本工具之一[1]。

Poincaré 映射的方法最早是 Henri Poincaré 在 1881 年定义的，其基本思想为：设有动力学 $\dot{x} = f(x)$，如果 Γ 是该系统经过点 x_0 的周期轨道，Σ 是在点 x_0 垂直于 Γ 的超平面，则对任意充分接近 x_0 的点 $x \in \Sigma$，该动力学系统在 $t = 0$ 时刻过点 x 的轨线 $\varphi_t(x)$ 将在接近 x_0 附近与点 $P(x)$ 相交，映射 P 就是 Poincaré 映射[2]，可以对 Poincaré 映射定义如下。

定义 4-1（Poincaré 映射）在相平面 R^n 上的动力系统 $\dot{x} = f(x)$，$x \in R^n$，并假设该系统有一个周期解（记为 Γ），令 x^* 是周期轨道上一点，Σ 为一个 $n-1$ 维的超平面，将轨道 Σ 在 x^* 点处截断。考虑到对初值的连续性，在 x^* 的足够小的邻域内，从 x 出发的轨迹将再一次穿过截面 Σ，于是由动力系统定义的流连同这个特殊的截面，定义了一个 Σ 上的映射 P[3]，即

$$P: x \in N_\delta(x^*) \subset \Sigma \to P(x) \in \Sigma \qquad (4-1)$$

式中，$N_\delta(x^*) = x \in \Sigma: \|x - x^*\| < \delta$，$\delta$ 为任意小值，则映射 P 称为一个 Poincaré 映射，可以用图 4-2 来表示。

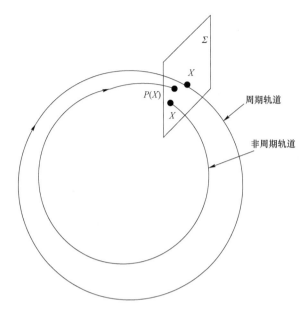

图 4-2　Poincaré 映射截面示意图

定义 4-2（单值矩阵）给定一个周期轨道 $\tilde{x}(t;\tilde{x}_0)$，其周期为 T，一个周期后的状态转移矩阵 $M = \Phi(T, t_0)$ 称为该周期轨道的单值矩阵。

对于一个周期轨道的单值矩阵有以下性质：若 λ 是单值矩阵 M 的特征值，那么 λ^{-1} 也应是 M 的特征值。若特征值为复数，则一定存在另一个与之共轭的复数特征值，且二者模都为 1。

以第 3 章介绍过的 Halo 轨道为例，根据 Poincaré 映射，寻找 Halo 轨道的初值 $\tilde{x}_0$ 作为不动点，则 Q 在 $\tilde{x}_0$ 处的线性化映射为

$$L(Q)(\delta x_0) = \lambda \delta x_0 \tag{4-2}$$

其中，$\delta x_0 \in \Sigma$；λ 为映射 $L(Q)$ 的特征值；δx_0 为特征向量。

如果所有特征值的模都小于 1，则不动点 $\tilde{x}_0$ 是稳定的；如果至少有一个特征值的模大于 1，则不动点 $\tilde{x}_0$ 是不稳定的，通过不动点的稳定性可以得到周期轨道的稳定性。下面分析映射 $L(Q)$ 的特征值。

若不对 x_0 加以限制，则有

$$\frac{\mathrm{d}}{\mathrm{d}t}\left(\frac{\partial x(t, x_0)}{\partial x_0}\right) = \frac{\partial}{\partial x_0} f(x) = \mathrm{D}f \frac{\partial x(t, x_0)}{\partial x_0} \tag{4-3}$$

式中，$\mathrm{D}f$ 为向量场 f 的雅可比矩阵。可见相流 $x(t, x_0)$ 对初值的雅可比矩阵与状

态转移矩阵 $\phi(t,t_0)$ 是相等的，因此 $L(Q)$ 的特征值和单值矩阵 $\boldsymbol{M}$ 的特征值是相关的，由于线性化映射的原像都在超平面 $\boldsymbol{\Sigma}$ 内，故 1 不是 $L(Q)$ 的特征值。因为如果 1 是 $L(Q)$ 的特征值，则说明对应的特征向量应该垂直于超平面 $\boldsymbol{\Sigma}$，这和原像在 $\boldsymbol{\Sigma}$ 是矛盾的。因此可以得到结论，单值矩阵 $\boldsymbol{M}$ 的特征值除了 1 以外都是 $L(Q)$ 的特征值。通过计算 Halo 轨道的单值矩阵 $\boldsymbol{M}$ 的特征值可以得到其特征值分别有

$$\lambda_1 > 1, \lambda_2 = \frac{1}{\lambda_3}, \lambda_3 = \lambda_4 = 1, \lambda_5 = \lambda_6^*, |\lambda_5| = 1 \tag{4-4}$$

式中，*代表复共轭。由式（4-4）可以发现，Halo 轨道对应的 $L(Q)$ 的特征值具有模大于 1 的特征值，因此该不动点不稳定，进而 Halo 轨道是不稳定的轨道。对平动点附近的周期轨道进行稳定性分析时，可以利用上述的 Poincaré 映射方法进行分析。

■ 4.2　平动点附近的不变流形

4.1 节介绍了周期轨道的稳定性判断方法，本节将介绍平动点的稳定流形与不稳定流形。首先定义双曲不动点。

定义 4-3（双曲不动点）双曲不动点为具有如下性质的平动点：雅可比矩阵 $\mathrm{D}f$ 在该点处的取值 $\mathrm{D}f(x_e)$ 只具有正实部大于 0、负实部小于 0 的特征值。

假设双曲不动点的非线性动力系统为

$$\dot{x} = f(x), x \in R^n \tag{4-5}$$

这里，n 维函数 f 定义在一个 R^n 的开子集 Ω 上，假设该动力系统在开子集 Ω 上有一个双曲不动点 $0 = f(x_e)$，$x_e \in \Omega$，则存在不动点的稳定流形定理。

定理 4-1（不动点稳定流形定理）设 $f \in C^r(\Omega)$，$r \geqslant 1$，并且 Ω 为一个包含不动点 x_e 的开子集 R^n，$\phi_t(x_0)$ 为穿过 x_0 的相流。假设线性系统在不动点 x_e，$\mathrm{D}f(x_e)$ 有 k 个具有正实部的特征值、$j = n - k$ 个具有负实部的特征值，那么存在一个 k 维的可微流形 $W_{\mathrm{loc}}^u(x_e)$ 与线性系统不稳定子空间 E^u 在不动点处相切，即

$$\phi_t(W_{\mathrm{loc}}^u(x_e)) \subset W_{\mathrm{loc}}^u(x_e), \forall t \leqslant 0, \lim_{t \to -\infty} \phi_t(x_0) = x_e, \forall x_0 \in W_{\mathrm{loc}}^u(x_e) \tag{4-6}$$

并且存在一个 j 维的可微流形 $W_{\mathrm{loc}}^s(x_e)$ 与线性系统稳定子空间 E^s 在不动点处相切，即

$$\phi_t(W_{\text{loc}}^s(x_e)) \subset W_{\text{loc}}^s(x_e), \forall t \geqslant 0, \lim_{t \to +\infty} \phi_t(x_0) = x_e, \forall x_0 \in W_{\text{loc}}^s(x_e) \qquad (4-7)$$

其中，不稳定子空间 E^u 是指 $\mathbf{D}f(x_e)$ 的 k 个具有正实部特征值所对应的特征向量所张成的子空间，而稳定子空间是指由 $\mathbf{D}f(x_e)$ 的 j 个具有负实部特征值对应的特征向量张成的子空间。双曲不动点附近的稳定流形与不稳定流形如图 4-3 所示。

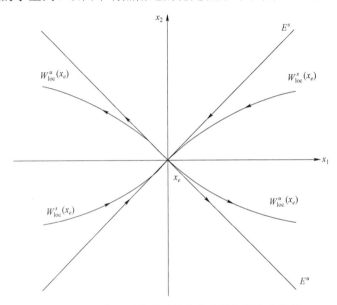

图 4-3　双曲不动点附近的稳定流形和不稳定流形

由不动点的稳定流形定理可知，开始于一个流形上的轨道在整个动力学演化过程中随着时间向前或向后推进都将保持在该流形上，即收敛性，如式（4-6）、式（4-7）。

收敛性表明在一个局部不稳定流形或稳定流形上的一个初值 x_0 出发的任意轨道，当时间趋于负无穷（不稳定流形）或时间趋于正无穷（稳定流形）时，最终收敛到不动点。下面将给出局部不稳定流形和稳定流形的定义。

定义 4-4（局部不稳定和稳定流形）设 ϕ_t 为动力系统中的相流，则不动点 x_e 的局部不稳定流形和稳定流形可以定义为

$$W_{\text{loc}}^u(x_e) = \{x \in N_\delta(x_e) \mid \phi_t(x) \to x_e, \text{当} t \to -\infty \text{且} \phi_t(x) \in N_\delta(x_e) \forall t \leqslant 0\} \quad (4-8)$$

$$W_{\text{loc}}^s(x_e) = \{x \in N_\delta(x_e) \mid \phi_t(x) \to x_e, \text{当} t \to +\infty \text{且} \phi_t(x) \in N_\delta(x_e) \forall t \geqslant 0\} \quad (4-9)$$

式中，$N_\delta(x_e) = x \in R^n : \| x - x_e \| \leqslant \delta$。

定义 4-5（全局不稳定流形和稳定流形）设 ϕ_t 为动力系统中的相流，则不动

点 x_e 的局部不稳定流形和稳定流形可以定义为

$$W^u(x_e) = U_{t \geqslant 0} \phi_t(W^u_{\text{loc}}(x_e)) \tag{4-10}$$

$$W^s(x_e) = U_{t \leqslant 0} \phi_t(W^s_{\text{loc}}(x_e)) \tag{4-11}$$

全局流形可以看作是从任何一个局部流形出发的轨道解的集合。从这个定义可以得到全局不稳定流形和稳定流形也是唯一的。全局相流 ϕ_t 的不变性类似于局部流形，也即

$$\begin{cases} \lim\limits_{t \to -\infty} \phi_t(x) = x_e, \forall x \in W^u(x_e) \\ \lim\limits_{t \to +\infty} \phi_t(x) = x_e, \forall x \in W^s(x_e) \end{cases} \tag{4-12}$$

总之，双曲不动点的流形是嵌入相空间的一个超曲面，它具有可微性、不变性和收敛性。一个流形可以看作一个轨道族，轨道族构成了一个超曲面。流形收敛于相空间中的不动点或从该点散射出来。总结以上可以得到不动点的流形定理。

定理 4-2（不动点的流形定理）设 $f \in C^r(\Omega), r \geqslant 1$，并且 Ω 为一个包含不动点 x_e 的开子集 R^n。假设线性系统在不动点 x_e 有 k 个具有负实部的特征值、j 个具有正实部的特征值、$m = n - k - j$ 个零实部的特征值，那么存在一个 m 维的 C^r 中心流形 $W^c(x_e)$ 与中心子空间 E^c 在 x_e 处相切，存在一个 k 维的 C^r 稳定流形 $W^s(x_e)$ 与稳定子空间 E^c 在 x_e 处相切，存在一个 j 维的 C^r 不稳定流形 $W^u(x_e)$ 与不稳定子空间 E^u 在 x_e 处相切。对于一个相流，$W^c(x_e)$、$W^s(x_e)$、$W^u(x_e)$ 是不变的。

在定理 4-2 中提到的中心流形可以看作两种简谐振动复合而成的运动的超平面。共线平动点附近的相流可以看作是由两种简谐振动和一种双曲不稳定运动复合而成的，当双曲运动分量恰好为零，使运动始终在平动点附近，也就是中心流形。该种流形包括了 Lyapunov 轨道、Halo 轨道、Lissajous 轨道等。

知道不动点轨道的稳定方向与不稳定方向，即可计算它们对应的稳定渐进轨道和不稳定渐进轨道，这些渐进轨道的集合可以给出稳定流形与不稳定流形，稳定流形随着时间的正向演化不断靠近不动点；不稳定流形随着时间的负向演化不断靠近不动点，它们在不动点处的切矢量在稳定（不稳定）特征矢量生成的子空间上。每一个点都可以找到与之对应的稳定渐进轨道与不稳定渐进轨道，这个点定在不动点时就构成了不动点处的不变流形。当周期轨道上的点依次找

到对应的稳定渐进轨道与不稳定渐进轨道时，这些轨道簇就构成了周期轨道的不变流形。

4.3　周期轨道与拟周期轨道附近的不变流形

本节将把不动点流形的存在和性质的讨论推广到周期轨道。

假设动力学系统 $\dot{x} = f(x), x \in R^n$ ，且该系统具有周期解，那么可以给出周期轨道的稳定流形定理。

定理 4-3（周期轨道的稳定流形定理）设 $f \in C^r(\Omega), r \geq 1$ 并且 Ω 为一个包含周期轨道 Γ 的开子集 R^n ，其中， $\Gamma : x = \gamma(t)$ ，周期为 T 。 ϕ_t 是相流且 $\gamma(t) = \phi_t(x_0)$ 。如果 $\gamma(t)$ 的特征指数中有 k 个负实部，这里 $0 \leq k \leq n-1$ 且 $j = n-k-1$ 个正实部，那么有 $\delta > 0$ 使 Γ 的稳定流形 $W^s_{\mathrm{loc}}(\Gamma)$ 是一个 $k+1$ 维的可微流形，对于相流 ϕ_t ，它是正不变的。

$$W^s_{\mathrm{loc}}(\Gamma) = \{x \in N_\delta(\Gamma) \mid d(\phi_t, \Gamma) \to 0, \text{当} t \to +\infty \text{且} \phi_t(x) \in N_\delta(x_e) \forall t \geq 0\}$$
$$(4-13)$$

Γ 的不稳定流形 $W^u_{\mathrm{loc}}(\Gamma)$ 是一个 $j+1$ 维的可微流形，对于相流 ϕ_t ，它是负不变的。

$$W^u_{\mathrm{loc}}(\Gamma) = \{x \in N_\delta(\Gamma) \mid d(\phi_t, \Gamma) \to 0, \text{当} t \to -\infty \text{且} \phi_t(x) \in N_\delta(x_e) \forall t \leq 0\}$$
$$(4-14)$$

Γ 的稳定流形和不稳定流形相交于 Γ 。

上述定理中， $N_\delta(\Gamma)$ 表示周期轨道 Γ 的邻域，在这个定理中， $d(\phi_t, \Gamma)$ 表示在 t 时刻求解与周期轨道 Γ 之间的最小距离。稳定流形和不稳定流形相交的地方可用图 4-4 表示。

在周期轨道上的任何点都有双曲不动点的特性，周期轨道可以看作是双曲不动点的集合。从这个意义来说，有零实部指数的周期轨道可以成为双曲周期轨道。

将轨道上每一个双曲不动点的相流整合到一起，就可以得到周期轨道的不变流形，可以用图 4-5 表示。

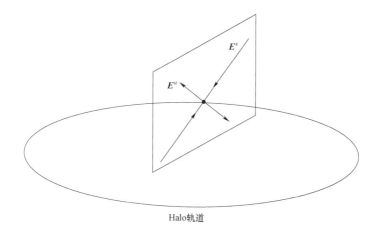

Halo轨道

图 4-4　双曲周期轨道的动力学相流

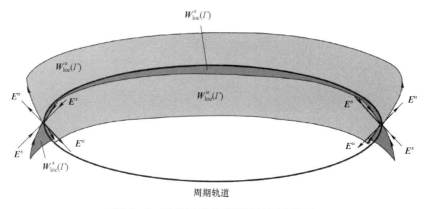

周期轨道

图 4-5　双曲周期轨道附近的不变流形

定义 4-6（周期轨道的全局流形）设 ϕ_t 为非线性系统的相流，周期轨道 Γ 的全局不稳定和稳定流形，$W^u(\Gamma)$ 和 $W^s(\Gamma)$ 定义为

$$W^u(\Gamma) = \bigcup_{t \geq 0} \phi_t(W^u_{\mathrm{loc}}(\Gamma)) \tag{4-15}$$

$$W^s(\Gamma) = \bigcup_{t \leq 0} \phi_t(W^s_{\mathrm{loc}}(\Gamma)) \tag{4-16}$$

全局流形继承了局部流形的性质，这一点类似于不动点的流形。全局稳定流形和全局不稳定流形是唯一的、不变的，并且与局部流形 $W^u_{\mathrm{loc}}(\Gamma)$ 和 $W^s_{\mathrm{loc}}(\Gamma)$ 有着同样的维数。和不动点的不变流形一致，周期轨道也有中心流形 $W^c(\Gamma)$。

定理 4-4（周期轨道的中心流形定理）设 $f \in C^r(\Omega), r \geq 1$ 并且 Ω 为一个包含周期轨道 Γ 的开子集 R^n，其中 $\Gamma: x = \gamma(t)$，周期为 T。ϕ_t 是相流且 $\gamma(t) = \phi_t(x_0)$。

如果 $\gamma(t)$ 的特征指数中有 k 个负实部、j 个正实部和 $m = n - k - j$ 个零实部，则周期轨道 Γ 存在一个对于相流 ϕ_t 不变的 $C^r m$ 维中心流形 $W^c(\Gamma)$。并且稳定流形 $W^s(\Gamma)$、不稳定流形 $W^u(\Gamma)$、中心流形 $W^c(\Gamma)$ 相交于周期轨道 Γ，如果原点转变为 x_0，则 $\gamma(t) = \phi_t(x_0)$，那么 $W^c(\Gamma)$ 与 Γ 的中心子空间 $E^c(\Gamma)$ 相切于 $0 \in \Gamma$。

图 4-6 为日地系统 L_2 点附近的 Halo 轨道的不变流形结构，可形象地展示圆形限制性三体问题中周期轨道的不变流形。

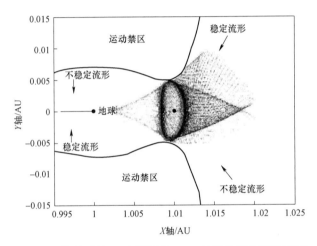

图 4-6   日地系统 L_2 点附近的 Halo 轨道的不变流形结构

图 4-6 的束状曲线表示了稳定流形和不稳定流形，这些流形由到 Halo 轨道的渐近线轨道构成。对于稳定流形而言，在稳定流形之内的任意一个初始点出发，当时间趋于正无穷时，轨道都会收敛于周期轨道。对于不稳定流形而言，在不稳定流形之上的任意点出发，时间趋于负无穷时，轨道都会收敛于周期轨道，也就是从周期轨道上出发的点，随着时间正向推进，都会在不稳定流形表面而不会逃逸出去，即一个流形可以描述为从相关局部流形的任何点散射出来的轨道解的集合。

稳定流形和不稳定流形在周期轨道处相交，事实上，Halo 轨道位于这些流形的相交处。应该强调的是，尽管这里给出的是流形在 $X-Y$ 平面上的投影，但是这些流形在六维状态空间中是扭曲的、蜿蜒的、折叠的通道[3]。

从流形的定义和上面提到的性质可以得到另一个重要的结果，即所有在流形管道表面的轨道和 Halo 轨道在理论上具有相等的雅可比积分常数。反过来说，在圆形限制性三体模型的状态空间，流形的结构是被给定的雅可比积分常数唯一确定的。

从不变流形的性质看，如果要将航天器送到共线平动点附近，这些稳定流形可以作为过渡轨道利用。4.4 节将介绍利用不变流形的流形拼接方法。

4.4　利用不变流形的流形拼接方法

根据航天器在任务过程中所受到的主要引力的不同，二体圆锥曲线拼接方法将轨道分为若干段，在每段中只考虑对航天器最主要天体的引力影响，即航天器与该天体构成一个二体系统，进而求得航天器在该阶段的圆锥曲线轨道，最后根据端点处的约束将几段轨道拼接起来可得到航天器在整个任务中完整的轨道。

虽然二体圆锥曲线拼接方法在旅行者等任务中的表现较好，但其有推进剂消耗多、与行星相对速度大、飞掠过程中对目标星观测时间短等问题。尤其当航天器与行星的相对速度减小时，二体圆锥曲线拼接方法得到的结果与真实情况相差较大，必须用限制性三体问题模型来进行轨道设计。

通过对圆形限制性三体问题的求解，我们得知拉格朗日点附近存在周期轨道，并且周期轨道附近存在稳定的不变流形与不稳定的不变流形，这些流形存在着轨道设计可以利用的特点，只要到达稳定流形的表面，航天器就会自动到达周期轨道；而周期轨道的航天器也可以沿着不稳定流形进行深空探索。流形拼接方法将三体系统的流管在相空间拼接，从而得到了不同三体系统之间的低能转移轨道。这种方法考虑了其他天体的自然引力场并加以应用，因此相对传统的二体模型而言，消耗的推进剂更少，甚至有时可以做到推进剂的零消耗。不过流形拼接方法也有自身的缺点，如设计方法复杂、设计优化困难、轨道转移时间长等[4]。

如果要利用流形拼接完成轨道转移，则涉及两个三体系统，这两个三体系统都有航天器作为可以忽略的小质量体，另外两个三体系统中存在一个自然星体重合，即有一个星体共有，所以研究两个三体系统实则是研究一个航天器 P 和 3 个自然天体 M_0、M_1、M_2 的四体问题。由于航天器质量相对于自然天体为无穷小量，所以 3 个天体的运动规律按照太阳系内的天体运转规律可以分为同心圆模型和双圆模型。

同心圆模型是指 M_0 天体为中心天体，M_1 和 M_2 围绕着 M_0 做圆周运动，形成同心圆。两个圆周轨道半径分别为 d_1 和 d_2，其中 $d_1 < d_2$。3 个自然天体的质量一般满足 $M_1, M_2 \ll M_0$，在太阳系中可以找到类似的木星－木卫 3－木卫 4 系统，用图 4-7 表示。

双圆模型则是 M_1 和 M_2 分别绕质心做圆周运动，其中 M_1 绕 M_0 做圆周运动，轨道半径为 d_2。M_2 绕 M_1 做圆周运动，轨道半径为 d_1，其中 $d_2 > d_1$。M_1 和 M_2 组成一个系统共同绕着 M_0 做运动。3 个自然天体的质量满足 $M_0 > M_1 > M_2$，在太阳系中可以找到类似的太阳－地球－月球系统，可以用图 4-8 表示。

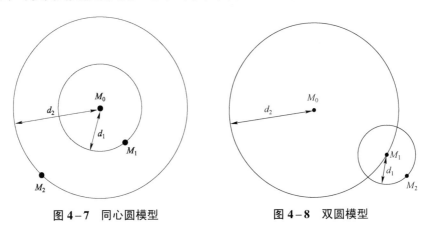

图 4-7　同心圆模型　　　　　　　图 4-8　双圆模型

在确定好引力模型后，利用动平衡点进行深空转移就是可能的了，L_1 的稳定流形和不稳定流形是在对应 Hill 运动禁区的内侧，所以利用这些流形有助于实现地球内侧天体的探测。L_2 的稳定流形和不稳定流形在对应 Hill 运动禁区的外侧，利用这些流形有助于地球外侧天体的探测。

在使用流形拼接方法的时候，除了四体问题外，还存在着一个三体问题中不同平动点附近的 Halo 轨道之间转移的情况。此时的问题不属于同心圆模型也不属于双圆模型，在进行同一个三体系统不同平动点附近的周期轨道之间的轨道设计时，需要利用同一天体拉格朗日点的 Halo 轨道的不变流形。以从日地系统的 L_1 点附近的 Halo 轨道去往日地系统 L_2 点附近的 Halo 轨道为例，利用 L_1 点附近的 Halo 轨道不稳定流形，使航天器向地球飞去，而后和 L_2 点附近的 Halo 轨道的稳定流形进行对接，进入该轨道的稳定流形，使航天器飞往日地系统的 L_2 点。日地系统 L_1 点和 L_2 点附近 Halo 轨道的流形结构如图 4–9 所示。

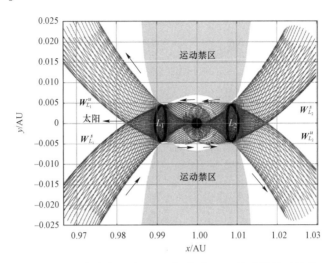

图 4–9　日地系统 L_1 点和 L_2 点附近 Halo 轨道的流形结构

4.5　利用流形拼接的轨道转移

在由两个三体系统组成的四体模型中，拼接轨道可以进行如下分类：流形–流形、流形–穿越轨道、穿越轨道–流形、穿越轨道–穿越轨道。本节将考虑利用上述几个过程完成地月系统 L_2 点到日地系统 L_2 点的轨道设计方法介绍。

4.5.1　日地月–航天器四体系统模型

在完成地月系统 L_2 点到日地系统 L_2 点的轨道设计时，采用的模型为双圆模型，即 M_0 对应为太阳，M_1 对应为地球，M_2 对应为月球，形成图 4–8 所示的系统。

在分析四体问题时，根据选取描述星体运动的坐标系不同，存在两种分析方法：第一种分析方法为分别在以地球和太阳为原点的固连坐标系下进行四体运动描述，而后进行两个坐标系中位置速度坐标之间的转换；第二种分析方法为选定在质心会合坐标系内描述四体运动。采用第一种方法时，由于分别在地球、太阳固连系下分析星体运动，得到的形式比较简单，但是需要进行坐标转换。第二种方法使用统一的质心会合坐标系，避免了坐标转换问题，同时可以考虑月球绕地球椭圆旋转的情况。接下来将分别介绍两种分析方法建立的动力学。

1. 地球、太阳固连系下建立的四体问题动力学

对四体问题而言，做以下假设。

假设一：太阳、地球和月球 3 个引力体在同一平面内运行。

假设二：月球绕地球圆形公转运动且不受太阳引力的影响。

假设三：地月系统质心绕太阳做圆形公转运动。

假设四：探测器运动对其他引力体不产生影响。

在进行这些假设的时候，会导致模型和天体真实的运动情况存在差别，但是在轨道设计初始阶段，这样的假设可以大大减小轨道设计的难度，因此是合理的。

由于在流形拼接的过程中涉及两个三体系统之间的变换，这就需要对地月系和日地系下的动力学进行求解，首先进行地月系下的动力学求解。为了简化系统的动力学方程，可以采用无量纲化的方法，将下列物理量取为单位量：地球和月球的质量和；地球和月球之间的平均距离；地球和月球绕其公共质心旋转的平均角速度。在此无量纲系统中，万有引力常数 $G=1$，定义：

$$\mu = \frac{m_m}{m_e + m_m} \tag{4-17}$$

则地球的质量 m_e 和月球的质量 m_m 分别为 $1-\mu$ 和 μ。太阳的质量记作 m_s，太阳到地球的平均距离为 a_s。

定义地月旋转坐标系 oxy 为地月系相合的一个坐标系，坐标系原点为地月系的质心，x 轴沿地月连线方向由地球指向月球，y 轴垂直于 x 轴。此坐标系为非惯性坐标系，在此坐标系中，地球和月球的位置是固定的，太阳绕着地月系统做顺时针转动。

在地月质心旋转坐标系 oxy 中，地、月的位置坐标分别为 $(-\mu,0)$ 和 $(1-\mu,0)$。在此相合坐标系中，太阳的角速度记为 ω_s，在 $t=0$ 时刻，其相角为 θ_{s0}，图 4-10 为太阳、地球、月球在该相合坐标系下的示意图。

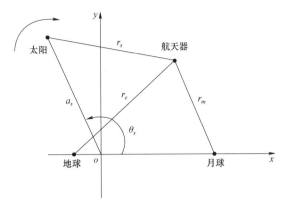

图 4-10　地月旋转坐标系 *oxy*

由于已经推导过圆形限制性三体问题的动力学方程，因此可以通过化简得到平面圆形限制性三体问题的动力学方程：

$$\begin{cases} \dot{x} = u \\ \dot{y} = v \\ \dot{u} = x + 2y - U_x \\ \dot{v} = y - 2u - U_y \end{cases} \tag{4-18}$$

式中，U_x、U_y 为航天器的势能对 x、y 的偏导数。

由于航天器受到地球、月球、太阳的引力作用，而地月系统还受到太阳的引力作用，因此航天器的势能可以表示为

$$U = -\frac{\mu_e}{r_e} - \frac{\mu_m}{r_m} - \frac{\mu_s}{r_s} - \frac{m_s}{a_s} \tag{4-19}$$

为了表达方便，可以进行如下替换：

$$c_i = \frac{\mu_i}{r_i^3}, i = E, M, S \tag{4-20}$$

$$a_s = \frac{m_s}{a_s^3} \tag{4-21}$$

因此有

$$\begin{cases} U_x = c_e(x + \mu_m) + c_m(x - \mu_e) + c_s(x - x_s) + a_s x_s \\ U_y = c_e y + c_m y + c_s(y - y_s) + a_s y_s \end{cases} \tag{4-22}$$

则式（4-18）可以写成

$$\begin{cases} \dot{x} = u \\ \dot{y} = v \\ \dot{u} = x + 2v - c_e(x + \mu_m) - c_m(x - \mu_e) - c_s(x - x_s) - a_s x_s \\ \dot{v} = y - 2u - c_e y - c_m y - c_s(y - y_s) - a_s y_s \end{cases} \quad (4-23)$$

其长度关系为

$$\begin{cases} r_e = \sqrt{(x + \mu_m)^2 + y^2} \\ r_m = \sqrt{(x - \mu_e)^2 + y^2} \\ r_s = \sqrt{(x - x_s)^2 + (y - y_s)^2} \end{cases} \quad (4-24)$$

其中，

$$\begin{cases} \mu_e = 1 - \mu \\ \mu_m = \mu \\ x_s = a_s \cos(\theta_s) \\ y_s = a_s \sin(\theta_s) \\ \theta_s = -\omega_s t + \theta_{s0} \end{cases} \quad (4-25)$$

对于上列公式中的一些常数根据实际情况可以确认。$\mu = 0.01215$；$m_s = 328\,900.54$；$a_s = 388.811\,14$；$\omega_s = 0.925\,195\,985\,520\,347$。单位时间为 $T/2\pi$，T 为地月系绕其公共质心的周期，大小为 2.361×10^6 s。单位长度为地月之间距离 $L = 3.850 \times 10^5$ km。单位速率为月球绕地球旋转的平均轨道速率 $2\pi L/T = 10.25$ km/s。

接下来进行日地坐标系下的航天器动力学方程推导。同上文一致，采用无量纲化的方法来简化模型。将下列物理量取做单位 1：太阳和地球的质量和、太阳和地球之间的平均距离；太阳和地球绕其公共质心旋转的平均角速度。在此无量纲系中，万有引力常数 $G = 1$。定义：

$$\mu = \frac{m_e}{m_e + m_s} = 3.036 \times 10^{-6} \quad (4-26)$$

式中，m_e 为地球质量；m_s 为太阳质量。通过式（4-26）的定义方式，可以获得无量纲的地球质量为 $1 - \mu$，太阳质量为 μ。

日地质心旋转坐标系 oxy 的原点位于日地系质心，x 轴沿日地连线方向由太阳指向地球，y 轴与 x 轴垂直。在日地质心旋转坐标系中，太阳坐标为

$(-\mu,0)$，地球坐标为 $(1-\mu,0)$，太阳和地球相对于坐标系固定。月球的角速度定义为 ω_M，初始相角为 θ_M。日地月－航天器之间的位置关系如图 4－11 所示。

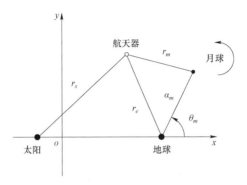

图 4－11　日地月－航天器之间的位置关系

在无量纲系统中，将月球的质量记作 $m_m = 3.733\,998\,734\,652\,702 \times 10^{-8}$；太阳到地球的平均距离 $a_s = 1$；地球到月球的距离为 $a_m = 2.573\,565\,073\,532\,068 \times 10^{-3}$；月球相对该旋转系的角速度 $\omega_m = 12.368\,869\,492\,845\,08$。

和地月质心旋转系类似，航天器在日地质心旋转系中的动力学方程可以表示为

$$\begin{cases} \dot{x} = u \\ \dot{y} = v \\ \dot{u} = x + 2v - c_s(x + \mu_e) - c_e(x - \mu_s) - c_m(x - x_m) - a_m x_m \\ \dot{v} = y - 2u - c_s y - c_e y - c_m(y - y_m) - a_m y_m \end{cases} \quad (4-27)$$

式中有

$$c_i = \frac{\mu_i}{r_i^3}, i = E, M, S \quad (4-28)$$

$$a_m = \frac{m_m}{a_m^3} \quad (4-29)$$

相关的长度关系为

$$\begin{cases} r_s = \sqrt{(x + \mu_e)^2 + y^2} \\ r_e = \sqrt{(x - \mu_s)^2 + y^2} \\ r_m = \sqrt{(x - x_m)^2 + (y - y_m)^2} \end{cases} \quad (4-30)$$

式中，

$$\begin{cases} \mu_s = 1 - \mu \\ \mu_e = \mu \\ x_M = a_m \cos(\theta_m) + \mu_e \\ y_m = a_m \sin(\theta_m) \\ \theta_m = \omega_m t + \theta_{m0} \end{cases} \quad （4-31）$$

在上述各式中，单位时间为 $T/2\pi$ ，T 为太阳地球绕质心公转的周期，大小为 3.156×10^7 s 。单位长度为日地平均距离 $L = 1.496\times10^8$ km 。单位速率为地球绕太阳旋转的平均轨道速率 $2\pi L / T = 29.784$ km/s 。

在航天器利用流形拼接的方法完成从地月 L_2 点到日地 L_2 点转移的过程中，分别涉及在两个坐标系中的运动，还涉及在两个坐标系中的坐标转换，本节将在上文假设的基础上进行坐标系转换的说明（平面圆形限制性三体模型）。

在完成两个旋转坐标系 A、B 之间的坐标转换时，为了避免转移过程中出现问题，可以首先将旋转坐标系 A 中的状态矢量转移到惯性坐标系下，然后再将状态矢量从惯性坐标系转换到旋转坐标系 B 下，从而完成坐标系之间的转换。

令 $\boldsymbol{x}_A^{\mathrm{ro}}(t_A)$ 为旋转坐标系 A 中航天器的状态矢量，$\boldsymbol{x}_A^{\mathrm{ro}} = [x, y, u, v]^{\mathrm{T}}$ ，其表达式中各量为旋转坐标系 A 中的无量纲的单位位置量和单位速度量，t_A 为旋转坐标系 A 中相应的单位时间。

首先，将 $\boldsymbol{x}_A^{\mathrm{ro}}(t_A)$ 转换到坐标系原点位于天体 m_i 处的惯性坐标系中，$i = 1,2$

$$\boldsymbol{x}_A^{\mathrm{in}} = \boldsymbol{R}(\boldsymbol{x}_A^{\mathrm{ro}} - \boldsymbol{d}_A) \quad （4-32）$$

其中，

$$\boldsymbol{R} = \begin{bmatrix} \boldsymbol{R}_{11} & 0 \\ \boldsymbol{R}_{21} & \boldsymbol{R}_{22} \end{bmatrix} \quad （4-33）$$

$$\boldsymbol{R}_{11} = \boldsymbol{R}_{22} = \begin{bmatrix} \cos(\theta(t_A)) & -\sin(\theta(t_A)) \\ \sin(\theta(t_A)) & \cos(\theta(t_A)) \end{bmatrix} \quad （4-34）$$

$$\boldsymbol{R}_{21} = \begin{bmatrix} -\sin(\theta(t_A)) & -\cos(\theta(t_A)) \\ \cos(\theta(t_A)) & -\sin(\theta(t_A)) \end{bmatrix} \quad （4-35）$$

$$\theta(t_A) = t_A + \theta_{A0} \quad （4-36）$$

$$\boldsymbol{d}_A = [\boldsymbol{x}_A^0, 0, 0, 0]^{\mathrm{T}} \quad （4-37）$$

x_A^0 可以根据惯性坐标系的原点位于 m_1 还是 m_2 相应地取 $-\mu_A$ 或者 $1-\mu_A$。

将旋转系 A 中的单位位置、单位速度和单位时间转换到旋转坐标系 B 中。将从 A 到 B 的长度比例记作 L_{AB}，其中 $L_{AB}=L_A/L_B$。将从 A 到 B 的时间比例记作 $T_{AB}=T_A/T_B$，则 B 系中的位置、速度、时间在惯性系下可以表示为

$$X_B^{\text{in,pos}} = L_{AB}x_A^{\text{in,pos}} \tag{4-38}$$

$$X_B^{\text{in, vel}} = \frac{L_{AB}}{T_{AB}}x_A^{\text{in,vel}} \tag{4-39}$$

$$t_B = T_{AB}t_A \tag{4-40}$$

A 系中的天体 m_i 即为 B 系中的天体 m_j，所以状态矢量 $x_B^{\text{ro}}(t_B)$ 即为坐标系原点位于天体 m_j 上的惯性系下的 B 系的单位变量。可以利用式（4-41）将 x_B^{in} 转化到坐标系 B 中：

$$x_B^{\text{ro}} = R^{-1}x_B^{\text{in}} + d_B \tag{4-41}$$

其中 $d_B=[x_B^0,0,0,0]^{\text{T}}$，$x_B^0$ 根据惯性坐标系原点位于 m_1 或 m_2 相应地取 $-\mu_B$ 或者 $1-\mu_B$。

上述讨论均是在二维情况下的，即地月系与日地系在同一个平面内。但实际上由于有黄白交角的存在，地月系与日地系并不在一个平面内。如果考虑黄白交角的话，需要引入新的角度变量来描述相关位置关系，如图 4-12 所示。其中地月旋转坐标系定义为 $[\hat{a}_1,\hat{a}_2,\hat{a}_3]^{\text{T}}$。日地旋转坐标系定义为 $[\hat{b}_1,\hat{b}_2,\hat{b}_3]^{\text{T}}$。将它们的原点都平移到地球。通过顺序为 3-1-3 欧拉角转换，可以确定这两个坐标系的相

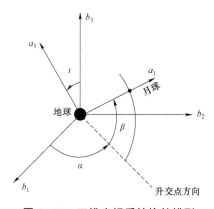

图 4-12　三维坐标系转换的模型

对位置关系。其中，α 表示地月轨道平面与日地轨道平面相交的节线与轴 $\hat{b}_1$ 的相对角度；i 表示黄白交角，其大小在 $4°51' \sim 5°09'$ 之间有规律地变化，这里将其固定，取其变化的平均值，即 $i = 5°$；β 表示在地月轨道平面内月球相对节线的角度。

2. 质心会合坐标系下建立的椭圆四体问题动力学[5]

在质心会合坐标系下建立动力学时考虑月球绕地球为椭圆运动，此时建立的运动学更加贴近真实情况。在质心会合坐标系中，从坐标系原点 O_c 到探测器、地球、月球、太阳的矢量分别为 $\boldsymbol{r}, \boldsymbol{r}_e, \boldsymbol{r}_m, \boldsymbol{r}_s$。从地球、月球和太阳到航天器的矢量分别为 $\boldsymbol{r}_{pe}, \boldsymbol{r}_{pm}, \boldsymbol{r}_{ps}$，如图 4 – 13 所示。

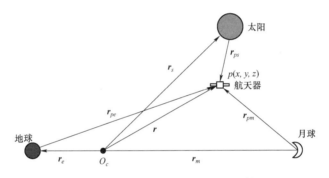

图 4 – 13　日地月 – 航天器四体问题模型

航天器在质心会合坐标系下的坐标为

$$\boldsymbol{r} = \begin{bmatrix} x & y & z \end{bmatrix}^{\mathrm{T}} \tag{4 – 42}$$

相应地，地球、月球和太阳在质心会合坐标系下的表达式分别为

$$\boldsymbol{r}_e = \begin{bmatrix} \dfrac{-\mu_m}{\mu_e + \mu_m} r_{m0} & 0 & 0 \end{bmatrix}^{\mathrm{T}} \tag{4 – 43}$$

$$\boldsymbol{r}_m = \begin{bmatrix} \dfrac{\mu_e}{\mu_e + \mu_m} r_{me} & 0 & 0 \end{bmatrix}^{\mathrm{T}} \tag{4 – 44}$$

$$\boldsymbol{r}_s = \begin{bmatrix} r_s \cos\theta_s & r_s \sin\theta_s & 0 \end{bmatrix}^{\mathrm{T}} \tag{4 – 45}$$

其中，μ_e、μ_m 分别为地球、月球引力常数；r_{me} 为地月距离；r_s 为地月质心到太阳的距离，$r_{me} = \| \boldsymbol{r}_{me} \|$，$r_s = \| \boldsymbol{r}_s \|$，在四体问题中是常数；$\theta_s$ 为太阳在质心会合坐

标系中的方位角，由于日地月相对运动，此角度将呈现一定规律变化。

对于椭圆四体动力学方程的推导，可以借助牛顿法，在惯性系中，第四体探测器的动力学方程可以表述为

$$\ddot{\boldsymbol{r}}^{i} = -\frac{\mu_e}{r_{pe}^3}\boldsymbol{r}_{pe} - \frac{\mu_m}{r_{pm}^3}\boldsymbol{r}_{pm} - \left(\frac{\mu_s}{r_{ps}^3}\boldsymbol{r}_{ps} - \frac{\mu_s}{r_s^3}\boldsymbol{r}_s\right) \tag{4-46}$$

式中，$\ddot{\boldsymbol{r}}^{i}$ 为航天器在惯性系下的加速度矢量；μ_s 为太阳引力常数；$\boldsymbol{r}_{pe}$、$\boldsymbol{r}_{pm}$、$\boldsymbol{r}_{ps}$ 分别为航天器相对地心、月心与日心的矢量，$r_{pe} = \|\boldsymbol{r}_{pe}\|$，$r_{pm} = \|\boldsymbol{r}_{pm}\|$，$r_{ps} = \|\boldsymbol{r}_{ps}\|$。

假设地月系统相对于地月质心的旋转角速度为 $\boldsymbol{\omega} = [0 \quad 0 \quad \omega_z]^{\mathrm{T}}$，根据矢量求导法则，可以将动力学方程写为

$$\ddot{\boldsymbol{r}}^{i} = \ddot{\boldsymbol{r}} + 2\boldsymbol{\omega} \times \dot{\boldsymbol{r}} + \boldsymbol{\omega} \times (\boldsymbol{\omega} \times \boldsymbol{r}) + \dot{\boldsymbol{\omega}} \times \boldsymbol{r} \tag{4-47}$$

式中，$\boldsymbol{r}$ 和 $\ddot{\boldsymbol{r}}$ 为航天器在质心会合坐标系下的位置与加速度矢量。

在椭圆四体问题中，由于月地旋转角速度是变量，因此角速度变化率所在项不能被忽略。将式（4-46）和式（4-47）结合，可以得到日月地椭圆四体问题下航天器在质心会合坐标系下的动力学方程：

$$\ddot{\boldsymbol{r}} = -2\boldsymbol{\omega} \times \dot{\boldsymbol{r}} - \boldsymbol{\omega} \times (\boldsymbol{\omega} \times \boldsymbol{r}) - \dot{\boldsymbol{\omega}} \times \boldsymbol{r} - \frac{\mu_e}{r_{pe}^3}\boldsymbol{r}_{pe} - \frac{\mu_m}{r_{pm}^3}\boldsymbol{r}_{pm} - \left(\frac{\mu_s}{r_{ps}^3}\boldsymbol{r}_{ps} - \frac{\mu_s}{r_s^3}\boldsymbol{r}_s\right)$$
$$\tag{4-48}$$

将 $\boldsymbol{r}$、$\boldsymbol{r}_{pe}$、$\boldsymbol{r}_{pm}$、$\boldsymbol{r}_{ps}$、$\boldsymbol{\omega}$ 的分量表达式代入动力学方程，化简后即可得到分量形式的动力学方程：

$$\begin{cases}
\ddot{x} = 2\omega_z\dot{y} + \omega_z^2 x - \omega_x\omega_z z + \dot{\omega}_z y - \left(\frac{\mu_e}{r_{pe}^3} + \frac{\mu_m}{r_{pm}^3} + \frac{\mu_s}{r_{ps}^3}\right)x \\
\quad + \frac{\mu e}{r_{pe}^3}\frac{\mu_m}{\mu_m + \mu_e}r_{me} - \frac{\mu_e}{r_{pm}^3}\frac{\mu_m}{\mu_m + \mu_e}r_{me} + \left(\frac{\mu_e}{r_{ps}^3} - \frac{\mu_e}{r_s^3}\right)r_s\cos\theta_s \\
\ddot{y} = 2\omega_x\dot{z} - 2\omega_z\dot{x} + (\omega_x^2 + \omega_z^2)y + \dot{\omega}_x z - \dot{\omega}_z x \\
\quad - \left(\frac{\mu_e}{r_{pe}^3} + \frac{\mu_m}{r_{pm}^3} + \frac{\mu_s}{r_{ps}^3}\right)y + \left(\frac{\mu_e}{r_{ps}^3} - \frac{\mu_e}{r_s^3}\right)r_s\sin\theta_s \\
\ddot{z} = -2\omega_x\dot{y} + \omega_x^2 z - \omega_x\omega_z x - \dot{\omega}_x y - \left(\frac{\mu_e}{r_{pe}^3} + \frac{\mu_m}{r_{pm}^3} + \frac{\mu_s}{r_{ps}^3}\right)z
\end{cases} \tag{4-49}$$

在本节的假设中，z 方向运动与其他两个方向完全解耦，因此，该模型可以只考虑 x、y 方向的运动，动力学方程可以化简为

$$
\begin{cases}
\ddot{x} = 2\omega_z\dot{y} + \omega_z^2 x + \dot{\omega}_z y - \left(\dfrac{\mu_e}{r_{pe}^3} + \dfrac{\mu_m}{r_{pm}^3} + \dfrac{\mu_s}{r_{ps}^3}\right)x \\[2mm]
\quad + \dfrac{\mu e}{r_{pe}^3}\dfrac{\mu_m}{\mu_m + \mu_e}r_{me} - \dfrac{\mu_e}{r_{pm}^3}\dfrac{\mu_m}{\mu_m + \mu_e}r_{me} + \left(\dfrac{\mu_e}{r_{pe}^3} - \dfrac{\mu_e}{r_s^3}\right)r_s\cos\theta_s \\[2mm]
\ddot{y} = -2\omega_z\dot{x} + \omega_z^2 y - \dot{\omega}_z x - \left(\dfrac{\mu_e}{r_{pe}^3} + \dfrac{\mu_m}{r_{pm}^3} + \dfrac{\mu_s}{r_{ps}^3}\right)y \\[2mm]
\quad + \left(\dfrac{\mu_e}{r_{ps}^3} - \dfrac{\mu_e}{r_s^3}\right)r_s\sin\theta_s
\end{cases}
\tag{4-50}
$$

利用分别在地球、太阳固连坐标系下建立动力学并坐标转换的方法与建立在质心会合坐标系下椭圆四体问题动力学都可以建立日地月–航天器模型，用于流形拼接计算。

4.5.2　流形拼接的计算流程

在建立好日地月–航天器模型后，对应的四体问题就可以解算了。在四体模型中，按照各段轨道相对流管的位置，拼接轨道可分为以下四类：流形–流形，流形–穿越轨道，穿越–轨道流形，穿越轨道–穿越轨道。在说明流形拼接的思路之前，首先需要说明轨道的拼接条件。

航天器从一个周期轨道向另一个周期轨道转移，只要找到当前轨道的不稳定流形和目标轨道的稳定流形，并且对两个流形进行拼接。拼接点的连接处要求在相空间（动量和空间各占三维的六维空间）两个周期轨道有相同的雅可比常数，这是进行轨道拼接的重要条件之一。

另一个重要的选择条件是航天器在初始轨道的出轨时刻和在目标轨道的入轨时刻的选择，也即航天器离开初始轨道的位置和进入目标轨道的位置的选择。选定的时刻需要使初始周期轨道在该出轨时所产生的不稳定流形和目标周期轨道在入轨时刻所生成的稳定流形可以在状态空间上构造拼接出最节能的流形，不然利用流形拼接方法减少的能量消耗将是有限的[6]。

本节假设任务为设计一条从地月系 L_2 点飞往日地系 L_2 的轨道。设计的具体

流程如下[7]。

（1）选择恰当的轨道能量值。根据希尔域的定义，航天器初始的轨道能量 E 决定了航天器的运动范围。因此要完成从地月系 L_2 点飞往日地系 L_2 的轨道设计，首先需要选择合适的初始轨道能量。

（2）计算在地月系 L_2 点附近时的周期轨道。选择合适的初值，通过迭代计算和微分修正，得到给定振幅的地月系 L_2 点附近的 Halo 轨道。

（3）计算不变流形。利用流形拼接进行星际转移的核心就是利用不同圆形限制性三体问题中的不变流形对空间中可能出现的重合进行利用，从而完成节省能量的轨道转移，因此计算流形拼接的转移轨道时，首先需要计算两个流形之间是否可以交叉。本例中就需要计算地月系 L_2 点 Halo 轨道的不稳定流形和日地系 L_2 点 Halo 轨道的稳定流形。

（4）选择庞加莱截面。虽然经过之前的简化，该问题维度仍然较多。为此，我们可以选取合适的庞加莱截面来使问题简化，具体做法如下：确定一个空间中的基准平面，使得流形均与此平面相交，两个流形在此平面上的交集即为两者在空间中位置的交集，然后求解两个流形轨道速度之差就可以通过施加速度脉冲进行轨道的拼接。在此例中，可以选择 x 轴坐标与地球坐标相同的平面作为庞加莱截面。通过设立终止条件。使地月系 L_2 点附近的不稳定流形与日地系 L_2 点附近的稳定流形均终止于选定的庞加莱截面上，然后在日地旋转坐标系中绘制两个流形。如图 4-14 所示，图左侧的流形为地月系 L_2 点附近的不稳定流形，图右侧的流形为日地系 L_2 点附近的稳定流形，图中的 L_2 点为日地系的 L_2 点，圆形轨道为月球绕地球的轨道。

（5）确定拼接点。在平面二维模型中只有 4 个变量，即两个位置变量和两个速度变量，在庞加莱截面上，流形的 x 向位置是确定的，因此剩下 3 个变量未知。流形拼接方法必须保证两个不变流形在空间上有所交集，因此以庞加莱截面上两个流形的 y 向位置和速度变量作为变量作图，找出两条曲线的交集即为不变流形在空间中的交集，选取其中的任意点都可以作为拼接点。

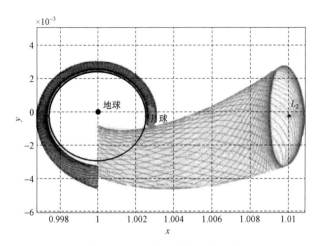

图 4-14　日地旋转系中的流形

（6）计算速度脉冲。从两个流形中间选取好拼接点作为转移点后就可以将两个流形在拼接点处的 x 向速度做差，获得流形拼接所需施加的速度脉冲。可以将庞加莱截面图作图，如图 4-15 所示，两条闭合曲线即为庞加莱截面上的投影，在其中选取点即可作为流形拼接的拼接点。

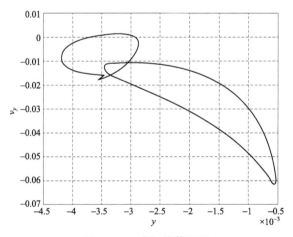

图 4-15　庞加莱截面图

在图 4-15 中选取合适的拼接点后，即确定了拼接点的 y 向位置与速度值，该点的 x 向速度可以通过式（4-51）得到

$$\dot{x} = \sqrt{-\dot{y}^2 - 2\overline{U}(x,y) + 2E} \qquad (4-51)$$

其中，

$$\bar{U}(x,y) = -\frac{1}{2}(x^2 + y^2) - \frac{1-\mu}{\sqrt{(x+\mu)^2 + y^2}} - \frac{\mu}{\sqrt{(x-1+\mu)^2 + y^2}} - \frac{1}{2}(1-\mu)\mu$$

（4－52）

其中，E 为轨道能量；$\bar{U}(x,y)$ 为有效势能。

（7）数值积分计算轨道。流形拼接方法是利用初始停泊轨道处的不稳定流形和目标轨道的稳定流形之间的空间重合完成的，在选取好拼接点后即可确定不稳定流形和稳定流形在该点处的位置与速度，利用该点各自的位置与速度进行时间上正向和负向的积分即可获得任务所需的在不稳定流形（时间负向积分）以及稳定流形（时间正向积分）上的轨道。将积分获得的转移轨道绘制如图 4－16 所示。

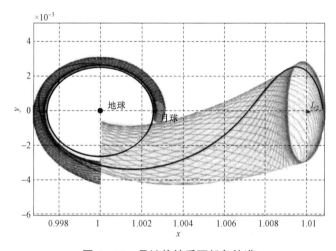

图 4－16　日地旋转系下任务轨道

在上述的轨道计算方法中，庞加莱截面的选取是重中之重，与此同时，庞加莱截面的选取也是有一定技巧的。理论上庞加莱截面是可以在任意坐标系下任意选取的，但是为了尽可能形象地表示出不同限制性三体系统之间的相互关系，同时尽可能将各变量解耦以方便计算，庞加莱截面的选取遵循一定的规律。以四体模型为例，在双圆模型中，我们通常在最大的两中心天体所在的旋转坐标系中选取庞加莱截面。其位置通常为过第二中心天体垂直 x 轴的平面或者是 $z-x$ 平面的负半平面；在同心圆模型中，我们首先在不同旋转坐标系选取合适的庞加莱截面，其位置与双圆模型中的类似，然后选取合适时间（或者不同二体系统之间的位置构型），在该瞬时时刻（或拼接时刻），两庞加莱截面位置重合，形成新的庞加莱截面。

利用流形拼接方法进行深空低能转移轨道是较为有效的方法，利用上述的 7 个步骤再结合具体的转移问题求解出出发轨道和目标轨道的不变流形，就能较容易地完成转移轨道设计。流形拼接方法本身也存在一些限制，由于轨道的计算方法是从拼接点处进行双向积分，初始点和终端点的状态是最终求出来的，面对一些存在初值约束和终端约束的问题时，单纯利用流形拼接的方法难以满足约束。为了应对这种情况，可以结合最优控制方法，使流形拼接方法求得的轨道满足一定约束[8]。

利用最优控制设计方法与流形拼接方法求解转移轨道时，和无约束情况下直接求解轨道不同，首先需要确定控制变量、优化指标、约束条件，而后基于转移目标之间流形存在交集的时间段进行初值猜测，求解控制变量以完成优化指标最优且满足约束条件的转移轨道设计。

▦ 参考文献

[1] 尚海滨. 行星际飞行轨道理论与应用[M]. 北京: 北京理工大学出版社, 2019.

[2] 李言俊, 张科. 利用拉格朗日点的深空探测技术[M]. 西安: 西北工业大学, 2015.

[3] 崔平远, 乔栋, 崔祜涛. 深空探测轨道设计与优化[M]. 北京: 科学出版社, 2013.

[4] CONLEY C C. Low energy transit orbits in the restricted threebody problem[J]. SIAM journal on application mathematics, 1968, 16(4): 732 – 746.

[5] 刘玥. 月地低能返回轨道设计与控制方法研究[D]. 哈尔滨: 哈尔滨工业大学, 2014.

[6] 乔栋. 深空探测转移轨道设计方法研究及在小天体探测中的应用[D]. 哈尔滨: 哈尔滨工业大学, 2007.

[7] 赵育善. 深空飞行动力学[M]. 北京: 中国宇航出版社, 2016.

[8] GONG S P, LI J. F, BAO YIN H X,et al. Lunar landing trajectory design based on invariant manifold[J]. Applied mathematics and mechanics (English Edition), 2007(2): 201 − 207.

第 5 章

借力飞行技术

传统的轨道转移技术中，霍曼转移通常被认为是最节省燃料的轨道转移方法，然而在进行深空探测任务时，使用霍曼转移方法需要的脉冲时常也会超过火箭的运载能力。因此使用传统的轨道转移技术进行遥远的行星探测任务是十分困难的。借力飞行技术是一种利用行星引力场使航天器飞行状态发生变化的技术，由于改变轨道的方式为借助行星引力，可以减少对燃料的需求，因此借力飞行技术可以解决上述问题。1974 年 NASA 发射的水手五号探测器是人类历史上第一个使用借力飞行技术的探测器，自此之后，很多深空探测任务都使用了借力飞行技术这一节能轨道设计方法。

借力飞行技术根据飞掠目标星体过程的不同可以分为无推力借力飞行技术、有推力借力飞行技术、气动借力飞行（aerogravity assist，AGA）技术、深空机动借力飞行技术。本章将首先介绍借力飞行技术基础和基本原理，而后根据上述分类依次介绍不同的借力飞行技术与其中细化分支，并通过例子说明详细的轨道设计流程。本章节的主要内容如图 5-1 所示。

5.1 借力飞行技术基础

借力飞行技术是一种航天器飞掠过星体，利用星体引力场改变自身在日心坐标系中的轨道的技术，不可避免地涉及行星际转移，精准的深空轨道需要使用多体模型，把太阳系中的有关行星都视为引力源，而后进行运动轨迹分析，但是在精度要求不高的情况下，可以使用引力影响球和圆锥曲线拼接方法进行分析，在

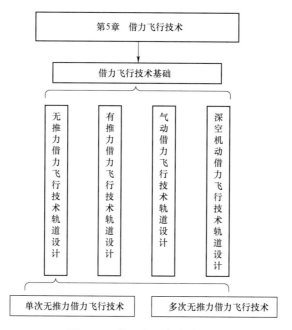

图 5-1　第 5 章研究内容结构

各个行星的影响球间的运动可以利用兰伯特问题的求解进行分析。因此本节将分别介绍引力影响球、圆锥曲线拼接、兰伯特问题。

5.1.1　引力影响球

航天器在行星际航行中，会同时受到太阳和其他行星卫星的引力作用，因此航天器在实际飞行过程中的受力是很复杂的，计算航天器的精准轨道十分复杂，但是航天器上面的各个引力由于天体质量不同、距离不同，大小也是不同的，在轨道的初步设计中，可以抓住引力最大的主要引力进行分析，把实际的多体问题简化为二体问题[1]。

为了界定航天器在何种情况下受到的主要引力是什么，就需要引入引力影响球的概念。当航天器在一个星体的引力影响球范围内飞行时，可以认为该星体对航天器的引力为主要引力，忽略其余星体对航天器引力的影响。当航天器在所有行星引力影响球外界飞行时，可以认为太阳对航天器的引力为主要引力，忽略各个行星对航天器引力的影响。

以地球引力影响球为例，定义地球质量 m_1、太阳质量 m_2、航天器质量 m_3，地球指向太阳的位置矢量 $\boldsymbol{\rho}$ ，地球指向航天器的位置矢量 $\boldsymbol{r}$ ，太阳指向航天器的位置矢量 $\boldsymbol{d}$ 。考虑地球为中心天体时，航天器和太阳都相对地球运动，航天器的动力学为

$$\frac{\mathrm{d}^2\boldsymbol{r}}{\mathrm{d}t^2} + \frac{G(m_1+m_3)}{r^3}\boldsymbol{r} = -Gm_2\left(\frac{\boldsymbol{d}}{d^3} + \frac{\boldsymbol{\rho}}{\rho^3}\right) \tag{5-1}$$

考虑太阳为中心天体时，航天器和地球相对太阳运动，航天器的动力学为

$$\frac{\mathrm{d}^2\boldsymbol{d}}{\mathrm{d}t^2} + \frac{G(m_2+m_3)}{d^3}\boldsymbol{d} = -Gm_1\left(\frac{\boldsymbol{r}}{r^3} + \frac{\boldsymbol{\rho}}{\rho^3}\right) \tag{5-2}$$

式中， G 为万有引力常数。

当航天器相对地球运动时，地球引力作为主要作用力，太阳引力为摄动力，摄动力 F_s 与地心引力 F_r 之比为

$$\frac{F_s}{F_r} = \frac{Gm_2\left[\left(\dfrac{\boldsymbol{d}}{d^3} + \dfrac{\boldsymbol{\rho}}{\rho^3}\right)\bullet\left(\dfrac{\boldsymbol{d}}{d^3} + \dfrac{\boldsymbol{\rho}}{\rho^3}\right)\right]^{\frac{1}{2}}}{G(m_1+m_3)\big/r^2} \tag{5-3}$$

当航天器相对太阳运动时，太阳引力作为主要作用力，地球引力为摄动力，摄动力 F_s 与日心引力 F_d 之比为

$$\frac{F_s}{F_d} = \frac{Gm_1\left[\left(\dfrac{\boldsymbol{r}}{r^3} - \dfrac{\boldsymbol{\rho}}{\rho^3}\right)\bullet\left(\dfrac{\boldsymbol{r}}{r^3} - \dfrac{\boldsymbol{\rho}}{\rho^3}\right)\right]^{\frac{1}{2}}}{G(m_2+m_3)\big/d^2} \tag{5-4}$$

令式（5-3）与式（5-4）相等，考虑对 m_3 、 m_1 、 m_2 、 r 、 ρ 进行化简，可以得到引力影响球的计算公式：

$$\frac{r}{\rho} \approx \left(\frac{m_1}{m_2}\right)^{\frac{2}{5}} \tag{5-5}$$

由此可以得到，地球的引力影响球半径 r 为

$$r = \rho\left(\frac{m_1}{m_2}\right)^{\frac{2}{5}} \tag{5-6}$$

由地球的引力影响球半径计算过程可以得到一般的行星引力影响球计算公式：

$$r = \rho \left(\frac{m}{M} \right)^{\frac{2}{5}} \qquad (5-7)$$

式中，m 为行星质量；M 为太阳质量；ρ 为太阳到行星距离；r 为行星引力影响球半径。需要注意的是，行星引力影响球半径并不是行星引力和太阳引力相等的距离，而是摄动力与中心天体引力之比相等的距离，同时，行星引力影响球半径远大于行星引力和太阳引力相等的距离。利用式（5-7）可以获得太阳系内各个行星的引力影响球，将之总结成表 5-1。

表 5-1 行星引力影响球半径与相关参数

行星	行星半径/km	影响球半径/km	轨道半长轴/AU	影响球半径/轨道半长轴
水星	2 440	112 409	0.387 098	0.001 9
金星	6 052	616 277	0.723 329	0.005 7
地球	6 378	924 647	1.000 000	0.006 2
火星	3 397	577 231	1.523 679	0.002 5
木星	71 492	48 204 698	5.202 603	0.061 9
土星	60 268	54 553 723	9.554 909	0.038 2
天王星	25 559	51 771 106	19.218 446	0.018 0
海王星	24 764	86 696 170	30.110 386	0.019 2

观察表 5-1 可以发现，行星引力影响球与行星运行轨道半长轴之比都很小，最大的为木星，但是也只有 0.061 9，说明航天器在太阳系内运动时，行星引力影响球相对于深空任务尺度十分小，在轨道设计阶段可以认为是一个质点，借力飞行过程中在质点处，航天器轨道参数在质点处瞬时发生改变。

5.1.2 圆锥曲线拼接

航天器从初始天体出发，到达目标天体需要经历复杂的飞行过程，以行星探索任务为例，航天器的飞行过程可以描述为：航天器由运载火箭送入初始轨道，在初始轨道上加速进入双曲线逃逸轨道逃逸地球，在这个过程中，地球引力逐渐减小，太阳引力逐渐增加，直至跨过地球引力影响球边界，此时太阳作为中心天体，航天器在太阳引力作用下沿着椭圆轨道运行，逐步接近目标天体，在目标天体附近进入目标天体引力影响球，此时目标天体为中心天体，航天器在目标天体引力作用下沿着双曲线轨道运动，在轨道近地点减速，进入环目标天体椭圆轨道。如果是借力飞行轨道，在近地点附近不加以控制或者进行加减速控制以调整借力飞行后轨道，而后沿着双曲线轨道飞出中心天体引力影响球。

从上述的飞行过程可以看出，航天器一共经历了三个阶段，以出发天体为中心的双曲线轨道、以太阳为中心天体的椭圆轨道、以目标天体为中心天体的双曲线/椭圆轨道。这三个轨道之间以行星引力影响球为边界进行划分，将三段圆锥曲线轨道拼接在一起，就获得了行星际转移的轨道。

在实际的飞行过程中，航天器会时刻受到各个天体的引力和各种摄动力，使精准分析、计算航天器轨道十分烦琐复杂，在任务初步设计时，进行精准的轨道计算十分困难且没有必要，因此使用圆锥曲线拼接方法划分转移轨道是合理的，在引力影响球的划分之下，每一段圆锥曲线轨道都有唯一的中心天体，且忽略过程中各项摄动力，构成了二体问题，在脉冲推力假设之下，航天器的每个阶段的飞行轨道都可以看作是圆锥曲线轨道，将这些圆锥轨道拼接在一起形成行星际转移轨道就是圆锥曲线拼接方法，由该种方法求得的轨道在引力影响球边界处不是平滑的，这与实际情况不符，但是并不影响利用该种方法进行轨道分析的效果。圆锥曲线拼接方法已经是行星际飞行轨道研究中的重要工具[2]。

行星际飞行的圆锥曲线拼接方法原理图如图 5-2 所示。

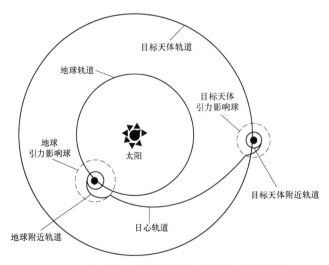

图 5-2　行星际飞行的圆锥曲线拼接方法原理图

5.1.3　兰伯特问题

兰伯特问题是研究卫星轨道机动和转移的基本方法之一，在航天器交会对接、导弹拦截、星际航行等领域中被广泛运用。兰伯特问题描述的是当给定空间两个点相对于中心天体的位置矢量和转移时间，如何确定一条通过这两个点且满足转移时间的转移轨道[3]。

1761 年，J. H. Lambert 提出了兰伯特定理，说明了沿椭圆轨道运动的天体在椭圆轨道上两点之间的飞行时间和椭圆轨道半长轴 a、两点到焦点距离之和 $r_1 + r_2$ 以及两点之间的弦长 c 有关，如图 5-3 所示。

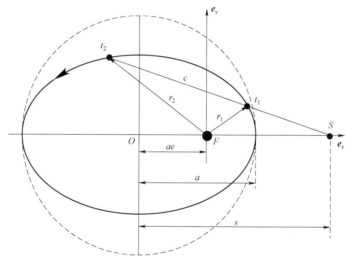

图 5-3　兰伯特定理几何关系图

在椭圆轨道上运行的天体角速度不为定值，因此使用平近点角 M 来描述一条轨道上两个点之间的飞行时间。定义第一点的平近点角为 M_1，第二点的平近点角为 M_2，平均角速度为 n，中心天体引力常数为 μ。可以写出两点之间的飞行时间为

$$M_2 - M_1 = n(t_2 - t_1) \tag{5-8}$$

将 n 代入式（5-8）可以写为

$$M_2 - M_1 = \sqrt{\frac{\mu}{a^3}}(t_2 - t_1) \tag{5-9}$$

将平近点角代换为偏近点角，通过整理可以获得

$$t_2 - t_1 = \sqrt{\frac{a^3}{\mu}}[E_2 - E_1 - e(\sin E_2 - \sin E_1)] \tag{5-10}$$

通过三角代换，可以把式（5-10）写为

$$t_2 - t_1 = 2\sqrt{\frac{a^3}{\mu}}\left(\frac{E_2 - E_1}{2} - e\sin\frac{E_2 - E_1}{2}\cos\frac{E_2 + E_1}{2}\right) \tag{5-11}$$

定义中间变量 A 和 B 为

$$A = \frac{E_2 - E_1}{2}, B = e\cos\frac{E_2 + E_1}{2} \tag{5-12}$$

则式（5-11）可以化简为

$$t_2 - t_1 = 2\sqrt{\frac{a^3}{\mu}}\left(A - e\sin A\frac{B}{e}\right) \tag{5-13}$$

观察图 5-3 中中心天体和两个点之间形成的三角形，该三角形被称为基本三角形。定义中心天体到两个点连线之间的夹角为 θ，则弦长 c 可以表示为

$$c^2 = r_1^2 + r_2^2 - 2r_1r_2\cos\theta \tag{5-14}$$

r_1 和 r_2 可以用式（5-15）表示：

$$r_1 = a(1 - e\cos E_1), r_2 = a(1 - e\cos E_2) \tag{5-15}$$

将式（5-15）代入式（5-14），通过整理可以得到

$$c = 2a\sin A\sin B \tag{5-16}$$

由式（5-15）可以获得

$$r_1 + r_2 = 2a - ae(\cos E_1 + \cos E_2) \tag{5-17}$$

通过三角变化可以将式（5-16）写为

$$r_1 + r_2 = 2a(1 - \cos A\cos B) \tag{5-18}$$

定义三角形的半周长 s 为

$$s = \frac{r_1 + r_2 + c}{2} \tag{5-19}$$

将式（5-16）和式（5-18）代入式（5-19）并整理可以获得

$$s = a(1 - \cos A\cos B + \sin A\sin B) = a[1 - \cos(A + B)] \tag{5-20}$$

定义中间变量 $\alpha = A + B$ 与 $\beta = B - A$，则有

$$\sin^2 \frac{\alpha}{2} = \frac{s}{2a}, \sin^2 \frac{\beta}{2} = \frac{s-c}{2a} \qquad (5-21)$$

由式（5-21）的定义，式（5-13）可以改写并进行三角变换，可以获得

$$t_2 - t_1 = \sqrt{\frac{a^3}{\mu}}[(\alpha - \sin\alpha) - (\beta - \sin\beta)] \qquad (5-22)$$

式（5-22）就是著名的兰伯特方程。可以看到，当飞行时间确定、基本三角形确定后，轨道的半长轴就可以确定，而后可以确定轨道的偏心率，此时转移轨道就可以确认。因此可以认为兰伯特问题是一个两点边值问题，给定飞行时间和基本三角形，而后求解兰伯特问题，就可以获得一条确定的飞行轨道。这一过程在行星际探索等领域获得广泛应用，借力飞行技术是借助星体引力场改变航天器飞行状态的技术，需要进入星体的引力影响球，涉及行星际转移的问题，因此兰伯特问题的求解对于借力飞行技术是必不可少的，这在轨道设计阶段可以很好地简化设计流程。

5.2　无推力借力飞行技术轨道设计

无推力借力飞行技术是指在设计好轨道后便在飞行过程中不利用推力对借力效果进行调整，这不意味着在航天器飞行过程中不通过施加推力对航天器轨道进行修正，只是不利用推力改变目标轨道。无推力借力飞行技术在轨道设计时不施加脉冲，只利用星体的引力场完成任务，在此基础上还有在近地点施加推力以改进借力效果的有推力借力飞行技术轨道、在近地点附近利用借力星体气动力改进借力飞行效果的气动借力飞行轨道、在飞行过程中施加脉冲改变轨道的深空机动借力飞行技术轨道。研究清楚无推力借力飞行技术是进一步研究的基础。无推力借力飞行技术可以分为单次借力和多次借力，本节将分别对其进行阐述。

5.2.1　单次无推力借力飞行技术

单次无推力借力飞行技术是借力飞行技术中最简单的一种借力方式，在设计好借力轨道后便不再施加推力调整借力效果，同时只进行一次借力飞行，是所有借力飞行技术的基础。航天器在引力场 *A* 的飞行过程中穿过另一个引力场 *B* 后，

经过进入与飞出引力场 B 的过程改变自身在引力场 A 中的飞行状态。从能量守恒的角度来看，航天器与借力的星体能量之和应该是相等的，航天器能量的增加或者减少带来的是借力星体能量的变化，但是由于星体的能量庞大，航天器带来的能量变化对于星体来说可以忽略不计。

借力飞行可以改变航天器的速度方向与速度大小，合理地设计借力飞行轨道可以有效降低航天器燃料消耗、降低探测成本、加宽任务约束。整个借力飞行过程可以描述为：航天器以一定速度进入借力天体引力影响球，和借力天体运行速度矢量合成，变为以借力天体为中心速度的 v_∞^-，并以该速度沿着以借力天体为中心的双曲线轨道继续飞行，直到又一次穿过借力天体的引力影响球，此时以中心天体为参考的速度为 v_∞^+，此速度与借力天体飞行速度矢量合成为在原引力场中的速度，此时的速度改变了方向与大小，完成整个借力飞行过程。在借力天体引力场中的飞行过程如图 5-4 所示。

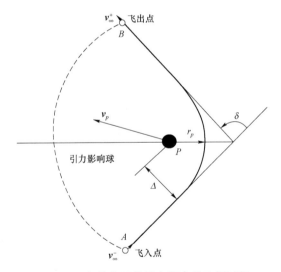

图 5-4　在借力天体引力场中的飞行过程

根据航天器速度相对于借力天体速度的几何关系，借力飞行可以分为后向绕飞和前向飞越两种情况，两种情况的矢量合成方式如图 5-5 所示。

图 5-5（a）为后向绕飞，（b）为前向飞越，借力天体的速度为 v_p，航天器在进入借力天体引力影响球前的速度为 v^-，进入引力影响球后的速度为 v_∞^-，3 个速度矢量的关系为

$$v_\infty^- = v^- - v_p \qquad (5-23)$$

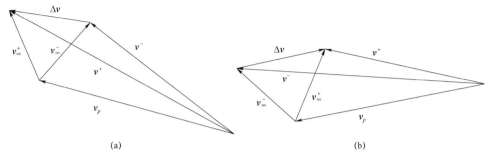

图 5-5　后向绕飞和前向飞越速度关系

(a) 后向绕飞；(b) 前向飞越

航天器在飞出借力天体引力影响球前的速度为 v_∞^+，飞出引力影响球后的速度为 v^+，3 个速度矢量的关系为

$$v^+ = v_\infty^+ + v_p \qquad (5-24)$$

在借力天体的引力影响球中飞行的过程，航天器飞入引力影响球与飞出引力影响球时的速度方向发生了变化，但是大小没变，可以表示为 $v_\infty = \lVert v_\infty^+ \rVert = \lVert v_\infty^- \rVert$。

通过图 5-5 可以发现，借力飞行之后航天器的速度从 v^- 转化为 v^+，速度方向和速度大小都发生了变化，这就是借力飞行的效果。同时，后向绕飞借力飞行之后，航天器除了速度方向改变外，速度大小增加；前向飞越借力飞行之后，航天器除了速度方向发生改变，速度大小减小。

航天器在借力天体引力影响球内，沿着双曲线轨道飞行，由双曲线轨道的特性可以得到双曲线轨道偏心率 e 与双曲线轨道渐近线夹角 δ 之间的关系，写为

$$\sin \frac{\delta}{2} = \frac{1}{e} \qquad (5-25)$$

偏心率 e 与借力天体质心至双曲线渐近线的距离 Δ 有关，二者之间的关系可以写为

$$e^2 = 1 + \frac{v_\infty^4 \Delta^2}{\mu^2} \qquad (5-26)$$

在航天器进入借力天体前的速度与借力天体飞行速度已知时，可以根据式（5-23）计算出 v_∞^- 与 v_∞，通过找到合适的进入点，即可求得 Δ 并通过式（5-26）计算出航天器速度转过的角度 δ。定义借力飞行前后速度矢量的变化量为 Δv，

表示为

$$\Delta v = v^+ - v^- \tag{5-27}$$

可以求得 Δv 为

$$\Delta v = \parallel v^+ - v^- \parallel = \parallel v_\infty^+ - v_\infty^- \parallel = 2v_\infty \sin\frac{\delta}{2} \tag{5-28}$$

根据双曲线轨道的特性 $r_p = a(1-e)$，可得

$$\sin\frac{\delta}{2} = \frac{1}{1-(r_p/a)} \tag{5-29}$$

式中，r_p 为轨道近心点半径；a 为轨道半长轴。根据二体轨道活力公式可以得到

$$\frac{v_\infty^2}{2} + \frac{\mu}{R_\infty} = -\frac{\mu}{2a} \tag{5-30}$$

式中，R_∞ 为天体引力影响球半径，由表 5-1，认为天体的引力影响球半径很大，近似认为 $R_\infty \to \infty$，于是由式（5-30）可以得到

$$a = -\frac{\mu}{v_\infty^2} \tag{5-31}$$

将式（5-31）代入式（5-29）可以得到

$$\sin\frac{\delta}{2} = \frac{1}{1+(r_p v_\infty^2/\mu)} \tag{5-32}$$

根据式（5-28）可以得到

$$\Delta v = \frac{2v_\infty}{1+(r_p v_\infty^2/\mu)} \tag{5-33}$$

可见，速度变化量的大小与 r_p 与 v_∞ 有关，需要注意的是，r_p 越小则速度变化量 Δv 越大，但 v_p 存在下限，即借力天体的半径 R_p，于是在 v_∞ 一定时，速度变化量存在最大值 $\Delta v_{\max}$。

$$\Delta v_{\max} = \frac{2v_\infty}{1+(R_p v_\infty^2/\mu)} \tag{5-34}$$

速度变化量与 v_∞ 的关系难以直接判断，于是令 Δv 对 v_∞ 求偏导并令之为零，即 $\partial \Delta v / \partial v_\infty = 0$，可以求得

$$v_\infty = \sqrt{\frac{\mu}{r_p}} = v_{p1} \tag{5-35}$$

式（5-35）表明，当 v_∞ 与借力天体的第一宇宙速度 v_{p1} 相等时，借力前后航天器相对中心引立体的速度改变量是最大的。

5.2.2 多次无推力借力飞行技术

无推力借力飞行技术改变轨道的能力相对有限，单次的借力飞行可能达不到任务要求的效果，此时设计多次无推力借力飞行技术轨道就变得十分必要。多次无推力借力飞行技术是指存在多颗借力天体，这些借力天体之间通过星际转移轨道连接起来，航天器按照设计好的次序依次通过这些借力天体，逐步改变航天器轨道，最终满足任务需求，在实际的任务中，多次借力飞行比单次借力飞行应用广泛[4]。

多次借力飞行的轨道设计优化方法已经被写成多种软件并投入应用，通常给出引力辅助序列，程序就可以在搜索区间内寻找最优的任务窗口。在设计轨道的过程中，确定借力序列就变得尤为重要，因为确定了借力序列之后，就可以利用软件进行优化，得到发射窗口。确定借力序列的过程可以使用 $P-r_p$ 图进行分析，本节将就 $P-r_p$ 图寻找借力序列的方法进行介绍。

探测器飞越行星过程中，进入、飞出行星的引力影响球时，相对于行星的能量大小不发生变化，但是可以改变探测器飞行的方向，也可以改变相对于太阳的绝对速度。因此，根据相对于借力行星能量大小不变的特性，可以从能量的角度考虑到达目标星体方案的可能性。

给定行星和飞行器相对于该行星的双曲线超越速度，由于转角 α 的不同，其借力后形成的日行轨道拥有不同的周期 P 和近日点 r_p 的组合，在 (P, r_p) 坐标系下，每一组相对应的 P 和 r_p 可表示为该坐标系中的一个点，这些点的集合构成一条曲线，曲线上所有点具有相同的 v_∞，故该曲线称为 v_∞ 等高线，一条或者若干条 v_∞ 等高线组成的图像称为 $P-r_p$ 图[5]。

近日点距离 r_p 和轨道周期 P 可以用借力前后的速度夹角 α 表示，当给定双曲线超速的模 $|v_\infty|$ 之后，就可以画出借力前后轨道周期 P 和近日点距离 r_p 随转角 α 的变化图像。在实际操作过程中，由于在借力天体引力影响球内飞行段中的近地

点存在约束，必须大于天体半径或者天体大气层范围，所以 α 存在约束，但在画图分析时，为了便于分析，将借力天体视为质点，此时近地点约束消失，速度夹角 α 可以从 $0°$ 到 $360°$ 变化。

确定双曲线超速 v_∞ 后速度夹角 α 每有一个确定值，就能求出相对应的轨道周期 P 与近日点距离 r_p，在图 5-6 中，速度夹角 α 从 $0°$ 到 $360°$ 遍历一次后，留下一条连续轨迹，这就是 $P-r_p$ 图。需要注意的是，在借力天体引力影响球处，双曲线超速 v_∞ 与借力天体运动速度相等，所以 $P-r_p$ 图中的曲线是等能量的。当日心系轨道为抛物线轨道或者双曲线轨道时，轨道周期不存在，因此可以绘制轨道能量 E 和近日点距离 r_p 随速度夹角 α 的变化图。

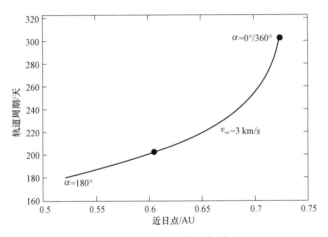

图 5-6　金星 $P-r_p$ 图，双曲线超速 $v_\infty = 3$ km/s

在一张 $P-r_p$ 图中，可以对同一颗行星按照双曲线超速 v_∞ 从小到大依次画出一系列等能量曲线，也可以对不同的行星绘制等能量曲线，如果两个天体对应的 $P-r_p$ 图有所相交，说明两颗天体之间可能存在转移轨道。需要说明的是，$P-r_p$ 图曲线上的每一个点，都对应日心系下的一条椭圆轨道，如果两个天体 A、B 的 $P-r_p$ 图有交点，则存在着同一条轨道穿越天体 A 和 B，如图 5-7 所示。

由于在等能量曲线上 α^- 和 α^+ 分别代表着借力前后日心系下的轨道，且借力飞行过程存在近地点约束，因此航天器在等能量曲线上可以滑动的范围有限，根据式（5-29）和式（5-31）可以计算得到最大偏转角 δ_{max} 的表达式：

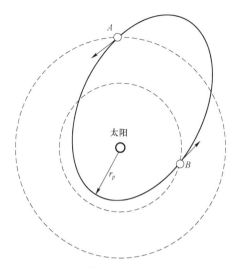

图 5-7　$P-r_p$ 图等能量曲线相交时的轨道示意图

$$\delta_{\max} = 2\arcsin\left(\frac{\mu_p}{\mu_p + r_p v_\infty^2}\right) \qquad (5-36)$$

式中，μ_p 为行星引力常数；r_p 为近星点距。

　　在实际应用中，一般假设火星以及内行星的最低飞越安全高度为 200 km，而木星以及外行星的最低飞越安全高度为 500 km，根据此安全高度可以计算最大偏转角 $\delta_{\max}$，在行星的等能量曲线上以 $\alpha = 0°$ 为初始，每隔 $\delta_{\max}$ 用一点截断一下，每两个相邻的截断点之间的曲线段表示通过单次借力飞行能够完成能量曲线上的滑动的最大范围，如图 5-6 中的截断点。

　　下面以地球到木星的转移轨道设计为例，选取金星、火星、地球本身为可能借力的星体设计多次无推力借力飞行转移轨道，由于 $E-r_p$ 图相对于 $P-r_p$ 图有更好的适用性，因此使用 $E-r_p$ 图作为分析的工具。首先绘制金星、地球、火星、木星的等能量曲线，双曲线超速从 1 km/s 开始，以 2 km/s 的间隔递增。绘制图像如图 5-8 所示。

　　观察图 5-8，从地球出发去木星，只有当双曲线超速为 9 km/s 时才与木星的等能量曲线有所交集，而且到达木星后双曲线超速也很大，而当地球轨道的双曲线超速较小时，和木星的等能量曲线有能量差距，无法到达，因此直接转移到木星受到能量的约束变得不可行。观察图 5-8，发现 4 颗行星之间的等能量曲线之间有很多的交点，说明存在着多次借力飞行序列，因此需要寻找使地球出发双

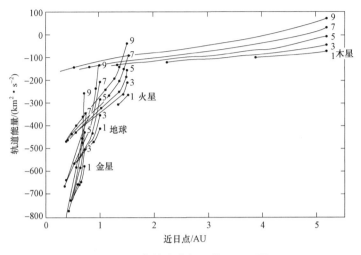

图 5-8 金地火木行星的 $E-r_p$ 图

曲线超速 v_∞ 尽可能小的多次借力飞行序列。

从图 5-8 选取一组可行的地-木借力飞行序列，保留用到的等能量曲线绘制图，如图 5-9 所示。

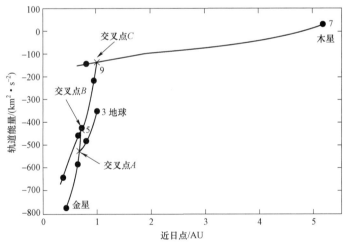

图 5-9 地-木借力飞行序列 $E-r_p$ 图

观察图 5-9，地球出发的双曲线超速为 3 km/s，具体过程简述如下。

假设航天器以 $v_\infty^+ = 3$ km/s 的速度离开地球引力影响球，交叉点 A 表明地球和金星之间存在转移道，即当探测器以 $v_\infty^+ = 3$ km/s 的速度离开地球引力影响球，通过转移轨道进入金星引力影响球时的双曲线超速 $v_\infty^- = 5\ \text{km/s}$ 。通过在金星 $v_\infty = 5\ \text{km/s}$ 的等能量曲线上滑动与地球 $v_\infty = 9\ \text{km/s}$ 的等能量曲线在 B 点相交，这表明当航天器以 $v_\infty^+ = 5\ \text{km/s}$ 的速度离开金星引力影响球并再次返回地球时，进入地球的双曲线超速为 $v_\infty^- = 9\ \text{km/s}$ 。接着在地球 $v_\infty = 5\ \text{km/s}$ 的等能量曲线上进行滑动从而与木星的等能量曲线在 C 点相交，由于交叉点 B 和 C 之间的距离大于一次借力飞行 α^- 和 α^+ 所能改变的最大角度 $\delta_{\max}$，这说明需要在地球再进行一次借力。最终交叉点 C 代表在地球进行两次借力后，以 $v_\infty^+ = 9\ \text{km/s}$ 的双曲线超速离开地球和木星存在可能的转移轨道，并且进入木星引力影响球的双曲线超速为 $v_\infty^- = 7\ \text{km/s}$ 。因此地木之间完整的借力序列即可简写为 VEEJ（Venus–Earth–Earth–Jupiter）。

以上就是利用 $P-r_p$ 图和 $E-r_p$ 图分析借力飞行序列的方法。用此方法便可以确定多次无推力借力飞行的借力序列。

■ 5.3　有推力借力飞行技术轨道设计

借力飞行技术可以利用天体引力场改变航天器自身轨道，但是无推力借力飞行轨道每次借力过程受到借力天体质量、半径以及飞入时的速度限制，导致无推力借力飞行轨道每次借力过程对轨道的改变量有限。为了解决该问题，有推力借力飞行技术等无推力借力飞行技术的衍生技术出现。本节将介绍描述有推力借力飞行技术的方法、分析计算有推力借力轨道的方法，最后会给出一个算例选择有推力的借力轨道。

5.3.1　有推力借力飞行模型分析

为了在一次借力飞行过程中尽可能减轻约束对借力效果的影响，出现了有推力的借力飞行技术，此技术和无推力的借力飞行技术的差别在于：当航天器飞越借力天体的近心点时，施加一个小的脉冲，通过这个脉冲达到增强或者减弱借力飞行效果的目的。

有推力借力飞行的几何关系和参数定义如图 5–10 所示。

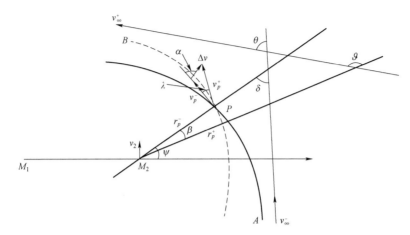

图 5-10　有推力借力飞行的几何关系和参数定义

由图 5-10 可知，飞行器从 A 点出发进入借力天体 M_2 的引力影响球，飞越至近星点 P 处施加一个小脉冲，而后按照脉冲后的轨道飞行（图中 P 点到 B 点的虚线）到达 B 点，逃逸出借力天体 M_2 的引力影响球。有推力的借力飞行的过程可以使用 10 个自由参数来确定。

（1）v_∞^-，飞行器飞入借力天体引力影响球时的双曲线超速。

（2）v_p^-，近星点脉冲前，飞行器在近星点处的速度大小。

（3）v_p^+，近星点脉冲后，飞行器在近星点出的速度大小。

（4）Δv，脉冲机动的大小。

（5）α，v_p^- 和脉冲之间的夹角，定义了脉冲机动的方向。

（6）λ，v_p^- 与 v_p^+ 之间的夹角。

（7）r_p^+，脉冲之前，飞行器和借力天体之间最小的距离。

（8）r_p^-，脉冲之后，飞行器和借力天体之间最小的距离。

（9）v_∞^+，飞行器飞出借力天体引力影响球时的双曲线超速。

（10）ψ，脉冲之前，两个主天体连线与借力天体和近星点 P 连线的夹角。

上述自由参数中，一部分是已知量，一部分是未知量，下面将推导从已知量计算未知量的有推力借力飞行模型。

在进行任务分析时，可以认为 v_∞^-、r_p^-、ψ、Δv 是已知的。假设脉冲在 $M_1 M_2$ 运动的平面中（由于借力飞行的目的是轨道转移，不涉及倾角的变化，同时在任务分析时忽略行星公转平面之间的倾角，所以此假设是合理的），利用已知的几何关系和圆锥轨道特性，就可以求出剩下的几个参数，进而完成整个借力飞行任务的分析。

根据已知的轨道信息与能量守恒定律，可以由 v_∞^-、r_p^- 求解出 v_p^-，公式如下：

$$v_p^- = \sqrt{v_\infty^{-2} + \frac{2\mu}{r_p^-}} \tag{5-37}$$

同时，由 v_p^-、α、Δv 可以求出 v_p^+，公式如下：

$$v_p^+ = \sqrt{v_p^{-2} + \Delta v^2 + 2v_p^- \Delta v \cos\alpha} \tag{5-38}$$

利用式（5-38）可以求出 v_∞^+，公式如下：

$$v_\infty^+ = \sqrt{v_p^{+2} + \frac{2\mu}{r_p^-}} \tag{5-39}$$

由此可以求出脉冲前后速度的夹角 λ 为

$$\lambda = \arccos\left(\frac{\Delta v^2 - v_p^{-2} - v_p^{+2}}{-2v_p^- v_p^+}\right) \tag{5-40}$$

脉冲机动后，轨道的半长轴 a 为

$$a = \frac{\mu}{v_\infty^{+2}} \tag{5-41}$$

角动量 h 为

$$h = r_p^- v_p^+ \sin(90 - \lambda) \tag{5-42}$$

半通径 p 为

$$p = \frac{h^2}{\mu} \tag{5-43}$$

偏心率 e 为

$$e = \sqrt{1 + \frac{p}{a}} \tag{5-44}$$

则最后一个自由变量 r_p^+ 可以计算得出

$$r_p^+ = a(1 - e) \tag{5-45}$$

目前为止，利用已知的自由参数就可以计算得到未知的参数，进而确定有推力借力飞行轨道在脉冲前后的轨道参数与借力飞行的效果。需要注意的是，有推力借力飞行技术和无推力借力飞行技术不同，由于在近星点存在一次推力，当推力大小或方向呈某种组合时，可能会使轨道的能量变为零或负数，也就是航天器到达借力天体引力影响球时速度为零或者不能到达引力影响球，被借力天体捕获，此时的借力任务会失败，航天器在借力天体引力场中飞行。对可能出现的这种推理大小和方向组合，我们称为有推力借力飞行技术的捕获区域。

定义借力飞行过程中动能变化为飞出引力影响球后的动能与在飞入引力影响球之前的动能之差。选取地月系统，讨论借力前后动能随脉冲大小和方向的变化。地月系统的参数如下：$\mu_{earth} = 398\ 600\ \text{km}^3/\text{s}^2$，$\mu_{moon} = 4\ 900\ \text{km}^3/\text{s}^2$，$v_\infty^- = 1.0\ \text{km/s}$，$r_p^- = 1\ 938\ \text{km}$，$v_2 = 1.02\ \text{km/s}$。当借力飞行的相位角 ψ 为 $90°$ 时，借力前后的动能变化如图 5-11 所示。

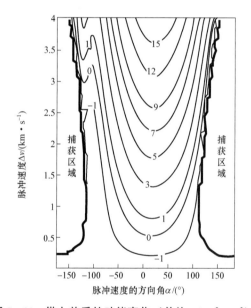

图 5-11 借力前后的动能变化（单位：$\text{km}^2 \cdot \text{s}^{-3}$）

观察图 5-11 可以发现，当近星点和借力天体连线与两个主星体连线垂直时，脉冲增速可能会带来轨道能量的增加或者减小，注意到当脉冲速度的方向角 $\alpha > 90°$ 或 $\alpha < -90°$ 时可能出现捕获区域，这是由于脉冲速度有一部分用来抵消原有的速度，造成速度降低，进而可能出现捕获区域。

观察图 5-11 还可以发现，同样的能量增加量，当增速夹角在 $0°$ 附近时需要的速度增量最小，所需要燃料对应也较小。所以在进行有推力的借力轨道设计时需要设计好推力的方向和大小，这样可以避免任务失败与节省燃料。

5.3.2　有推力借力轨道设计方法

有推力借力飞行技术相比于无推力借力飞行技术，由于在近星点给出可控的小脉冲而拓宽了任务的约束与发射窗口，但是其在本质上还是寻找一条轨道完成转移任务，这个寻找的过程要综合时间、燃料等多方面指标寻找最适合的轨道完成转移，所以有推力借力轨道设计还是一个优化问题。本节将寻找地球到火星、到金星进行借力的有推力借力飞行轨道。

由于行星及其引力影响球相对空间任务的距离尺度来说可以忽略不计，因此可以做出如下假设：定义 v_{1d} 为航天器离开地球时的速度矢量，v_{2a} 和 v_{2d} 为航天器进入、离开金星引力影响球的速度矢量，v_{3a} 为航天器到达火星时的速度矢量。此外，为了缩小寻找范围，定义地球发射时间为 t_1，其范围为 2020 年 1 月 1 日到 2026 年 1 月 1 日之间。定义地金飞行时间为 t_2，金火飞行时间为 t_3。整个转移过程可以用图 5−12 表示。

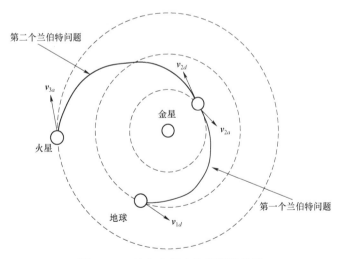

图 5−12　地金火借力飞行转移轨道

地金飞行时间范围定为 1/6 地金霍曼转移轨道周期到 1 倍霍曼转移轨道周期。金火飞行时间范围定为 1/6 金火霍曼转移轨道周期到 1 倍霍曼转移轨道周期。根据地火之间霍曼转移的周期可以写出 t_1、t_2、t_3 的搜索范围，见表 5−2。

表 5-2 地金火借力飞行轨道搜索范围

时　　　间	搜索下限	搜索上限
地球发射时间 t_1	2020 年 1 月 1 日	2026 年 1 月 1 日
地金飞行时间 t_2	50 天	300 天
金火飞行时间 t_3	50 天	450 天

在进行轨道优化之前，需要建立评价轨道的优化指标，在进行行星际转移任务时，最大的困难常常是燃料问题，因此优化的目标选为最少的燃料消耗。在有推力的借力飞行轨道任务中，燃料消耗由三部分组成，分别为地球出发时加速的脉冲、金星借力时为了优化转移结果而加的脉冲、火星捕获轨道上的减速脉冲。由于在火星近火点附近可以利用火星大气进行减速，暂时不考虑火星轨道上的脉冲，因此优化目标由两部分组成，分别为地球的加速脉冲与借力飞行时的借力脉冲。

假设地球停泊轨道为圆轨道，半径为 r_0，则航天器在地球停泊轨道时的速度 v_0 为

$$v_0 = \sqrt{\frac{\mu_{\text{earth}}}{r_0}} \tag{5-46}$$

当航天器以双曲线轨道飞向金星转移轨道时，在近地点的速度 v_1 为

$$v_1 = \sqrt{v_{\infty\text{earth}}^2 + \frac{2\mu_{\text{earth}}}{r_0}} \tag{5-47}$$

式中，$v_{\infty\text{earth}}$ 为地球的双曲线超速。则在地球停泊轨道发射时需要施加的脉冲为

$$\Delta v_{1d} = \sqrt{v_{\infty\text{earth}}^2 + \frac{2\mu_{\text{earth}}}{r_0}} - \sqrt{\frac{\mu_{\infty\text{earth}}}{r_0}} \tag{5-48}$$

定义金星借力轨道上施加的速度脉冲为 Δv，则优化指标 Δv_{all} 可以表示为

$$\Delta v_{\text{all}} = \sqrt{v_{\infty\text{earth}}^2 + \frac{2\mu_{\infty\text{earth}}}{r_0}} - \sqrt{\frac{\mu_{\infty\text{earth}}}{r_0}} + \Delta v \tag{5-49}$$

在设计行星际转移轨道时需要求解兰伯特问题，而兰伯特问题的求解是先根据转移时间与两个天体的位置来求解出转移轨道，式（5-49）列出的优化指标先要确定转移轨道，而后可以计算，所以在寻找转移轨道时的步骤根据问题求解

的逻辑可以写为：

（1）在表 5-2 中列出的时间搜索范围内取出 $[t_1,t_2,t_3]$ 这样的一组时间序列，通过星历表确定各个时间节点中地球、金星、火星的位置与速度矢量。

（2）根据地球和金星的位置速度矢量以及地金飞行时间 t_2，可以求解地球到金星转移的兰伯特问题，获得一条地球到金星的转移轨道，并获得航天器在地球的发射速度 v_{1d} 与金星的到达速度 v_{2a}。

（3）根据金星和火星的位置速度矢量以及金火飞行时间 t_3，可以求解金星到火星的兰伯特问题，获得一条金星到火星的转移轨道，并获得航天器在金星离开的速度 v_{2d} 与火星的到达速度 v_{3a}。

（4）根据获得的 v_{1d} 与地球在 t_1 时的速度矢量求解出地球停泊轨道上的加速脉冲 Δv_{1d}，根据 v_{2a} 与 v_{2d}，利用 5.3.1 小节介绍的有推力借力飞行模型计算 Δv，最后得出优化指标 Δv_{all}。

根据上述流程可以看出，每有一组时间序列 $[t_1,t_2,t_3]$，都有一个优化指标 Δv_{all} 与其对应，因此可以将上述流程视为一个映射，输入为时间序列，输出为优化指标。需要注意的是，虽然有推力的借力飞行技术拓宽了任务约束，但是约束还是存在，下面在此列出。

（1）航天器需要从地球发射，如果在地球发射的脉冲太大，则现有技术无法满足，为了确保任务的可行性，对 $v_{\infty\text{earth}}$ 进行约束，认为 $v_{\infty\text{earth}}^2 \leqslant 30 \text{ km}^2/\text{s}^2$。

（2）在火星捕获轨道上利用气动力进行减速，为了避免航天器在火星大气中烧毁，对到达火星时的双曲线超速 $v_{\infty m}$ 进行约束，认为 $v_{\infty m}^2 \leqslant 60 \text{ km}^2/\text{s}^2$。

（3）在金星引力影响球内进行借力的过程中也存在着约束，首先是近星点需要大于金星半径，故对飞掠高度 h_m 进行约束，认为 $h_m \geqslant 100 \text{ km}$。

（4）在金星引力影响球内借力的过程中施加的脉冲越小越好，故对脉冲大小进行约束，认为 $|\Delta v| \leqslant 0.3 \text{ km/s}$。

上述约束可以用不等式来表示：

$$\begin{cases} v_{\infty\text{earth}}^2 \leqslant 30 \text{ km}^2/\text{s}^2 \\ v_{\infty m}^2 \leqslant 60 \text{ km}^2/\text{s}^2 \\ h_m \geqslant 100 \text{ km} \\ |\Delta v| \leqslant 0.3 \text{ km/s} \end{cases} \qquad (5-50)$$

对任意满足表 5-2 约束的时间序列，可以计算约束量是否满足要求与优化指标的大小，可以根据该映射关系绘制能量曲面，但是由于三位变量对应的优化指标在图中难以表示，故改变自变量时间序列 $[t_1, t_2, t_3]$ 为一个二维变量 $[t_1, t_2 + t_3]$，表示地球发射时间和地-火转移总时间，在此坐标轴上绘制的能量曲面称为 Pork-Chop 图，这是一种穷举式的搜索方法。当一个时间数组 $[t_1, t_2 + t_3]$ 给定时，不同时间在金星进行借力会导致优化指标不同，因此一个时间数组 $[t_1, t_2 + t_3]$ 对应的是一个数值簇，当时间数组 $[t_1, t_2 + t_3]$ 确定后，根据金星借力时间不同而导致优化指标不同，会存在很多个对应的优化指标值，我们在此只保留优化指标最小的点，也即最省燃料的点。在绘制图像时，给出一个时间数组 $[t_1, t_2 + t_3]$，可以计算出一系列优化值，我们保留这些值中最小的值作为优化值，就可以建立一个二维数组到优化指标的映射，即可绘制能量曲面[6]。

将根据上述方法绘制的能量曲面转化为能量等高线图，就可以在二维图像中体现有推力借力轨道的优化结果。在能量等高线图绘制的过程中显示能量上限 4.8 km/s，即当转移能量超过上限时不加以显示，以直观体现搜索到的局部最优结果。

将根据上述方法绘制的能量等高线图绘制在图 5-13 中。

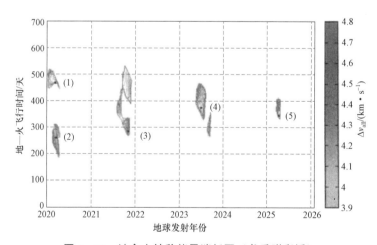

图 5-13　地金火转移能量消耗图（书后附彩插）

观察图 5-13，颜色的深浅表示该点代表的最优消耗燃料多少，一共寻找到 5 个发射窗口，即存在 5 个局部最优点，对其进行编号，可以发现，（1）号的借力飞行轨道消耗最少的总脉冲，约为 3.816 km/s，但是其转移时间较长，（2）号的借力飞行轨道转移时间较短但是消耗的燃料较多，可以根据优化结果选择应用的转移轨道。

将图 5-13 展示的 5 个局部最优解列为表 5-3。

表 5-3　地金火借力飞行轨道局部最优解

轨道编号	地球发射时间/天	地金飞行时间/天	金火飞行时间/天	总脉冲/（km·s⁻¹）
（1）	$JD_{2020}+65$	110	360	3.816
（2）	$JD_{2020}+75$	95	165	3.935
（3）	$JD_{2020}+680$	140	145	3.950
（4）	$JD_{2020}+1\,285$	170	205	3.880
（5）	$JD_{2020}+1\,925$	165	180	4.259

以上就是以地金火转移为背景的有推力借力飞行轨道设计，和有推力借力飞行类似，气动借力飞行也是在借力飞行过程中改变双曲线轨道，5.4 节将介绍气动借力飞行技术。

5.4　气动借力飞行技术轨道设计

气动借力飞行技术是在借力天体附近利用借力天体的大气层进行减速，进而调整航天器速度转角，减小航天器能量，达到拓宽任务约束的目的。气动借力飞行技术也是在无推力借力飞行技术的基础上发展而来，但是要利用借力天体大气层进行减速，那么就需要借力天体拥有大气层且拥有该星体大气层的相关数据[7]。

5.4.1　气动借力飞行技术模型分析

气动借力飞行技术是指航天器从无穷远处沿着近星点在借力星体大气层内的双曲线轨道飞近借力天体，进入大气后，航天器通过气动升力克服星体引力在星体的大气中飞行一段时间，达到理想的转角后，飞行器飞出大气层，沿着新的双曲线轨道飞离借力天体，继续进行星际航行。上述过程可以用图 5-14 进行表示。

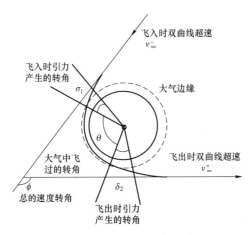

飞入时双曲线超速 v_∞^-

飞入时引力产生的转角

大气边缘

σ_1

θ

大气中飞过的转角

飞出时双曲线超速 v_∞^+

ϕ 总的速度转角

δ_2

飞出时引力产生的转角

图 5-14 气动借力飞行示意图

航天器在借力天体大气层中飞行的阶段，航天器受到星体引力、大气阻力与升力的作用，由于大气阻力的存在，航天器的一部分能量转化为热能，导致航天器能量减小，这就造成航天器飞出借力天体引力影响球时的双曲线超速一定比飞入时的双曲线超速小。随着飞行器的升阻比 L/D 的提高，其穿越大气后速度的损失将会减少。

气动借力飞行技术相较于无推力的借力飞行技术，引入气动阻力，在借力天体引力影响球内航天器速度可旋转的转角变大了，同时由于飞出时能量的降低，航天器可以在更大的范围内规划轨道。

假设行星的大气不旋转，并且大气的密度随高度以指数变化，则飞行器在大气层中的运动方程如下：

$$\frac{\mathrm{d}r}{\mathrm{d}t} = v\sin\gamma \tag{5-51}$$

$$\frac{\mathrm{d}\theta}{\mathrm{d}t} = \frac{v\cos\gamma}{r} \tag{5-52}$$

$$\frac{\mathrm{d}v}{\mathrm{d}t} = -\frac{v^2\rho SC_D}{2m} - \frac{\mu}{r^2}\sin\gamma \tag{5-53}$$

$$\frac{\mathrm{d}\gamma}{\mathrm{d}t} = \frac{v\rho SC_L}{2m} - \left(\frac{\mu}{vr^2} - \frac{v}{r}\right)\cos\gamma \tag{5-54}$$

阻力系数取抛物线阻力极线 $C_D = C_{D0} + KC_L^n$，假设升阻比为常值，则可以推导出航天器飞出时的双曲线超速 v_∞^+ 和航天器在大气中飞过转角 θ 的关系：

$$v_{\infty}^{+} = \sqrt{v_{\infty}^{-2} \exp\left(\frac{-2\theta}{L/D}\right) + \frac{\mu}{r}\left[\exp\left(\frac{-2\theta}{L/D}\right) - 1\right]} \qquad (5-55)$$

式中，v_{∞}^{-} 为航天器飞入借力天体时的双曲线超速；μ 和 r 分别为借力天体的引力常数和航天器距离借力天体中心的距离。根据式（5-55）可以知道，在确认飞入时的双曲线超速 v_{∞}^{-}、距离借力天体引力中心的距离 r、升阻比 L/D 后，v_{∞}^{+} 与在大气中飞过的转角 θ 为一一对应关系，因此可以根据不同的借力天体画出其飞出时双曲线超速 v_{∞}^{+} 与在大气中飞过的转角 θ 之间的关系，定义航天器升阻比为 5，飞入时的双曲线超速 v_{∞}^{-} 为 10 km/s，飞跃时距离星体表面的高度为 100 km，可以画出飞越金星、地球、火星时飞行转角与飞出时双曲线超速的关系，如图 5-15 所示。

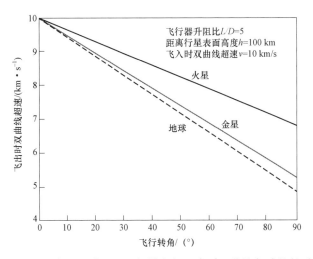

图 5-15 金星地球火星飞行转角与飞出时双曲线超速的关系

观察图 5-15 可以发现，飞行器在火星大气中速度的衰减是最慢的，金星与地球相近，地球最快。

航天器在大气中飞过的转角 θ 可以由式（5-56）得到

$$\theta = \frac{1}{2}\frac{L}{D}\ln\frac{1 + r(v_{\infty}^{-2}/\mu)}{1 + r(v_{\infty}^{+2}/\mu)} \qquad (5-56)$$

飞入大气前后，航天器分别有一段在星体引力场中飞行的弧段，此时航天器不受到气动力的作用，这两段飞行过程中产生的速度转角 δ_1 和 δ_2 为

$$\delta_1 = \arcsin \frac{1}{1 + r(v_\infty^{-2}/\mu)} \tag{5-57}$$

$$\delta_2 = \arcsin \frac{\exp[2\theta/(L/D)]}{1 + r(v_\infty^{+2}/\mu)} \tag{5-58}$$

气动借力飞行技术过程产生的总转角 ϕ 为

$$\phi = \delta_1 + \theta + \delta_2 \tag{5-59}$$

根据以上分析，在进行气动借力飞行轨道设计时，首先根据任务目标选择飞出时的双曲线超速，进而计算在引力影响球中的飞行轨迹，决定如何利用气动力。

5.4.2 气动借力飞行技术的特点与约束

气动借力飞行技术在拓宽任务约束的同时，导致了能量的减小也即飞出时双曲线能量的减小，这使气动借力飞行技术出现一些特点。由于能量减小，航天器可能被借力星体捕获，这使我们关心大气转角的最大转角、速度的变化量、气动借力转移轨道的拼接条件[8]。下面分别讨论这几个问题。

1. 大气最大转角分析

为了便于讨论，对以上这些方程进行无因次量化。令 $u_\infty = v_\infty^2/(\mu/r_p)$，则可以得到

$$u_\infty^+ = (u_\infty^- + 1)\exp\left(\frac{-2\theta}{L/D}\right) - 1 \tag{5-60}$$

气动借力飞行的总转角 ϕ 为

$$\phi = \arcsin\left(\frac{1}{1+u_\infty^-}\right) + \theta + \arcsin\left[\frac{\exp\left(\dfrac{2\theta}{L/D}\right)}{1+u_\theta^-}\right] \tag{5-61}$$

大气中飞过的总转角 θ 为

$$\theta = \frac{1}{2}\ln\frac{1+u_\infty^-}{1+u_\infty^+} \tag{5-62}$$

如果航天器在借力星体大气中连续飞行，那么大气的阻力将使航天器的速度逐渐减小直到小于借力星体的逃逸速度，最终被大气捕获。然而，这里采用气动借力转移的目的是增大（减小）航天器在借力飞行时日心速度的转角变化，同时

尽可能地减少其速度损失。因此,对于航天器在大气中飞行的转角 θ 是有要求的。为了使航天器在进行气动借力转移后能够逃逸出行星的引力场,要求 $u_\infty^+ > 0$,则由大气中的飞行转角 θ 与升阻比 L/D 以及飞入时双曲线速度的无因次量 u_∞^- 的关系可以推导出 θ 的最大值 θ^* 为

$$\theta^* = \frac{1}{2}\frac{L}{D}\ln(u_\infty^- + 1) \tag{5-63}$$

如果大气中的飞行转角 θ 大于上界 θ^*,则航天器会被借力星体捕获。若航天器升阻比 $L/D = 5$,对于不同星体,最大飞行转角 θ^* 与飞入时双曲线超速 v_∞^- 的关系如图 5-16 所示。

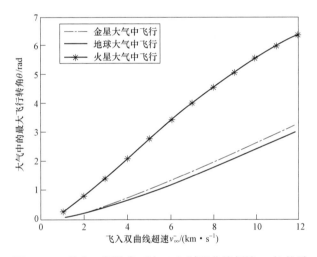

图 5-16　最大飞行转角 θ^* 与飞入时双曲线超速 v_∞^- 的关系

观察图 5-16 可以发现:

在大气中飞行的最大转角随飞入时双曲线超速的增大而增大。若升阻比相同,对于相同的飞入时双曲线速度 v_∞^-,金星和地球的最大飞行转角 θ 很接近,而火星的最大飞行转角大约是金星和地球的 2 倍,这就表明,相同的飞入速度,在火星大气中可以飞行更长的时间和更大的转角。

2. 气动借力飞行对速度增量的影响

在气动借力飞行中,日心速度的无因次变化量为

$$\Delta u = u_\infty^- + u_\infty^+ - 2\sqrt{u_\infty^- u_\infty^+}\cos\phi \tag{5-64}$$

假设 $k = \exp[-2\theta/(L/D)]$,把式(5-60)代入式(5-64)可以得到

$$\Delta u = (k+1)u_\infty^- - 2\sqrt{ku_\infty^{-2} + (k-1)}\cos\phi + (k-1) \tag{5-65}$$

可以发现，Δu 只和飞入时双曲线超速 v_∞^-、飞行转角 θ、升阻比 L/D 有关。假设 $a = u_\infty^- + 1$，$b = \sqrt{u_\infty^-}$，则式（5-65）可化简为

$$\Delta u = ak - 2b\sqrt{ak-1}\cos\phi + (a-2) \tag{5-66}$$

从数学的角度来看，若 u_∞^- 给定，则 a 和 b 给定，那么 Δu 为 k 和 ϕ 的函数。求解 Δu 的极值等价与求解函数 $f(k,\phi)$ 的极值。

$$f(k,\phi) = ak - 2b\sqrt{ak-1}\cos\phi \tag{5-67}$$

其需要满足的边界条件为

$$N(k,\phi) = \arcsin\frac{1}{a} - \frac{1}{2}\frac{L}{D}\ln k + \arcsin\frac{1}{ak} - \phi = 0 \tag{5-68}$$

由拉格朗日乘子法可以推导出，满足最优 Δu 时，k 和 ϕ 之间的关系为

$$1 - \frac{b\cos\phi}{\sqrt{ak-1}} - \frac{b\sqrt{ak-1}}{ak}\sin\phi\left[\frac{L}{D} + \frac{2}{\sqrt{(ka)^2-1}}\right] = 0 \tag{5-69}$$

通过求解非线性方程，就可以得到 Δu 的最大值，最大速度增量 Δu_{max} 与飞入时的双曲线超速的无因次量 u_∞^- 的关系如图 5-17 所示。

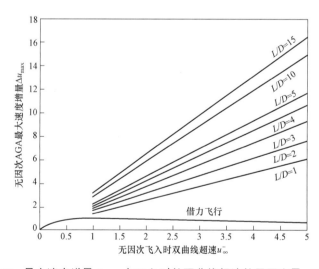

图 5-17　最大速度增量 Δu_{max} 与飞入时的双曲线超速的无因次量 u_∞^- 的关系

观察图 5-17 可以得知，最大速度增量随着飞入时的双曲线超速 v_∞^- 的增大而增大，同时随着升阻比的增大而增大。不借助气动力的借力飞行，最大速度增量

随着飞入时的双曲线超速增加而先增加后减小。在任务设计时，需要满足日心系下的速度增量小于最大速度增量，同时借力星体大气层下转角小于要求的最大转角，才说明存在气动借力飞行机会。

3. 气动借力转移轨道的拼接条件

在以前的研究中，借力飞行的轨道是通过 $C_3 = v_\infty^2$ 匹配的方法将不同的轨道段拼接在一起形成完整的远程空间探测的转移轨道。然而，对于气动借力飞行轨道，考虑到航天器在大气中飞行速度有损失，即飞出速度 v_∞^+ 比飞入速度 v_∞^- 小，这是轨道拼接的基本关系，是存在借力飞行轨道的必要条件，满足该条件后，其匹配的机会可能成为一个弧段而不是一个点，这样借力飞行轨道存在的机会就大大增加了。

这里以从地球发射到金星借力，然后返回地球为例，给出了纯借力飞行的匹配条件与气动借力飞行的匹配条件的区别，如图 5-18 和图 5-19 所示。

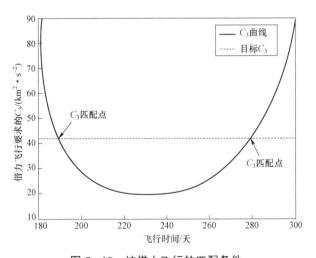

图 5-18　纯借力飞行的匹配条件

图 5-18 的曲线表示在金星处飞出的 C_3，水平线表示在金星处飞入的 C_3（即目标 C_3），可以看出水平线与 C_3 曲线有两个交点，因此可知对于此次任务，采用金星借力的轨道方案只可能有两次机会。图 5-19 中，点画线表示气动借力飞行可能进行 C_3 匹配的区域。对于具体的匹配情况，还需进一步考察飞入的双曲线超速 v_∞^-、升阻比 L/D 和气动借力总的转角 ϕ。

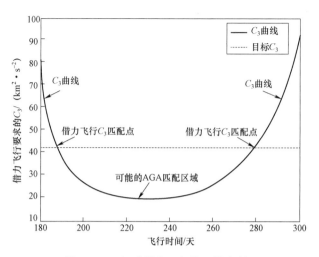

图 5-19　气动借力飞行的匹配条件

当飞入借力天体的双曲线超速 v_∞^- 给定，若给定飞出借力天体的双曲线超速 v_∞^+，则总的转角 ϕ 就随之确定，那么升阻比就可求得。如果当前的技术能够满足计算出的升阻比要求，那么可认为此 v_∞^+ 能够满足气动借力飞行的匹配条件，可以将两段轨道通过气动借力转移的方式拼接起来。这个关系如式（5-70）所示：

$$2\frac{\arccos\dfrac{u_\infty^- + u_\infty^+ - \Delta u}{2\sqrt{u_\infty^- u_\infty^+}} - \arcsin\dfrac{1}{1+u_\infty^-} - \arcsin\dfrac{1}{1+u_\infty^+}}{\ln\dfrac{1+u_\infty^-}{1+u_\infty^+}} \leq \frac{L}{D} \qquad (5-70)$$

这里为了便于推导，给出了无因次量的气动-借力转移轨道拼接条件。从式（5-70）可以看出：确定气动借力飞行所要求的合适的升阻比，将是进行气动借力飞行轨道设计的主要任务。合适的升阻比，主要是指估算出来的升阻比能够满足目前或不久的将来技术发展将达到的要求。

气动借力飞行轨道设计的过程和其他类型的借力飞行轨道设计类似，都是优化的过程。需要注意的是，由于气动段内飞行的过程可以带来速度方向的变化和航天器能量降低，设计目标函数和约束条件时需要注意大气段内的飞行过程。

气动借力飞行技术由于其利用星体大气的过程而呈现出的特点，包括对大气内转角、速度增量的约束。由于在星体大气中运动，气动借力飞行技术相较于借力飞行技术速度增量的约束更加严格。同时，利用气动力改变了航天器本身的能量，在借力序列寻找的过程中，航天器能量不变的条件被打破了，航天器可以和更小能量的轨道拼接。因此考虑气动借力飞行技术给深空轨道设计带来更大的空间。

　　相较于无推力借力飞行轨道设计，气动借力飞行技术在借力星体引力影响球内速度可以旋转的角度增加了，同时航天器的能量降低了，考虑气动借力飞行技术可以拓宽借力飞行轨道设计的约束。和有推力的借力飞行技术相比而言，气动借力飞行技术的局限性更大一些，但是由于其在飞行过程中不需要脉冲，没有额外的能量消耗，因此两种技术各有优劣，需要根据实际情况选用[9]。由于气动借力飞行技术需要借力天体的大气参数，因此对于不了解的星体难以使用气动借力飞行方法。对于大气参数已知的天体，由于大气本身不稳定，可能对借力后轨道产生影响，再次进行调轨还需要额外的燃料，因此若想实际应用气动借力飞行技术，还需要提高对于大气的认知。

5.5　深空机动借力飞行技术轨道设计

　　深空机动借力飞行技术轨道是指在太阳引力影响球内飞行的过程中进行机动，也即在始发天体、借力天体、目标天体之间的转移过程中进行机动，这样可以改变航天器进入借力天体或目标天体时的速度，扩大任务的可行域。深空机动的借力飞行过程本质上和无推力的借力飞行技术是一致的，航天器在借力天体引力影响球之中飞行的过程和 5.2.1 小节介绍的过程一致，所以深空机动借力飞行技术本质上是针对几个参数的优化问题。

5.5.1　深空机动借力飞行技术原理

　　推进剂消耗是设计深空任务需要考虑的重要因素，除了上面所讨论过的引力辅助技术之外，深空机动是另一种降低推进剂消耗的有效手段。与有脉冲的引力辅助技术不同，深空机动不是在借力行星的近星点或引力影响球内施加速度脉冲，而是在行星际转移轨道的过程中施加一次或者几次速度脉冲，从而达到节省推进剂或扩展任务窗口的目的。例如，NASA 的信使号探测器在飞往水星的过程中共施加了 5 次深空机动，如图 5-20 所示。

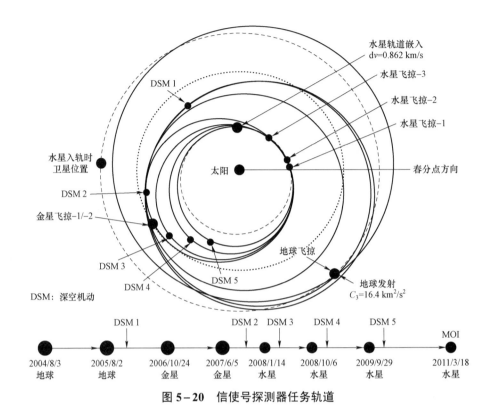

图 5-20　信使号探测器任务轨道

含有深空机动的借力飞行问题可以描述成一个优化问题,即在满足任务窗口约束、发射和到达速度脉冲约束、深空机动速度脉冲约束、引力辅助约束等条件下,使任务总脉冲消耗最小。深空机动借力飞行轨道示意图如图 5-21 所示。其

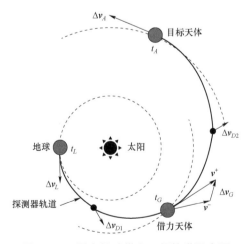

图 5-21　深空机动借力飞行轨道示意图

中，Δv_{D1} 和 Δv_{D2} 分别为航天器由地球到借力天体飞行段与借力天体到目标天体飞行段施加的深空机动脉冲。原则上深空机动是可以在日心坐标系下飞行段的任意时间段上施加任意大小、任意方向的脉冲的，但是不同的深空机动的借力效果是不同的，要达到同一种借力效果存在不同的机动方式，不同方式对应的燃料消耗也是不确定的。因此深空机动如何添加可以达到既定的任务目标需要进行优化。

以图 5-21 为例，定义从地球出发的时刻为 t_L，到达借力天体的时刻为 t_G，到达目标天体的时刻为 t_A，施加第一次深空机动的时刻为 t_{D1}，施加第二次深空机动的时刻为 t_{D2}。为了描述深空机动的具体时间，引入参数 d_1、d_2，则深空机动施加的时刻即可表示为

$$\begin{cases} t_{D1} = t_L + d_1(t_G - t_L) \\ t_{D2} = t_G + d_2(t_A - t_G) \end{cases} \tag{5-71}$$

需要注意的是，当两个天体之间进行深空机动后，连接两个星体的轨道就不再是圆锥曲线轨道了，也就不能通过求解兰伯特问题确定转移轨道。以图 5-21 展示的转移轨道为例，从地球出发时的时间 t_L 确定后，就可以读取星历文件从而确定出发时地球的位置矢量 r_e 和速度矢量 v_e，将航天器从地球引力影响球逃逸时的双曲线超速矢量 $v_{\infty e}$ 作为优化问题中的一个决策变量，则航天器从地球出发后在日心系下的位置矢量和速度矢量可以表示为

$$\begin{cases} r_L = r_e \\ v_L = v_e + v_{\infty e} \end{cases} \tag{5-72}$$

以 r_L 和 v_L 为初值进行二体开普勒轨道递推，递推时间为 $t_{D1} - t_L$，则可以得到探测器到达深空机动时刻点火前时的位置矢量 r_{D1} 和速度矢量 v_{D1}^-。根据借力时间 t_G 可以从星历中确定借力天体的位置矢量 r_p、速度矢量 v_p，在进行深空机动后的航天器沿着新的圆锥曲线轨道飞行到借力天体引力影响球的过程可以使用兰伯特问题进行求解。基于 r_{D1}、r_p 和飞行时间 $t_G - t_{D1}$ 求解兰伯特问题，得到深空机动后探测器的速度矢量 v_{D1}^+ 和到达借力天体时的速度矢量 v_G，则施加的深空机动可以表示为

$$\Delta v_{D1} = v_{D1}^+ - v_{D1}^- \tag{5-73}$$

求解完到达借力天体的速度矢量和借力天体本身的速度矢量，问题就变成了无推力的借力飞行问题。B 平面是借力飞行分析中常用的方法，定义 B 平面为垂

直于双曲线的飞入渐近线并包含借力天体质心的平面，B 矢量定义为从借力天体原点出发指向双曲线轨道进入渐近线与 B 平面交点的矢量。定义 T 方向为借力天体原点到双曲线轨道渐近线交点方向，S 方向定义为借力天体原点出发、和进入时双曲线超速平行的方向，R 方向与 S 方向和 B 方向成右手系。可以用图 5-22 展示上述几何关系。

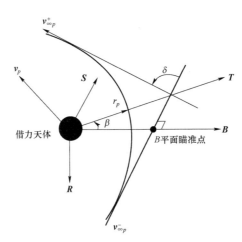

图 5-22　B 平面几何参数关系

利用 B 平面参数几何关系，$v_{\infty p}^{+}$ 在 S、T、R 方向的速度分量可以表达为

$$v_{\infty p}^{+} = \| v_{\infty p}^{+} \| \begin{pmatrix} \cos\delta \\ -\sin\delta\cos\beta \\ -\sin\delta\sin\beta \end{pmatrix} \tag{5-74}$$

由于 $\| v_{\infty p}^{+} \| = \| v_{\infty p}^{-} \|$，所以式（5-74）可以写为

$$v_{\infty p}^{+} = \| v_{\infty p}^{-} \| \begin{pmatrix} \cos\delta \\ -\sin\delta\cos\beta \\ -\sin\delta\sin\beta \end{pmatrix} \tag{5-75}$$

由式（5-75）可以看到，在 $v_{\infty p}^{-}$ 已经确定的情况下，确定 B 平面角和速度转角就可以确定 $v_{\infty p}^{+}$。另外，速度转角是由近心点距离 r_p 决定的，在借力天体引力影响球内的飞行可以使用 B 平面角 β 和近心点距离 r_p 表示。因此，深空机动的借力飞行技术需要进行优化的参数为

$$X = [t_L, t_G, t_A, v_{\infty E}^{\mathrm{T}}, d_1, d_2, \beta, r_p]^{\mathrm{T}} \tag{5-76}$$

优化问题的性能指标为

$$J = \Delta v_L + \Delta v_A + \Delta v_{D1} + \Delta v_{D2} \qquad (5-77)$$

式（5-76）和式（5-77）就构成了深空机动借力飞行的优化问题。在整个飞行过程中，只需要满足近心点距离大于安全性要求高度即可。约束个数降低，但是决策变量的个数同时增加了。

5.5.2　行星共振杠杆效应

　　一个小的深空机动就可以给航天器的双曲线超速带来大的改变，这是实行深空机动的根本目的，事半功倍。在多个借力天体之间转移时，可以通过数值优化的方式进行转移轨道寻找。对于能量要求高的深空探测任务，一次借力飞行提供给探测器的能量有限，为更好地发挥借力飞行效果，可以设计连续利用同一颗行星进行多次借力飞行，其中将借力飞行设计为共振借力是便捷有效的方法之一。

　　假设借力后探测器与借力行星的轨道周期比值为 K/L（共振轨道中周期比也称共振比），则有

$$\frac{T_S}{T_P} = \frac{K}{L} \qquad (5-78)$$

式中，T_S 为借力前航天器周期；T_P 为借力天体周期；K 和 L 为整数且是最小公倍数，表明航天器与借力天体分离后，经过 L 圈飞行和借力天体再次相遇，此时天体飞行了 K 圈，将其称为 $K:L$ 共振。共振借力杠杆方法分为外部杠杆和内部杠杆，以地球共振借力轨道为例，如图 5-23 所示。

　　外部杠杆可以描述为：航天器在 A 点从地球逃逸出发，进入绕太阳的轨道周期为 K/L 年的大椭圆轨道（轨道半长轴大于地球轨道半长轴），这里假定 A 点为轨道的近日点，逃逸地球所需的速度增量为 v_L。航天器沿大椭圆轨道到达远日点（B 点）时，施加一次与轨道速度方向相反的机动脉冲 Δv_a，机动后的航天器轨道的近日点将降低，与地球轨道相交于 C、D 两点，在其中一点完成地球借力后，航天器的日心轨道的远日点将发生改变。

　　对于外部杠杆，期望的是航天器经过地球借力后日心轨道的远日点增大，这将使航天器到达更远的区域，实现向具有大半长轴目标的转移。这里需要说明的是，若不施加远日点处的轨道机动，则航天器将再次在 A 点处与地球相遇，

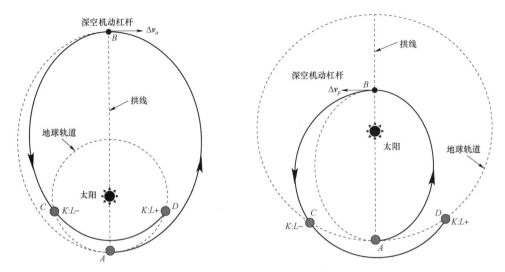

图 5-23　外部/内部地球共振借力

由于航天器的日心速度大于地球的日心速度，此时会发生前向借力飞越，导致探测器的轨道能量减小；若施加与速度方向相同的远日点轨道机动，则航天器轨道近日点距离将增加，这会导致航天器无法再与地球相遇并实现借力飞行。外部杠杆适用于向具有大半长轴目标天体的转移。

　　内部杠杆的过程可以描述为：航天器在 A 点从地球逃逸出发，进入绕太阳的轨道周期为 K/L 年的小椭圆轨道（轨道半长轴小于地球轨道半长轴），这里认为 A 点为轨道的远日点。航天器沿椭圆轨道到达近日点（B 点）时，施加一次与轨道速度方向相同的机动脉冲 Δv_p，机动后的航天器轨道的远日点将增大，与地球轨道相交于 C、D 两点，在其中一点完成地球借力后，航天器的日心轨道的近日点将发生改变。与外部杠杆相反，内部杠杆期望的是航天器经过地球借力后日心轨道的近日点降低，这将使航天器到达距离太阳更近的区域，实现向具有小半长轴目标的转移。内部杠杆适用于向具有小半长轴的目标天体的转移。

　　对于深空机动后的航天器轨道与地球轨道相交于 C、D 两点，是可能的借力位置。C 点用 "–" 代表，D 点用 "+" 代表。定义施加深空机动的圈数为 M，即在第 M 圈施加深空机动。可以将地球共振杠杆轨道表示为

$$K:L(M)\pm \tag{5-79}$$

　　例如，2:3（1）+ 表示共振比为 2:3、深空机动施加在航天器日心轨道第一圈

上的外部杠杆借力飞行轨道。

图 5-24 给出不同共振比外部杠杆地球借力轨道的远日点深空机动脉冲对双曲线增速的影响。

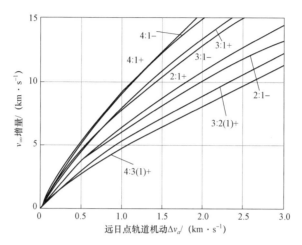

图 5-24　远日点深空机动脉冲对于 v_∞ 的杠杆效应

图 5-24 中，v_∞ 增量定义为航天器返回地球借力时双曲线超速与从地球出发时双曲线超速之差。可以看到，施加一定的深空机动，可以获得几倍的 v_∞ 增量。

外部杠杆目的是增加远日点距离，通过杠杆效应的借力轨道远日点高度可以由图 5-25 进行表示。

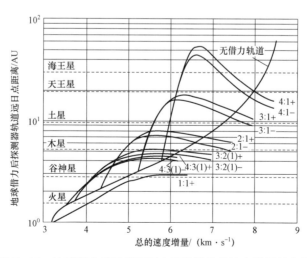

图 5-25　地球借力后轨道远日点距离随总的速度增量的变化

根据图 5-25 可以得到，在相同的总的速度增量条件下，共振比大于 1 的地球借力轨道最远远日点距离均大于无借力情况；共振比越大，航天器地球借力后的日心轨道所能到达的最远远日点距离越大。对于相同共振比、相同类型轨道，借力后所能到达的远日点距离随总的速度增量的增加呈先增大后减小的趋势。对于相同的共振比，拱线后借力比拱线前借力所能到达的最远远日点距离更大。

对于内部杠杆效应，同样存在着近地点的小脉冲带来大的双曲线超速增量，图 5-26 展示了这一情况。

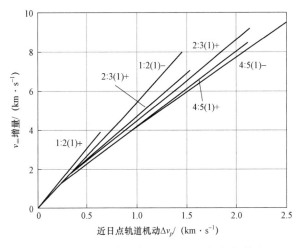

图 5-26 近日点深空机动对于 v_∞ 的杠杆效应

对于共振比小于 1 的地球借力轨道，在探测器近日点施加较小的深空机动同样可以大大增加探测器相对地球的双曲线超速，这对于探测半长轴小于地球轨道半径的目标天体及太阳附近区域是非常有用的。

图 5-27 给出了不同共振比地球借力后轨道近日点距离随总的速度增量的变化规律。由图 5-27 可知，在施加相同的总的速度增量情况下，采用地球共振借力能够有效减小航天器所能到达的近日点距离。

通过对外部杠杆效应和内部杠杆效应的分析可以看出，通过施加一次较小的深空机动脉冲，可以大大改变探测器与地球相遇时相对地球的双曲线超速，从而改变航天器飞掠地球后的轨道，提高借力飞行时燃料使用的效率。

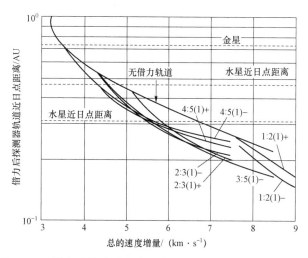

图 5 – 27　借力后轨道近日点距离随总的速度增量的变化规律

共振应用技术应用的过程实际也是优化的过程。考虑连续共振借力（$n-1$）次，最后一次非共振轨道模型，又称为 V^nGA 轨道模型[10]，如图 5 – 28 所示。

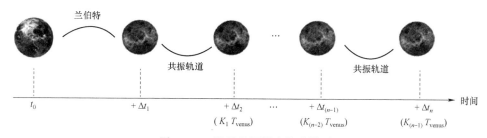

图 5 – 28　连续共振借力轨道模型

为了在共振借力后实现给定共振比，在每次共振借力前施加速度脉冲 Δv_i 修正轨道，对应的决策变量为

$$X = \begin{Bmatrix} t_0, \Delta t_1, \Delta v_{1x}, \Delta v_{1y}, \Delta v_{1z}, r_{p1}, N_1, \cdots, \\ \Delta v_{(n-1)x}, \Delta v_{(n-1)y}, \Delta v_{(n-1)z}, r_{p(n-1)}, \\ N_{(n-1)}, r_{pn}, \varphi_n \end{Bmatrix} \qquad (5-80)$$

式中，t_0 为地球出发时间；Δt_1 为地球出发至第一次金星借力的转移时间；Δv_{ix}、Δv_{iy}、Δv_{iz} 分别为每次共振借力前在速度 3 个方向施加的速度增量；r_{pi} 为借力高度；φ_n 为第 n 次借力的偏转角度；N_i 为共振借力要实现的共振比，为 K_i / L_i。第 i 次共振借力至第 $i+1$ 次借力之间的转移时间为

$$t_i = t_0 + \sum_{j=1}^{i} \Delta t_j \tag{5-81}$$

在此模型的轨道设计中，希望得到低能耗转移轨道，对应的优化目标为

$$\begin{cases} \min : f_1(X) = C_3 = \| V_{\text{dep}} - V_{\text{earth}} \|^2 \\ \min : f_2(X) = \sum_{i=1}^{n-1} \sqrt{\Delta v_{ix}^2 + \Delta v_{iy}^2 + \Delta v_{iz}^2} \\ \min : f_3(X) = P_{rn} = a_n(1 - e_n) \end{cases} \tag{5-82}$$

式中，V_{dep} 为探测器发射时的日心速度；V_{earth} 为发射时地球的日心速度；C_3 为地球发射能量；a_n、e_n、p_{rn} 分别为最后一次借力后探测器轨道的半长轴、偏心率和近日点距离。优化问题的约束条件为

$$r_{pi} \geqslant r_{p\min} \tag{5-83}$$

式中，$r_{p\min}$ 为借力高度约束。通过求解上述最优问题就可以完成多次共振借力轨道的求解。

▌ 参考文献

[1] 赵育善. 深空飞行动力学[M]. 北京: 中国宇航出版社, 2016.

[2] 尚海滨. 行星际飞行轨道理论与应用[M]. 北京: 北京理工大学出版社, 2019.

[3] 崔平远, 乔栋, 崔祜涛. 深空探测轨道设计与优化[M]. 北京: 科学出版社, 2013.

[4] 曹知远, 李翔宇, 乔栋. 面向太阳系边际探测的多天体借力目标选择方法[J]. 深空探测学报(中英文), 2020, 7(6): 536-544.

[5] 李志武, 郑建华, 于锡峥, 等. 深空探测行星借力飞行轨道自动设计与仿真 [J]. 计算机仿真, 2009, 26(6): 59-61, 73.

[6] 张博戎. 附加机动的深空探测引力辅助轨道优化技术研究[D]. 北京: 中国运载火箭技术研究院, 2020.

[7] 乔栋. 深空探测转移轨道设计方法研究及在小天体探测中的应用[D]. 哈尔滨: 哈尔滨工业大学, 2007.

[8] 乔栋, 崔祜涛, 崔平远, 等. 气动 – 引力辅助转移轨道研究及在星际探测中的应用[J]. 宇航学报, 2005(5): 541 – 546.

[9] 夏时宇, 徐波. 气动引力辅助的火星自由返回轨道设计方法[J]. 宇航学报, 2019, 40(3): 258 – 265.

[10] 张佳文, 郑建华, 王有亮, 等. 基于金星共振借力的太阳抵近探测任务轨道设计[J]. 空间科学学报, 2021, 41(2): 310 – 319.

第二部分

理论应用部分

第 6 章
日地系平动点轨道多约束转移设计方法研究

6.1 引言

第 2～5 章分别介绍了三体问题、平动点轨道动力学、不变流形与流形拼接和借力飞行的基础理论，从本章开始将基于第 2～5 章的内容，对不同三体系统内和三体系统间的平动点轨道转移进行研究，针对其中的关键性问题进行讨论分析，提出有效解决方法，对不同的平动点轨道转移任务设计相应的方案，并对结果进行分析总结。

近年来，日地三体系统的平动点轨道因其特殊的空间位置与环境被应用于多个深空探测任务中，航行于日地系统 L_1 点附近 Halo 轨道的探测器受到太空垃圾与地球红外辐射等因素的影响较小，能够实现太阳观测数据的顺利传输及太阳风暴的预警任务。然而，平动点轨道与地球距离较远，在考虑时间与燃料消耗等条件下，探测器如何顺利地到达平动点附近的周期轨道成为研究的热点问题。

现有的日地系平动点轨道转移设计主要结合不变流形进行分析，以稳定流形为初始轨道，通过施加脉冲不断调整流形变化，构造出期望的转移轨道。由于三体系统的复杂动力学特性，基于流形的轨道设计并不是都能得到满足要求的转移轨道。因此，针对不同的轨道任务，是否存在轨道设计初值表达式，能够有效确定合适的初始转移轨迹，以降低设计的难度是值得研究的问题。

同时，以往的研究常常局限于不考虑地球停泊轨道约束或者仅考虑两种以下约束（简称"少约束"）的简化模型，在工程应用中存在着一定的局限性。此外，不同约束条件对任务燃料消耗与飞行时间存在影响，详细地分析不同约束的轨道特性有助于确定低能量转移轨道设计方案。

　　本章对日地系平动点轨道转移任务进行研究，根据上述对日地系平动点轨道转移中的关键问题及目前解决方案不足的讨论，首先对多约束问题、初值猜想问题及其解决方法进行介绍，然后结合具体轨道设计案例进行分析，最后将限制性三体模型下的转移轨道推广至限制性四体模型中。第 6 章研究内容结构如图 6−1 所示。

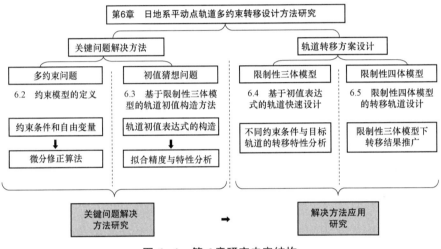

图 6−1　第 6 章研究内容结构

■　6.2　约束模型的定义

　　针对日地系平动点轨道转移任务，飞行轨迹如图 6−2 所示：探测器初始时刻位于圆形地球停泊轨道上，在合适的位置施加逃逸机动 ΔV_{TTI} 与入轨机动 ΔV_{HOI}，最终进入期望的平动点轨道。应注意，为了充分利用平动点轨道特性降低设计的难度，本书采用时间逆向积分方法求解转移轨道，相应的初始点位于 Halo 轨道，末端点位于地球停泊轨道上。

　　为了清晰地描述转移轨道与初值表达式的设计过程，首先对轨道设计时使用的变量进行定义。在 Halo 轨道入轨点（Halo orbit insertion，HOI 点），ΔV_{xy} 与 ΔV_z 分别为入轨机动在 xy 平面与 z 轴的分量；η_{HOI} 为平面内速度增量与会合系 x 轴之间的夹角。在地球逃逸点（transfer trajectory insertion，TTI 点），航迹角 $\gamma_{s/c}$ 为速

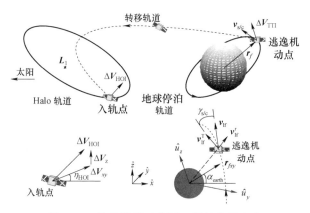

图 6-2　转移轨道示意图及设计变量定义

度矢量与垂直于位置矢量法线之间的夹角；α_{earth} 为位置矢量在 xy 平面分量 r_{fxy} 与会合系 x 轴的夹角。则地球停泊轨道根数与 TTI 点角度 $\gamma_{\text{s/c}}$ 及 α_{earth} 满足：

$$\begin{cases} h = \|\boldsymbol{r}_{\text{If}}\| - R_{\oplus} \\[2mm] i = \arccos\left(\dfrac{h_{pz}}{\|\boldsymbol{h}_p\|}\right) = \arccos\left(\dfrac{(\boldsymbol{r}_{\text{If}}^{\times}\boldsymbol{v}_{\text{If}})^{\text{T}}\hat{u}_z}{\|\boldsymbol{r}_{\text{If}}^{\times}\boldsymbol{v}_{\text{If}}\|}\right) \\[2mm] \Omega = \arccos\left(\dfrac{N_x}{\|\boldsymbol{N}\|}\right) = \arccos\left(\dfrac{(\hat{u}_z^{\times}(\boldsymbol{r}_{\text{If}}^{\times}\boldsymbol{v}_{\text{If}}))^{\text{T}}\hat{u}_x}{\|\hat{u}_z^{\times}(\boldsymbol{r}_{\text{If}}^{\times}\boldsymbol{v}_{\text{If}})\|}\right), \ N_y \geqslant 0 \end{cases} \qquad (6-1)$$

$$\begin{cases} \gamma_{\text{s/c}} = \arcsin\left(\dfrac{\boldsymbol{r}_{\text{If}}^{\text{T}}\boldsymbol{v}_{\text{If}}}{\|\boldsymbol{r}_{\text{If}}\|\|\boldsymbol{v}_{\text{If}}\|}\right) \\[2mm] \alpha_{\text{earth}} = \arctan\left(\dfrac{\boldsymbol{r}_f^{\text{T}}\hat{y}}{\boldsymbol{r}_f^{\text{T}}\hat{x}}\right) \end{cases} \qquad (6-2)$$

式中，$\boldsymbol{X}_{\text{If}} = [\boldsymbol{r}_{\text{If}} \ \ \boldsymbol{v}_{\text{If}}]$ 为惯性系下轨道末端状态量，$\boldsymbol{X}_f = [\boldsymbol{r}_f \ \ \boldsymbol{v}_f]$ 为会合系中探测器的状态量，$R_{\oplus}$ 为地球半径，$\hat{x}$、$\hat{y}$ 和 $\hat{u}_x$、$\hat{u}_z$ 分别为会合系与地心赤道惯性系的坐标轴单位矢量，描述倾角与升交点赤经时，需要将会合系的状态量转换到地心惯性系下，并且升交点赤经需考虑角度象限问题，$\boldsymbol{r}_{\text{If}}^{\times}$ 为矢量 $\boldsymbol{r}_{\text{If}}$ 的反对称矩阵，即

$$\boldsymbol{r}_{\text{If}}^{\times} = \begin{bmatrix} 0 & -r_{\text{Ifz}} & r_{\text{Ify}} \\ r_{\text{Ifz}} & 0 & -r_{\text{Ifx}} \\ -r_{\text{Ify}} & r_{\text{Ifx}} & 0 \end{bmatrix} \qquad (6-3)$$

　　转移轨道末端常常添加约束条件以满足实际任务的需要，针对圆形地球停泊轨道，通过轨道高度、轨道倾角和升交点赤经即可决定轨道尺寸及轨道平面在空

间的取向。因此，为了准确地描述地球停泊轨道，本书同时选取轨道高度、轨道倾角、升交点赤经和航迹角作为约束条件，采用微分修正算法迭代求解。

传统地，自由变量包括初始点三轴速度增量 ΔV_{HOI} 与飞行时间 T_f，即自由变量与约束条件数目相等，问题存在唯一解。研究表明，针对多约束问题，逃逸时刻对轨道转移存在一定的影响，仅考虑以上 4 个自由变量在某些情况下无法得到期望轨迹。如图 6-3 所示，当停泊轨道高度与倾角固定时，限制升交点赤经和升交点赤经不受约束的速度增量存在差异，并且在部分逃逸时刻，多约束问题存在发散现象。

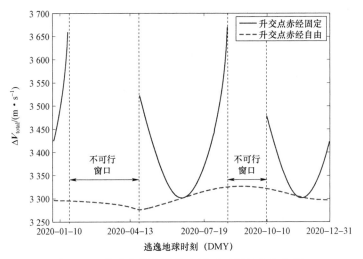

图 6-3 总速度增量随逃逸地球时刻的变化曲线

因此，在转移轨道设计时，考虑逃逸地球时刻 JD 的影响，则自由变量与约束方程分别满足：

$$\boldsymbol{D} = [\Delta V_{\mathrm{HOI}}, T_f, JD]^{\mathrm{T}} = [v_{x0}, v_{y0}, v_{z0}, T_f, JD]^{\mathrm{T}} \qquad (6-4)$$

$$F(\boldsymbol{D}) = \begin{bmatrix} h - h^* \\ i - i^* \\ \Omega - \Omega^* \\ \gamma_{\mathrm{s/c}} - \gamma_{\mathrm{s/c}}^* \end{bmatrix} \qquad (6-5)$$

其中，约束变量为 $\boldsymbol{C} = [h, i, \Omega, \gamma_{\mathrm{s/c}}]^{\mathrm{T}}$，符号"*"表示期望的约束值。结合状态转移矩阵和轨道末端点状态量，能够推导出约束变量关于自由变量的微分关系式。

具体地，根据链式法则，满足：

$$\delta C_i = \frac{\partial C_i}{\partial v_{x0}}\delta v_{x0} + \frac{\partial C_i}{\partial v_{y0}}\delta v_{y0} + \frac{\partial C_i}{\partial v_{z0}}\delta v_{z0} + \frac{\partial C_i}{\partial \tau_f}\delta T_f + \frac{\partial C_i}{\partial JD}\delta JD$$

$$= \frac{\partial C_i}{\partial \boldsymbol{X}_{\mathrm{If}}} \cdot \frac{\partial \boldsymbol{X}_{\mathrm{If}}}{\partial \boldsymbol{X}_f} \cdot \left(\frac{\partial \boldsymbol{X}_f}{\partial v_{x0}}\delta v_{x0} + \frac{\partial \boldsymbol{X}_f}{\partial v_{y0}}\delta v_{y0} + \frac{\partial \boldsymbol{X}_f}{\partial v_{z0}}\delta v_{z0} + \frac{\partial \boldsymbol{X}_f}{\partial \tau_f}\delta T_f\right) + \frac{\partial C_i}{\partial \boldsymbol{X}_{\mathrm{If}}} \cdot \frac{\partial \boldsymbol{X}_{\mathrm{If}}}{\partial JD}\delta JD$$

$$= \left(\left[\frac{\partial C_i}{\partial \boldsymbol{r}_{\mathrm{If}}},\frac{\partial C_i}{\partial \boldsymbol{v}_{\mathrm{If}}}\right]\frac{\partial \boldsymbol{X}_{\mathrm{If}}}{\partial \boldsymbol{X}_f}\begin{bmatrix}\boldsymbol{\Phi}_{\mathrm{rv}}\\\boldsymbol{\Phi}_{\mathrm{vv}}\end{bmatrix}\right)\delta\Delta \boldsymbol{V}_{\mathrm{HOI}} + \left(\left[\frac{\partial C_i}{\partial \boldsymbol{r}_{\mathrm{If}}},\frac{\partial C_i}{\partial \boldsymbol{v}_{\mathrm{If}}}\right]\frac{\partial \boldsymbol{X}_{\mathrm{If}}}{\partial \boldsymbol{X}_f}\begin{bmatrix}\boldsymbol{v}_f\\\boldsymbol{a}_f\end{bmatrix}\right)\delta T_f + \left[\frac{\partial C_i}{\partial \boldsymbol{r}_{\mathrm{If}}},\frac{\partial C_i}{\partial \boldsymbol{v}_{\mathrm{If}}}\right]\frac{\partial \boldsymbol{X}_{\mathrm{If}}}{\partial JD}\delta JD$$

$$(6-6)$$

式中，$\boldsymbol{\Phi}_{\mathrm{rv}}$ 和 $\boldsymbol{\Phi}_{\mathrm{vv}}$ 为状态转移矩阵的 3×3 子矩阵，即

$$\boldsymbol{\Phi} = \begin{bmatrix}\boldsymbol{\Phi}_{\mathrm{rr}} & \boldsymbol{\Phi}_{\mathrm{rv}}\\\boldsymbol{\Phi}_{\mathrm{vr}} & \boldsymbol{\Phi}_{\mathrm{vv}}\end{bmatrix} \qquad (6-7)$$

C_i 为 $\boldsymbol{C}$ 中第 i 个约束变量；$\boldsymbol{a}_f$ 为会合系下探测器的加速度矢量；$\partial \boldsymbol{X}_{\mathrm{If}}/\partial \boldsymbol{X}_f$ 为会合系与惯性系之间的坐标转换矩阵。应注意，纬度幅角 θ_e 可表示为逃逸时刻 JD 的函数。在 J2000 坐标系下，状态量关于 JD 的偏导数为

$$\frac{\partial \boldsymbol{X}_{\mathrm{If}}}{\partial JD} = R_x(-\eta)\frac{\partial R_z(-\theta_e)}{\partial JD}\begin{bmatrix}\boldsymbol{r}_f\\\boldsymbol{v}_f + \boldsymbol{\omega}^{\times}\boldsymbol{r}_f\end{bmatrix} \qquad (6-8)$$

因此，以下只需推导约束变量相对于状态量的偏导数，即 $\partial C_i/\partial \boldsymbol{r}_{\mathrm{If}}$ 和 $\partial C_i/\partial \boldsymbol{v}_{\mathrm{If}}$，即可确定式（6-6）。

1. 停泊轨道高度约束

由于轨道高度仅为位置矢量的函数，与速度量无关，则偏导数关系满足：

$$\begin{cases}\dfrac{\partial h}{\partial \boldsymbol{r}_{\mathrm{If}}} = \dfrac{\partial\left(\|\boldsymbol{r}_{\mathrm{If}}\| - R_{\oplus}\right)}{\partial \boldsymbol{r}_{\mathrm{If}}} = \dfrac{\partial\left(\sqrt{x_{\mathrm{If}}^2 + y_{\mathrm{If}}^2 + z_{\mathrm{If}}^2}\right)}{\partial \boldsymbol{r}_{\mathrm{If}}} = \dfrac{\boldsymbol{r}_{\mathrm{If}}^{\mathrm{T}}}{\|\boldsymbol{r}_{\mathrm{If}}\|}\\[3mm]\dfrac{\partial h}{\partial \boldsymbol{v}_{\mathrm{If}}} = 0\end{cases} \qquad (6-9)$$

2. 轨道倾角约束

根据矢量运算乘法法则：

$$\begin{cases}(\boldsymbol{r}_{\mathrm{If}}^{\times}\boldsymbol{v}_{\mathrm{If}})^{\mathrm{T}}\hat{u}_z = (\boldsymbol{v}_{\mathrm{If}}^{\times}\hat{u}_z)^{\mathrm{T}}\boldsymbol{r}_{\mathrm{If}} = (\hat{u}_z^{\times}\boldsymbol{r}_{\mathrm{If}})^{\mathrm{T}}\boldsymbol{v}_{\mathrm{If}}\\[2mm]\|\boldsymbol{r}_{\mathrm{If}}^{\times}\boldsymbol{v}_{\mathrm{If}}\| = \sqrt{(\boldsymbol{r}_{\mathrm{If}}^{\times}\boldsymbol{v}_{\mathrm{If}})^{\mathrm{T}}(\boldsymbol{r}_{\mathrm{If}}^{\times}\boldsymbol{v}_{\mathrm{If}})} = \sqrt{\|\boldsymbol{r}_{\mathrm{If}}\|^2\|\boldsymbol{v}_{\mathrm{If}}\|^2 - (\boldsymbol{r}_{\mathrm{If}}^{\mathrm{T}}\boldsymbol{v}_{\mathrm{If}})^2}\end{cases} \qquad (6-10)$$

求得轨道倾角关于惯性系下位置矢量与速度矢量的微分关系式为

$$\begin{cases} \dfrac{\partial i}{\partial \boldsymbol{r}_{\mathrm{If}}} = -\dfrac{1}{\xi}\dfrac{\partial}{\partial \boldsymbol{r}_{\mathrm{If}}}\left(\dfrac{(\boldsymbol{r}_{\mathrm{If}}^{\times}\boldsymbol{v}_{\mathrm{If}})^{\mathrm{T}}\hat{u}_z}{\left\|\boldsymbol{r}_{\mathrm{If}}^{\times}\boldsymbol{v}_{\mathrm{If}}\right\|}\right) = -\dfrac{1}{\xi}\left(\dfrac{(\boldsymbol{v}_{\mathrm{If}}^{\times}\hat{u}_z)^{\mathrm{T}}}{\left\|\boldsymbol{r}_{\mathrm{If}}^{\times}\boldsymbol{v}_{\mathrm{If}}\right\|} - \dfrac{\left\|\boldsymbol{v}_{\mathrm{If}}\right\|^2\boldsymbol{r}_{\mathrm{If}}^{\mathrm{T}} - (\boldsymbol{r}_{\mathrm{If}}^{\mathrm{T}}\boldsymbol{v}_{\mathrm{If}})\boldsymbol{v}_{\mathrm{If}}^{\mathrm{T}}}{\left\|\boldsymbol{r}_{\mathrm{If}}^{\times}\boldsymbol{v}_{\mathrm{If}}\right\|^3}((\boldsymbol{r}_{\mathrm{If}}^{\times}\boldsymbol{v}_{\mathrm{If}})^{\mathrm{T}}\hat{u}_z)\right) \\[3mm] \dfrac{\partial i}{\partial \boldsymbol{v}_{\mathrm{If}}} = -\dfrac{1}{\xi}\dfrac{\partial}{\partial \boldsymbol{v}_{\mathrm{If}}}\left(\dfrac{(\boldsymbol{r}_{\mathrm{If}}^{\times}\boldsymbol{v}_{\mathrm{If}})^{\mathrm{T}}\hat{u}_z}{\left\|\boldsymbol{r}_{\mathrm{If}}^{\times}\boldsymbol{v}_{\mathrm{If}}\right\|}\right) = -\dfrac{1}{\xi}\left(\dfrac{(\hat{u}_z^{\times}\boldsymbol{r}_{\mathrm{If}})^{\mathrm{T}}}{\left\|\boldsymbol{r}_{\mathrm{If}}^{\times}\boldsymbol{v}_{\mathrm{If}}\right\|} - \dfrac{\left\|\boldsymbol{r}_{\mathrm{If}}\right\|^2\boldsymbol{v}_{\mathrm{If}}^{\mathrm{T}} - (\boldsymbol{r}_{\mathrm{If}}^{\mathrm{T}}\boldsymbol{v}_{\mathrm{If}})\boldsymbol{r}_{\mathrm{If}}^{\mathrm{T}}}{\left\|\boldsymbol{r}_{\mathrm{If}}^{\times}\boldsymbol{v}_{\mathrm{If}}\right\|^3}((\boldsymbol{r}_{\mathrm{If}}^{\times}\boldsymbol{v}_{\mathrm{If}})^{\mathrm{T}}\hat{u}_z)\right) \end{cases}$$

$$(6-11)$$

式中，系数 $\xi = \sqrt{1-(h_z/\left\|\boldsymbol{h}_p\right\|)^2}$ 。

3. 升交点赤经约束

与轨道倾角偏导数求解过程相似，升交点赤经关于位置矢量的微分关系为

$$\frac{\partial \Omega}{\partial \boldsymbol{r}_{\mathrm{If}}} = -\frac{1}{\vartheta}\left(\frac{(\hat{u}_x^{\times}\hat{u}_z)^{\mathrm{T}}}{\left\|\hat{u}_z^{\times}\boldsymbol{h}_p\right\|}(-\boldsymbol{v}_{\mathrm{If}}^{\times}) - \frac{\boldsymbol{h}_p^{\mathrm{T}}(\hat{u}_x^{\times}\hat{u}_z)}{\left\|\hat{u}_z^{\times}\boldsymbol{h}_p\right\|^3}\left(\left\|\hat{u}_x\right\|^2\boldsymbol{h}_p^{\mathrm{T}}(-\boldsymbol{v}_{\mathrm{If}}^{\times}) - \hat{u}_z^{\mathrm{T}}\boldsymbol{h}_p(\boldsymbol{v}_{\mathrm{If}}^{\times}\hat{u}_z)^{\mathrm{T}}\right)\right) \quad (6-12)$$

其中，系数 $\vartheta = \sqrt{1-(N_x/\left\|\boldsymbol{N}\right\|)^2}$ ，则升交点赤经关于速度矢量的偏导数满足：

$$\frac{\partial \Omega}{\partial \boldsymbol{v}_{\mathrm{If}}} = -\frac{1}{\vartheta}\left(\frac{(\hat{u}_x^{\times}\hat{u}_z)^{\mathrm{T}}}{\left\|\hat{u}_z^{\times}\boldsymbol{h}_p\right\|}(\boldsymbol{r}_{\mathrm{If}}^{\times}) - \frac{\boldsymbol{h}_p^{\mathrm{T}}(\hat{u}_x^{\times}\hat{u}_z)}{\left\|\hat{u}_z^{\times}\boldsymbol{h}_p\right\|^3}\left(\left\|\hat{u}_z\right\|^2\boldsymbol{h}_p^{\mathrm{T}}\boldsymbol{r}_{\mathrm{If}}^{\times} - \hat{u}_z^{\mathrm{T}}\boldsymbol{h}_p(\hat{u}_{\mathrm{If}}^{\times}\boldsymbol{r}_{\mathrm{If}})^{\mathrm{T}}\right)\right) \quad (6-13)$$

4. 航迹角约束

航迹角约束关于位置矢量与速度矢量的偏导数关系为

$$\begin{cases} \dfrac{\partial \gamma_{\mathrm{s/c}}}{\partial \boldsymbol{r}_{\mathrm{If}}} = \dfrac{1}{\sqrt{1-(\sin\gamma_{\mathrm{s/c}})^2}}\dfrac{\partial}{\partial \boldsymbol{r}_{\mathrm{If}}}\left(\dfrac{\boldsymbol{r}_{\mathrm{If}}^{\mathrm{T}}\boldsymbol{v}_{\mathrm{If}}}{\left\|\boldsymbol{r}_{\mathrm{If}}\right\|\left\|\boldsymbol{v}_{\mathrm{If}}\right\|}\right) = \dfrac{1}{\sqrt{1-(\sin\gamma_{\mathrm{s/c}})^2}}\left(\dfrac{\boldsymbol{v}_{\mathrm{If}}^{\mathrm{T}}}{\left\|\boldsymbol{r}_{\mathrm{If}}\right\|\left\|\boldsymbol{v}_{\mathrm{If}}\right\|} - \dfrac{(\boldsymbol{r}_{\mathrm{If}}^{\mathrm{T}}\boldsymbol{v}_{\mathrm{If}})\boldsymbol{r}_{\mathrm{If}}^{\mathrm{T}}}{\left\|\boldsymbol{r}_{\mathrm{If}}\right\|^3\left\|\boldsymbol{v}_{\mathrm{If}}\right\|}\right) \\[3mm] \dfrac{\partial \gamma_{\mathrm{s/c}}}{\partial \boldsymbol{v}_{\mathrm{If}}} = \dfrac{1}{\sqrt{1-(\sin\gamma_{\mathrm{s/c}})^2}}\dfrac{\partial}{\partial \boldsymbol{v}_{\mathrm{If}}}\left(\dfrac{\boldsymbol{r}_{\mathrm{If}}^{\mathrm{T}}\boldsymbol{v}_{\mathrm{If}}}{\left\|\boldsymbol{r}_{\mathrm{If}}\right\|\left\|\boldsymbol{v}_{\mathrm{If}}\right\|}\right) = \dfrac{1}{\sqrt{1-(\sin\gamma_{\mathrm{s/c}})^2}}\left(\dfrac{\boldsymbol{r}_{\mathrm{If}}^{\mathrm{T}}}{\left\|\boldsymbol{r}_{\mathrm{If}}\right\|\left\|\boldsymbol{v}_{\mathrm{If}}\right\|} - \dfrac{(\boldsymbol{r}_{\mathrm{If}}^{\mathrm{T}}\boldsymbol{v}_{\mathrm{If}})\boldsymbol{v}_{\mathrm{If}}^{\mathrm{T}}}{\left\|\boldsymbol{v}_{\mathrm{If}}\right\|^3\left\|\boldsymbol{r}_{\mathrm{If}}\right\|}\right) \end{cases}$$

$$(6-14)$$

在实际求解时，设置航迹角为零作为轨道积分终止条件，即 $\partial\gamma_{\mathrm{s/c}}=0$ ，能够简化计算且快速构造合适的转移轨道。由式（6-6）可知，飞行时间改变量为

$$\delta T_f = -\frac{\left(\left[\dfrac{\partial\gamma_{\mathrm{s/c}}}{\partial\boldsymbol{r}_{\mathrm{If}}}, \dfrac{\partial\gamma_{\mathrm{s/c}}}{\partial\boldsymbol{v}_{\mathrm{If}}}\right]\cdot\dfrac{\partial\boldsymbol{X}_{\mathrm{If}}}{\partial\boldsymbol{X}_f}\cdot\begin{bmatrix}\boldsymbol{\Phi}_{\mathrm{rv}}\\\boldsymbol{\Phi}_{\mathrm{vv}}\end{bmatrix}\right)\delta\Delta V_{\mathrm{HOI}} + \dfrac{\partial\gamma_{\mathrm{s/c}}}{\partial JD}\delta JD}{\left(\left[\dfrac{\partial\gamma_{\mathrm{s/c}}}{\partial\boldsymbol{r}_{\mathrm{If}}}, \dfrac{\partial\gamma_{\mathrm{s/c}}}{\partial\boldsymbol{v}_{\mathrm{If}}}\right]\cdot\dfrac{\partial\boldsymbol{X}_{\mathrm{If}}}{\partial\boldsymbol{X}_f}\cdot\begin{bmatrix}\boldsymbol{v}_f\\\boldsymbol{a}_f\end{bmatrix}\right)} \quad (6-15)$$

将式（6-15）代入式（6-6）中，确定轨道高度、倾角与升交点赤经约束关于自由变量的微分关系式，即

$$
\begin{bmatrix} \delta h \\ \delta i \\ \delta \Omega \end{bmatrix} = \begin{bmatrix} \left(\left[\dfrac{\partial h}{\partial \boldsymbol{r}_{\mathrm{If}}}, \dfrac{\partial h}{\partial \boldsymbol{v}_{\mathrm{If}}} \right] \cdot \dfrac{\partial \boldsymbol{X}_{\mathrm{If}}}{\partial \boldsymbol{X}_f} \cdot \begin{bmatrix} \boldsymbol{\Phi}_{\mathrm{rv}} \\ \boldsymbol{\Phi}_{\mathrm{vv}} \end{bmatrix} \right) - \kappa_c \dfrac{\partial h}{\partial T_f} \\ \left(\left[\dfrac{\partial i}{\partial \boldsymbol{r}_{\mathrm{If}}}, \dfrac{\partial i}{\partial \boldsymbol{v}_{\mathrm{If}}} \right] \cdot \dfrac{\partial \boldsymbol{X}_{\mathrm{If}}}{\partial \boldsymbol{X}_f} \cdot \begin{bmatrix} \boldsymbol{\Phi}_{\mathrm{rv}} \\ \boldsymbol{\Phi}_{\mathrm{vv}} \end{bmatrix} \right) - \kappa_c \dfrac{\partial i}{\partial T_f} \\ \left(\left[\dfrac{\partial \Omega}{\partial \boldsymbol{r}_{\mathrm{If}}}, \dfrac{\partial \Omega}{\partial \boldsymbol{v}_{\mathrm{If}}} \right] \cdot \dfrac{\partial \boldsymbol{X}_{\mathrm{If}}}{\partial \boldsymbol{X}_f} \cdot \begin{bmatrix} \boldsymbol{\Phi}_{\mathrm{rv}} \\ \boldsymbol{\Phi}_{\mathrm{vv}} \end{bmatrix} \right) - \kappa_c \dfrac{\partial \Omega}{\partial T_f} \end{bmatrix} \delta \Delta V_{\mathrm{HOI}} + \begin{bmatrix} \dfrac{\partial h}{\partial JD} \\ \dfrac{\partial i}{\partial JD} \\ \dfrac{\partial \Omega}{\partial JD} \end{bmatrix} \delta JD \qquad (6-16)
$$

其中，

$$
\kappa_c = \dfrac{\left(\left[\dfrac{\partial \gamma_{\mathrm{s/c}}}{\partial \boldsymbol{r}_{\mathrm{If}}}, \dfrac{\partial \gamma_{\mathrm{s/c}}}{\partial \boldsymbol{v}_{\mathrm{If}}} \right] \cdot \dfrac{\partial \boldsymbol{X}_{\mathrm{If}}}{\partial \boldsymbol{X}_f} \cdot \begin{bmatrix} \boldsymbol{\Phi}_{\mathrm{rv}} \\ \boldsymbol{\Phi}_{\mathrm{vv}} \end{bmatrix} \right)}{\left(\left[\dfrac{\partial \gamma_{\mathrm{s/c}}}{\partial \boldsymbol{r}_{\mathrm{If}}}, \dfrac{\partial \gamma_{\mathrm{s/c}}}{\partial \boldsymbol{v}_{\mathrm{If}}} \right] \cdot \dfrac{\partial \boldsymbol{X}_{\mathrm{If}}}{\partial \boldsymbol{X}_f} \cdot \begin{bmatrix} \boldsymbol{v}_f \\ \boldsymbol{a}_f \end{bmatrix} \right)}, \dfrac{\partial h}{\partial T_f} = \left[\dfrac{\partial h}{\partial \boldsymbol{r}_{\mathrm{If}}}, \dfrac{\partial h}{\partial \boldsymbol{v}_{\mathrm{If}}} \right] \cdot \dfrac{\partial \boldsymbol{X}_{\mathrm{If}}}{\partial \boldsymbol{X}_f} \cdot \begin{bmatrix} \boldsymbol{v}_f \\ \boldsymbol{a}_f \end{bmatrix} \qquad (6-17)
$$

$\partial i / \partial T_f$ 与 $\partial \Omega / \partial T_f$ 的表达式与 $\partial h / \partial T_f$ 的表达式类似。

■ 6.3　基于限制性三体模型的轨道初值构造方法

6.3.1　轨道初值表达式的构造

微分修正作为一种局部迭代优化算法，能否收敛到期望值，很大程度取决于初值是否准确，而在以往的研究中并没有给出确切的初值及选取标准。本书通过分析自由变量与末端约束变量之间的关系，进行数据拟合，构造了包含机动速度增量、飞行时间等参数的初值表达式，为轨道设计初值的确定提供参考。

具体地，设计时限定 Halo 轨道 HOI 处的法向速度增量，即 $\Delta V_z \in [-30, 30]$（m/s），并以 2.5 m/s 的增量改变。针对特定法向速度增量大小，在区间 $\Delta V_{xy} \in [30, 95]$（m/s）与 $\eta_{\mathrm{HOI}} \in [25°, 50°]$ 内，随机选取 HOI 点平面速度增量 ΔV_{xy} 与角度 η_{HOI}，能够得到满足轨道末端位于地球附近的一系列转移轨道，并具有一定的参数特性，如图 6-4 与图 6-5 所示。基于轨道数据并分析入轨点不同速度增量大小、飞行时间及 TTI 点变量之间的关系，利用 1stOpt（First Optimization）对数据进行多元非线性拟合，确定初值表达式。

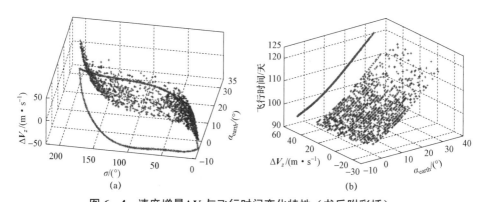

图6-4　速度增量ΔV_z与飞行时间变化特性（书后附彩插）

（a）速度增量与 TTI 变量的函数关系；（b）飞行时间、速度增量与 TTI 变量的函数关系

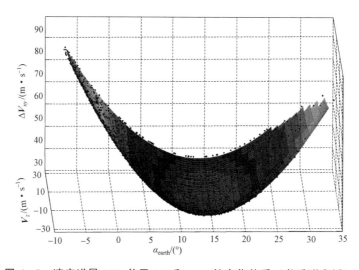

图6-5　速度增量 ΔV_{xy} 关于 ΔV_z 和 α_{earth} 的变化关系（书后附彩插）

图 6-4 描述了法向速度增量和飞行时间的变化特性。其中，蓝色表征原始轨道数据点，红色为平面内投影图。通过分析，法向速度增量 ΔV_z 表示为变量 α_{earth} 与 σ 的函数，具有良好的拟合效果，即

$$\| \Delta V_z\| = -\frac{44.798 + 3.347\alpha_{earth} - 1.990\sigma + 0.017\sigma^2 - 5.551\sigma^3}{1 - 0.005\,3\alpha_{earth} + 0.002\,8\sigma - 1.16\times10^{-4}\sigma^2} \quad (6-18)$$

式中，角度 σ 定义在会合系下，满足 $\sigma = \arctan((r_f^\times v_f)^{\mathrm{T}}\hat{x} / ((r_f^\times v_f)^{\mathrm{T}}\hat{y}))$ 且 $\sigma \in (1.5°, 204°)$。同时，结合角度 σ 可构造出变量 α_{earth} 近似的边界条件（$\alpha_{min} < \alpha_{earth} < \alpha_{max}$），即

$$\begin{cases} \alpha_{\min} = 0.148\vartheta^6 + 0.719\vartheta^5 + 0.757\vartheta^4 + 0.863\vartheta^3 + 7.487\vartheta^2 + 14.455\vartheta + 0.62, \vartheta = \dfrac{\sigma - 149.2}{49.323} \\ \alpha_{\max} = \dfrac{(-5.645 + 0.602\sigma + 0.026\sigma^2 - 9.373 \times 10^{-5}\sigma^3)}{(1 + 0.036\sigma + 3.512 \times 10^{-4}\sigma^2 + 7.978 \times 10^{-7}\sigma^3 - 9.981 \times 10^{-9}\sigma^4)} \end{cases}$$

$$(6-19)$$

由图 6-4 飞行时间投影曲线可知，对于给定的 ΔV_z，飞行时间曲线变化趋势一致，随着 α_{earth} 角度增大呈现单调递增，本书仅考虑 α_{earth} 进行数据拟合，表达式为

$$T_f = \frac{99.267 + 10.324\alpha_{\text{earth}} + 0.207\alpha_{\text{earth}}^2 + 0.004\,3\alpha_{\text{earth}}^3}{1 + 0.098\alpha_{\text{earth}} + 0.001\,4\alpha_{\text{earth}}^2 + 1.987 \times 10^{-5}\alpha_{\text{earth}}^3} \qquad (6-20)$$

应注意，式（6-20）只能给出任务飞行时间的初值，针对特定的地球停泊轨道约束，需结合微分修正算法不断迭代调整飞行时间。

图 6-5 描述了平面速度增量 ΔV_{xy} 与法向速度增量 ΔV_z 及角度 α_{earth} 之间的关系曲面，具有二次曲面特性。选取式（6-21）求解 HOI 处平面速度增量大小：

$$\|\Delta V_{xy}\| =$$

$$\frac{58.869 - 0.313\|\Delta V_z\| - 4.024\alpha_{\text{earth}} + 10^{-3} \times (7.2\|\Delta V_z\|^2 + 2.219\|\Delta V_z\|\alpha_{\text{earth}} + 144\alpha_{\text{earth}}^2)}{1 - 0.002\|\Delta V_z\| - 0.001\alpha_{\text{earth}} + 2.961\|\Delta V_z\|^2 + 4.125 \times 10^{-5}\|\Delta V_z\|\alpha_{\text{earth}} + 9.586\alpha_{\text{earth}}^2}$$

$$(6-21)$$

当 HOI 点角度 η_{HOI} 确定时，结合式（6-18）与式（6-21）即可求解速度增量 ΔV_{HOI} 的三轴分量。然而，角度 η_{HOI} 的数据拟合相对复杂，飞行时间、转移轨道末端位置与 η_{HOI} 存在一定的关系，基于少变量的数据拟合效果较差。通过比较不同参数组合的拟合特性，最终将 η_{HOI} 表示为飞行时间 T_f、α_{earth} 及速度增量的函数，即

$$\begin{aligned} \eta_{\text{HOI}} = {} & 290.646 + 3.255T_f - 17.426\alpha_{\text{eath}} - 0.864\alpha_{\text{earth}}^2 + 0.028\|\Delta V_z\| - 5.24 \times 10^{-4}\|\Delta V_z\|^2 \\ & + 0.153T_f\alpha_{\text{earth}} + 0.013T_f\alpha_{\text{eath}}^2 - 5.736 \times 10^{-5}T_f^2\alpha_{\text{earth}}^2 \end{aligned}$$

$$(6-22)$$

综上所述，在给定范围内对参数 α_{earth} 与 σ 进行取值，代入初值表达式便可得到 HOI 点的三轴速度增量与飞行时间的近似值，较好地解决轨道设计的初值问题。

6.3.2 拟合精度与特性分析

针对初值表达式的构造结果，本书以相关系数平方值 r^2 与均方根误差（root mean square error，RMSE）为依据判断拟合程度的好坏，非线性拟合相关参数如表 6-1 所示。由表可知，基于轨道数据构造的初值表达式具有较好的拟合效果。同时，为了进一步验证初值表达式的有效性与适用性，选取不同幅值 Halo 轨道与不同 HOI 点进行分析。

表 6-1　非线性拟合相关参数

拟合函数	相关系数平方值 r^2	均方根误差（RMSE）
$\Delta V_z(\sigma, \alpha_{\text{earth}})$	0.998 6	0.225 1
$T_f(\alpha_{\text{earth}})$	0.993 7	1.431 4
$\Delta V_{xy}(\alpha_{\text{earth}}, \Delta V_z)$	0.999 8	$1.154\ 6 \times 10^{-5}$
$\eta_{\text{HOI}}(T_f, \alpha_{\text{earth}}, \Delta V_z)$	0.991 3	0.409 7

选取法向幅值介于 1×10^4 km 和 1×10^6 km 之间的 Halo 轨道，轨道等时间间隔进行划分，确定 90 个入轨点，考虑地球停泊轨道高度与轨道倾角约束，即 $h = 200$ km 和 $i = 30°$。由初值表达式确定转移轨道初始条件，固定 σ，设定 α_{earth} 角度的区间为 $[0°, 20°]$ 且每隔 $2°$ 取值（共 11 组）进行轨道设计。给定约束条件的初值表达式适应性分析如图 6-6 所示，图中数值表征在给定参数取值下，能够设计出满足约束的转移轨道数目。由图 6-6 可知，初值表达式可以有效保证多数情况下的转移轨道设计。

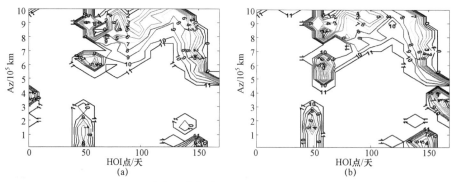

图 6-6　给定约束条件的初值表达式适应性分析

（a）$\sigma = 50°$；（b）$\sigma = 100°$

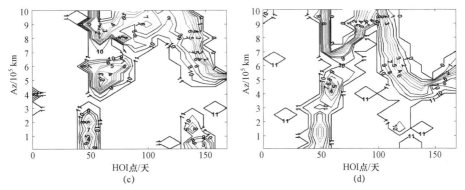

图 6-6　给定约束条件的初值表达式适应性分析（续）

（c）$\sigma = 150°$；（d）$\sigma = 200°$

■ 6.4　基于初值表达式的轨道快速设计

6.4.1　多约束条件转移轨道设计与分析

在圆形限制性三体模型下，结合初值表达式，对 L_1 平动点轨道的多约束转移轨道进行设计与分析。具体地，目标轨道与 ISEE-3 任务一致，即法向幅值 Az = 120 000 km 的 Halo 轨道，入轨点分别选定 Halo 轨道上 $\pm z$ 向的最大值。假设探测器从轨道高度 200 km、轨道倾角 30° 及升交点赤经 90° 的圆形地球停泊轨道出发。由于第 25 个太阳活动周在 2020 年左右，则地球逃逸时刻选取为 2019 年至 2020 年，初值表达式参数设定为 $\sigma = 100°$ 和 $\alpha_{\text{earth}} = 5°$。会合系与惯性系下的转移轨道如图 6-7 所示。

针对目标 Halo 轨道，设计不同的转移方案。其中，方案 1 以 $-z$ 向最大值为入轨点，方案 2 以 $+z$ 向最大值为入轨点，同时考虑在短时间内完成轨道转移，而方案 3 则对应长时间转移任务，转移轨迹分别为图 6-7 中红色、黑色、绿色曲线，所得方案的各项参数如表 6-2 所示。比较可知，不同方案的转移轨迹存在较大的差异，会合系下方案 3 的逃逸点位于地球与 L_1 平动点轨道之间，并且探测器从地球停泊轨道逃逸后，首先飞往 L_2 平动点方向，随后回到地球附近，最终飞抵 L_1 点 Halo 轨道。三种方案的燃料消耗主要区别在于入轨点速度增量，方案 2 虽然需要较大的机动速度，但此类型转移轨道相比方案 1 与方案 3 拥有明

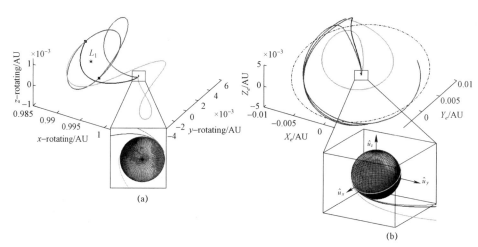

图 6-7 给定约束条件的不同入轨点在会合系与惯性系飞行轨迹（书后附彩插）

（a）会合系；（b）惯性系

注：标目中的 rotating 代表会合坐标系，下同。

显的时间优势，在航天应用中存在着特殊的用途。当综合考虑燃料与飞行时间等任务要求时，可以依据方案 1 进行探测器转移轨道的设计。

表 6-2 速度增量与飞行时间等性能参数

参数	方案 1	方案 2	方案 3
$\Delta V_{TTI} / (m \cdot s^{-1})$	3 212.51	3 216.83	3 212.92
$\Delta V_{HOI} / (m \cdot s^{-1})$	57.75	228.45	52.39
飞行时间/天	112.88	39.86	183.54
逃逸地球时刻	2020/07/18	2020/06/15	2020/01/30

6.4.2 轨道倾角与升交点赤经对轨道转移的影响

为了进一步验证初值表达式在处理多约束轨道设计问题时的有效性，并分析不同约束条件对轨道转移的影响，对不同停泊轨道倾角与升交点赤经的转移轨道进行讨论。首先考虑两类轨道倾角的转移特性，即小倾角停泊轨道（$i=5°$）与极地轨道。

图 6-8 与图 6-9 分别描述了探测器从 200 km 高度，倾角 5° 与倾角 90°，不同升交点赤经停泊轨道出发的转移轨道。当轨道倾角相同时，不同升交点赤经对应的转移轨迹具有相似的轨道结构。比较平面投影图 6-8（a）和图 6-9（a）可知，不同轨道倾角的转移轨道差异显著。为满足极地轨道倾角约束，需较大程

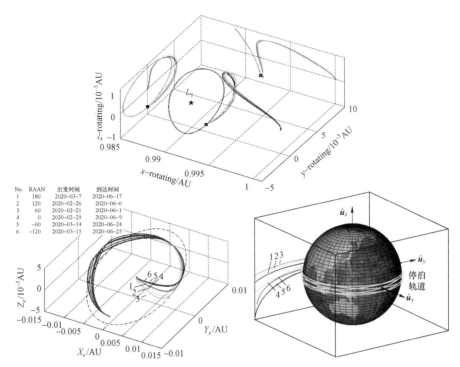

图 6-8　停泊轨道倾角 $i=5°$ 时不同升交点赤经约束的转移轨道（书后附彩插）

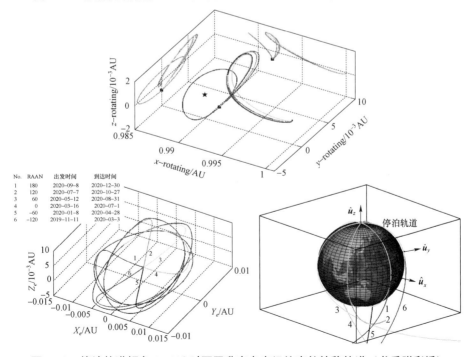

图 6-9　停泊轨道倾角 $i=90°$ 时不同升交点赤经约束的转移轨道（书后附彩插）

度地改变初值表达式确定的初始转移轨迹。同时，与小倾角情况的地球逃逸时间分布相比，极地轨道需要在大范围时间区间内搜索确定最佳的逃逸时刻。

在不同升交点赤经约束下，小倾角轨道与极地轨道的速度增量、飞行时间及逃逸地球时刻如图 6-10 所示，其中，升交点赤经每隔 4° 取值。比较可知，小倾角轨道转移在速度增量与飞行时间上存在明显优势，且不同情况的总速度增量、飞行时间和逃逸地球时刻变化较小，即 $\Delta V_{\text{total}} \in [3\,265.79, 3\,275.78]$ m/s，飞行时间 $[100.78, 102.40]$ 天，逃逸地球时刻分布于 2020 年 2 月 21 日至 3 月 16 日。最小速度增量位于 $\Omega = -41°$，探测器需要施加 3 212.59 m/s 的速度增量从此停泊轨道逃逸，航行 102.01 天后，在 HOI 点执行脉冲机动 $\Delta V_{\text{HOI}} = 53.19$ m/s 完成入轨操作。

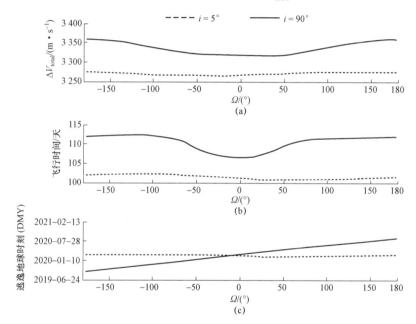

图 6-10 小倾角轨道与极地轨道的转移性能参数
（a）速度增量；（b）飞行时间；（c）逃逸地球时刻

针对极地轨道转移设计，总速度增量与飞行时间随着升交点赤经的变化趋势相似，总速度增量 $\Delta V_{\text{total}} \in [3\,318.49, 3\,359.52]$ m/s，飞行时间 $[106.89, 112.68]$ 天，逃逸地球时刻呈现单调变化。选取停泊轨道升交点赤经 $\Omega \in [-50°, 50°]$，能够构造出速度增量相对更省、飞行时间更短的转移轨道。其中，最优值位于 $\Omega = -1°$，相比小倾角轨道转移，探测器需要航行 106.89 天，施加更大的机动速度进入 Halo 轨道，即 $105.65 - 53.19 = 52.46$ m/s。以上研究表明，不同约束条件对转移轨道特性存在影响，有必要系统地分析不同停泊轨道倾角和升交点赤经的燃料消耗、飞行时间及逃逸地球时刻，从而为实际应用中停泊轨道的选择与确定提供参考。

在不同约束条件下，分别构造 6.4.1 小节中方案 1、方案 2 与方案 3 定义的转移轨道。图 6-11 描述了方案 1 转移轨道在不同轨道倾角与升交点赤经约束下参

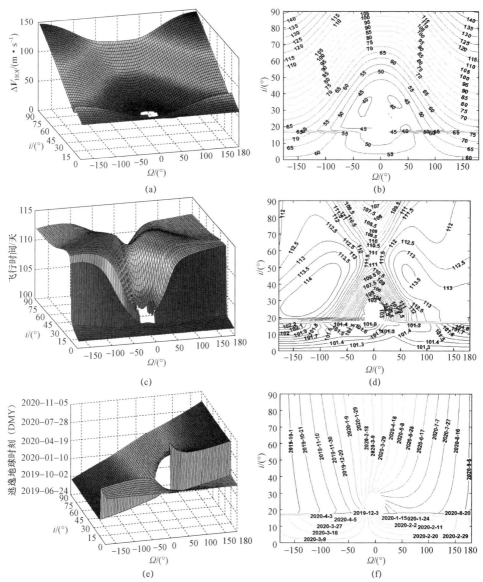

图 6-11　不同轨道倾角与升交点赤经约束的方案 1 转移轨道参数变化（书后附彩插）

（a）速度增量与轨道参数关系图；（b）速度增量等高图；（c）飞行时间与轨道参数关系图；
（d）飞行时间等高图；（e）逃逸地球时刻与轨道参数关系图；（f）逃逸地球时刻等高图

数变化，其中，倾角每隔 2° 取值，升交点赤经每隔 4° 取值。当停泊轨道倾角位于（18°，28°）、升交点赤经为（−13°，11°）时，不易设计出 L_1 点 Halo 轨道的转移轨迹。入轨点速度增量 ΔV_{HOI} 随着倾角增加总体呈现增大变化，最小与最大入轨机动增量分别为 33.34 m/s 和 146.27 m/s。同时，在实际任务中，升交点赤经可在 $\Omega=0$ 附近取值，能够实现速度增量较少的轨道转移。飞行时间的总体变化差异显著，当倾角 $i \leqslant 16°$ 时，航行时间在 100 天到 103 天之间变化，而 $i > 16°$ 时，最长飞行时间为 114.78 天。将结果与 ISEE−3 任务、文献 [1] 中基于流形设计的结果进行对比，在相同约束条件下，ISEE−3 任务入轨速度增量为 54 m/s，飞行时间为 100 天，而基于流形的设计结果为 32.3 m/s，飞行为 110.5 天，本书计算结果为 $\Delta V_{HOI}=$ 45.29 m/s，飞行时间为 102.26 天，验证了本章平动点轨道任务设计策略的有效性。

在不同约束条件下，方案 2 与方案 3 的转移轨道特性如图 6−12 和图 6−13

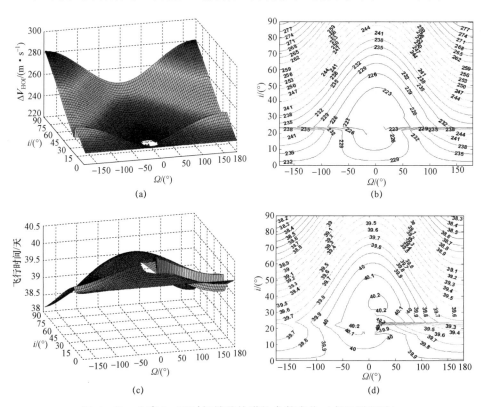

(a)　　　　　　　　　　　　(b)

(c)　　　　　　　　　　　　(d)

图 6−12　方案 2−短时间转移轨道的参数变化（书后附彩插）

（a）速度增量与轨道参数关系图；（b）速度增量等高图；

（c）飞行时间与轨道参数关系图；（d）飞行时间等高图

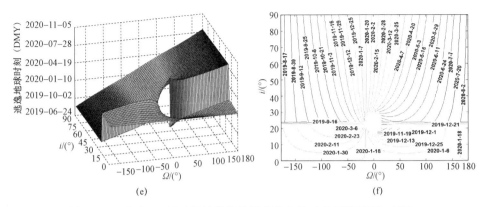

图 6-12　方案 2-短时间转移轨道的参数变化（书后附彩插）（续）

（e）逃逸地球时刻与轨道参数关系图；（f）逃逸地球时刻等高图

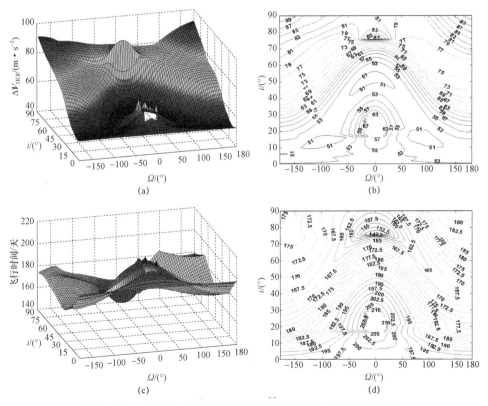

图 6-13　方案 3-长时间转移轨道的参数变化（书后附彩插）

（a）速度增量与轨道参数关系图；（b）速度增量等高图；

（c）飞行时间与轨道参数关系图；（d）飞行时间等高图

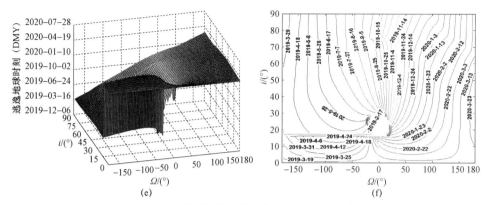

图 6-13 方案 3-长时间转移轨道的参数变化（书后附彩插）（续）

（e）逃逸地球时刻与轨道参数关系图；（f）逃逸地球时刻等高图

所示。与方案 1 转移情况相似，在部分倾角与升交点赤经约束下，不易构造出合适的转移轨道。速度增量随着轨道倾角和升交点赤经的总体变化趋势相近，探测器从大轨道倾角、大升交点赤经的停泊轨道出发，飞抵 Halo 轨道时需要施加较大的入轨机动速度，两种方案对应的速度增量 ΔV_{HOI} 范围为 [220.35，281.30] m/s 与 [49.98，92.41] m/s。同时，方案 2 的飞行时间特性与速度增量变化相反，最少航行时间为 38.11 天，而方案 3 的时间区间为 [147.10，214.40] 天。

与方案 2 结果对比，采用方案 3 进行轨道转移，任务所需的总速度增量降低 4.26% 到 5.49%，但飞行时间增加了 2.7 倍到 4.3 倍。因此，当以 Halo 轨道 +z 向最大值作为入轨点时，可以根据任务对燃料与时间的要求进行轨道选择。表 6-3 给出了方案 1、方案 2 及方案 3 中固定倾角条件下，最小速度增量对应的各项轨道参数。

表 6-3 3 种转移方案的轨道参数

方案	i / (°)	Ω / (°)	飞行时间/天	ΔV_{HOI} / (m·s⁻¹)	ΔV_{total} / (m·s⁻¹)	逃逸地球时刻
方案 1	10	−5	101.84	49.086	3 261.666	2020/02/24
	30	−29	106.80	39.248	3 251.619	2020/01/19
	50	−1	111.21	46.048	3 258.464	2020/03/15
	70	−1	109.77	71.738	3 284.372	2020/03/12
方案 2	10	−1	40.02	225.781	3 442.554	2020/01/06
	30	−17	40.16	221.347	3 438.062	2020/01/14
	50	3	40.13	223.351	3 440.108	2020/02/18
	70	3	39.84	232.353	3 449.281	2020/02/11

续表

方案	$i /$ (°)	$\Omega /$ (°)	飞行时间/天	ΔV_{HOI} / (m·s⁻¹)	ΔV_{total} / (m·s⁻¹)	逃逸地球时刻
方案 3	10	−117	190.38	50.890	3 263.892	2020/04/09
	30	71	190.20	51.246	3 264.228	2020/01/14
	50	−21	189.76	50.699	3 263.668	2019/08/20
	70	3	169.09	60.193	3 273.226	2019/10/09

6.4.3　平动点轨道入轨点与幅值的转移特性分析

在实际工程任务中，Halo 轨道入轨点不仅仅局限于 ±z 向最大值，考虑平动点轨道不同位置，分析其作为入轨点的可能性，能够提高任务设计的灵活度。以下针对 Halo 轨道不同位置的转移特性进行讨论。

假设地球停泊轨道约束包括：高度为 200 km，轨道倾角 30°，升交点赤经 90°，目标 Halo 轨道法向幅值为 120 000 km，且轨道按照等时间间隔 1.48 天进行划分。不同入轨位置对应的总速度增量、飞行时间与逃逸地球时间等参数如图 6-14、图 6-15 所示：由图可知，任务总速度增量变化趋势与 HOI 点机动速度变化一致，再次表明不同条件下燃料消耗差异主要在于入轨脉冲大小 ΔV_{HOI}。同时转移轨道大致可分为四类：第一类为短飞行时间-高脉冲转移（编号①~③），任务总速度增量在 3 376.89 m/s 到 3 445.28 m/s 之间，虽然需要的入轨机动较大（$\Delta V_{HOI} > 160$ m/s），但飞行时间小于 52 天，此类轨道可实现地球与 L_1 点 Halo 轨道间的快速转移；第二类为飞行时间-速度增量适中的转移（编号④~⑥），入轨点主要分布于 xy 平面内靠近地球的一侧；第三类为长飞行时间-高脉冲转移（编号⑦），转移轨道燃料与时间均不具有优势，实用性相对较差；第四类为长飞行时间-低脉冲转移（编号⑧），此区域内转移轨道随着 HOI 点变化，速度增量不断减小而任务时间逐步延长。

综上所述，当任务要求快速转移时，可选择第一类转移轨道进行轨道设计。当同时考虑燃料消耗与飞行时间的综合影响时，第二类转移轨道能够较好地满足任务需求。当然，航天任务方案的确定需结合科学目标与工程约束条件，本章的研究能够为未来任务的设计提供一定的参考。

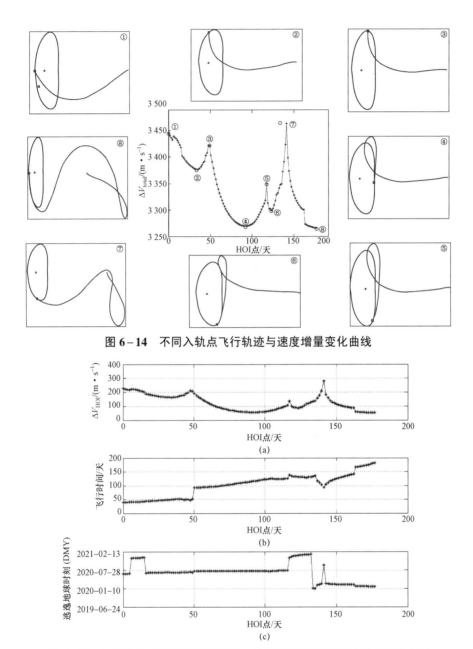

图 6-14　不同入轨点飞行轨迹与速度增量变化曲线

图 6-15　不同入轨点对应的速度增量、飞行时间与逃逸地球时刻变化关系
（a）速度增量；（b）飞行时间；（c）逃逸地球时刻

以上研究表明，方案 1 与方案 2，即第一类转移轨道与第二类转移轨道，在转移任务设计中具有较好的应用价值。同时，由于不同幅值 Halo 轨道对应的 Jacobi 能量积分不同，将会对转移轨道速度增量等性能参数产生影响，因此，结

合这两类转移类型，对不同法向幅值的转移轨道特性进行讨论。假设地球停泊轨道约束满足：轨道高度 200 km，升交点赤经 90°，倾角分别为 10°和 30°，探测器沿速度矢量方向施加脉冲逃逸地球。

图 6-16 描述了方案 1 在不同幅值条件下的转移轨道，对应的入轨点速度增量、飞行时间与逃逸地球时刻如图 6-17 所示。入轨点速度增量随着幅值增大总体呈现先减小后增大的趋势，并且在某个幅值条件后，即 $i=10°$，$Az=496\ 000$ km 与 $i=30°$，$Az=618\ 000$ km，任务燃料消耗与飞行时间显著变化。当任务的目标 Halo 轨道法向幅值在 400 000 km 取值时，能够构造出速度增量较小的转移轨迹，分别为 22.548 m/s 和 8.615 m/s。同时，比较两种倾角结果，停泊

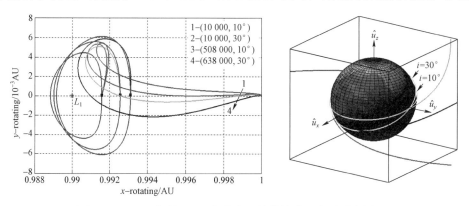

图 6-16　不同幅值 Halo 的方案 1 转移轨道（书后附彩插）

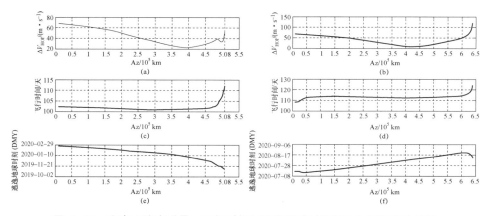

图 6-17　方案 1 速度增量、飞行时间与逃逸地球时刻随法向幅值变化曲线

（a）速度增量与法向幅值关系图（$i=10°$）；（b）速度增量与法向幅值关系图（$i=30°$）；
（c）飞行时间与法向幅值关系图（$i=10°$）；（d）飞行时间与法向幅值关系图（$i=30°$）；
（e）逃逸地球时刻与法向幅值关系图（$i=10°$）；（f）逃逸地球时刻与法向幅值关系图（$i=30°$）

轨道 $i=10°$ 的轨道转移飞行时间优于 $i=30°$ 情况，而满足条件的 Halo 轨道少于 $i=30°$ 的转移任务。

针对方案 2 的不同幅值特性分析，转移轨道与相应的轨道参数如图 6-18 和图 6-19 所示。与方案 1 类似，大幅值条件下不易构造出燃料消耗与飞行时间适中的转移轨道。当倾角 $i=10°$ 且法向幅值 $Az \leqslant 474\,000$ km 时，所需速度增量与飞行时间在小范围内变化（$\Delta V_{HOI} \in [224.19, 231.90]$ m/s，$\tau_f \in [39.85, 43.80]$ 天）。在设计过程中，由于飞行时间小于 30 天的转移任务对应的 Halo 轨道入轨速度增量较大，本书不考虑此条件下的转移轨道。当倾角 $i=30°$ 时，最小燃料消耗位于 $Az=458\,000$ km，探测器施加 214.23 m/s 的脉冲速度即可完成 42.83 天的平动点轨道转移任务。

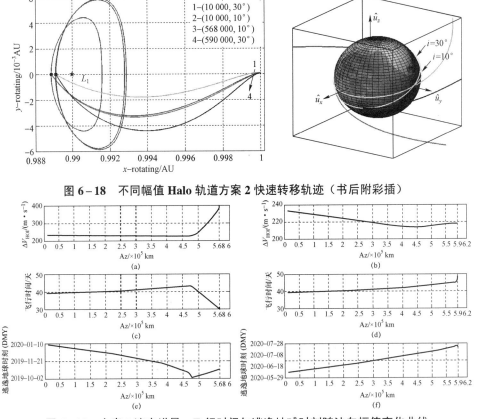

图 6-18　不同幅值 Halo 轨道方案 2 快速转移轨迹（书后附彩插）

图 6-19　方案 2 速度增量、飞行时间与逃逸地球时刻随法向幅值变化曲线
（a）速度增量与法向幅值关系图（$i=10°$）；（b）速度增量与法向幅值关系图（$i=30°$）；
（c）飞行时间与法向幅值关系图（$i=10°$）；（d）飞行时间与法向幅值关系图（$i=30°$）；

（e）逃逸地球时刻与法向幅值关系图（$i=10°$）；（f）逃逸地球时刻与法向幅值关系图（$i=30°$）

■ 6.5 限制性四体模型的转移轨道设计

将限制性三体模型下转移结果推广至双圆限制性四体模型，考虑月球位置变化对转移轨道设计的影响，相位角满足 $\theta_m=\omega_m t+\theta_{m0}$ 且月球初始相位角可由星历表数据求解。应注意，限制性四体模型仅在转移轨道设计过程中使用，质量比常数由太阳引力与地球引力求得，即 $\mu=3.003\,5\times10^{-6}$。选取表 6-3 中方案 1 与方案 2 的转移轨道进行分析，其中地球停泊轨道高度、倾角与升交点赤经约束与表中数据一致。倾角 $i=50°$ 的转移轨道及两种模型下轨道位置差异如图 6-20 所示，其中，红色和黑色分别为限制性三体模型与限制性四体模型的转移轨道。

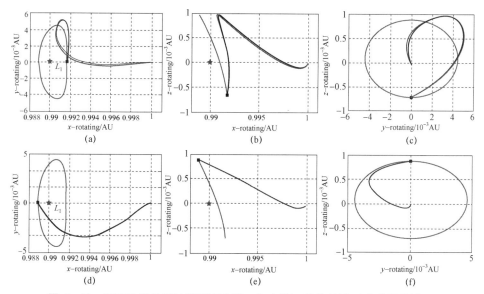

图 6-20 双圆限制性四体模型下方案 1 与方案 2 转移轨道（书后附彩插）
（a）会合坐标系下 x-y 平面转移轨道（方案 1）；（b）会合坐标系下 x-z 平面转移轨道（方案 1）；
（c）会合坐标系下 y-z 平面转移轨道（方案 1）；（d）会合坐标系下 x-z 平面转移轨道（方案 2）；
（e）会合坐标系下 x-z 平面转移轨道（方案 2）；（f）会合坐标系下 y-z 平面转移轨道（方案 2）

由图 6-20 可知，与三体模型比较，限制性四体模型下两种方案的转移轨道存在一定差异，但轨迹总体变化相似。针对方案 1，探测器从轨道高度 200 km、倾角 50°、升交点赤经 -1° 的地球停泊轨道逃逸后，经过 112.490 天到达目标 Halo 轨道，施加 46.199 m/s 的脉冲机动完成入轨。类似地，短飞行时间在入轨点所需的速度增量较大，$\Delta V_{\text{HOI}} = 218.544 \text{ m/s}$，探测器仅需要飞行 40.324 天。表 6–4 给出了其他倾角约束条件下，轨道速度增量与飞行时间等参数。

表 6–4　方案 1 与方案 2 不同约束下转移轨道参数

方案	i /（°）	ΔV_{total} /（m·s^{-1}）	ΔV_{HOI} /（m·s^{-1}）	飞行时间/天
方案 1	10	3 349.411	54.233	101.969
	30	3 232.966	38.753	106.196
	50	3 240.568	46.199	112.490
	70	3 265.027	70.742	111.508
方案 2	10	3 424.554	225.608	39.652
	30	3 438.401	234.962	51.704
	50	3 416.690	218.544	40.324
	70	3 408.609	214.695	41.057

▉ 6.6　本章小结

本章针对探测器从 200 km 高度地球停泊轨道出发飞抵日地系 L_1 点 Halo 轨道的转移轨道设计方法进行研究，重点分析了不同情况下的转移轨道特性。首先，针对多约束转移轨道设计问题，由于停泊轨道倾角与升交点赤经和逃逸地球时刻有关，在微分修正算法中将逃逸地球时刻作为自由变量进行迭代修正，能够有效地构造出满足约束条件的转移轨道。其次，通过对轨道数据进行非线性拟合，提出了初值表达式，较好地解决了轨道设计过程中的初值猜想问题，数值仿真验证了初值表达式的适用性与有效性。系统地分析了不同停泊轨道约束、不同目标轨道入轨点与法向幅值对转移轨道性能的影响，给出了不同约束条件下的燃料消耗与飞行时间变化，为实际任务中地球停泊轨道的选择提供依据。研究表明，相比大倾角轨道转移设计，选取倾角较小的地球停泊轨道能够更好地构造出总速度增量较小的转移轨道。同时，得到了短飞行时间–高脉冲、燃料与时间折中的两类轨道转移入轨点分布，为工程应用中入轨点的确定提供一定的参考。最后，将限制性三体模型下的转移轨道推广至限制性四体模型中。

▓ 参考文献

[1] BARDEN B T. Using stable manifolds to generate transfers in the circular restricted problem of three bodies[D]. West Lafayette: Purdue University, 1994.

第 7 章
地月系平动点轨道借力转移方案设计与分析

7.1 引言

随着平动点轨道任务的相继提出，月球背面在未来天文观测、月球基地建设中有着重要地位，地月系 L_1 点与 L_2 点附近平动点轨道的应用价值逐日突显。航行于 L_2 点附近平动点轨道的探测器可以观测月球背面，为月球背面的着陆任务提供导航方案。同时，围绕 L_1 点与 L_2 点能够构造出到达月球、火星和其他行星的低耗能转移轨道，是探测深空环境的最佳落脚点。

对于地月系平动点轨道设计问题，传统的解决方法为两脉冲直接转移、流形与天体借力结合的三脉冲转移。直接转移所需的速度增量较大，但能够在短时间内完成转移任务。在轨道设计中引入天体借力飞行与流形理论，将进一步降低任务的燃料消耗，构造出低能量转移轨道。然而，此类转移方式也带来了新的难题与挑战。如何针对不同目标轨道快速地确定最佳的天体借力位置、如何有效地调整流形实现节能转移、如何选择合适的任务入轨点都是值得研究的问题。

本章以地月三体系统的平动点轨道转移为背景，研究了圆形限制性三体模型与限制性四体模型下的月球借力低能量转移设计问题，并针对以上研究问题展开讨论分析，最终解决了地月系平动点轨道的月球借力转移设计与参数选择问题。第 7 章研究内容结构如图 7-1 所示。

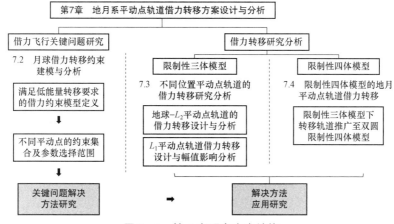

图 7-1　第 7 章研究内容结构

7.2　月球借力转移约束建模与分析

由图 7-2 可知，L_1 点和 L_2 点 Halo 轨道的稳定流形能够延伸至月球附近，结合这一特性可以将稳定流形作为初始转移轨道。同时，为了保证轨迹到达期望的月球借力位置，通过施加脉冲对稳定流形进行调整。以下将对低能量转移轨道设计时月球借力机动点满足的约束条件及参数选取范围进行讨论。

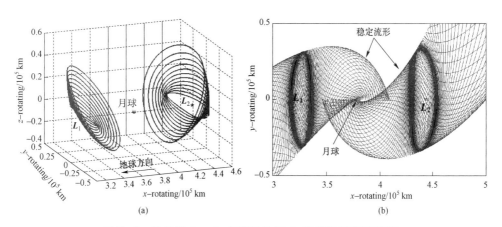

图 7-2　地月系 L_1、L_2 点附近的 Halo 轨道及其稳定流形
（a）地月系 L_1、L_2 点附近的 Halo 轨道；（b）地月系 L_1、L_2 点附近的稳定流形

7.2.1　借力约束模型的定义

针对地月系 L_1、L_2 平动点轨道任务,考虑月球借力能够降低任务的燃料消耗,但不同的月球借力位置对总速度增量与飞行时间等参数存在着显著影响。因此,有必要建立满足低能量转移要求的借力约束模型。图 7–3(a)为月球借力后的飞行轨迹示意图:探测器由地球飞行至月球借力机动点,施加脉冲 ΔV_{LFB} 改变路径,飞行一段时间后在目标平动点轨道上施加入轨机动 ΔV_{HOI}。

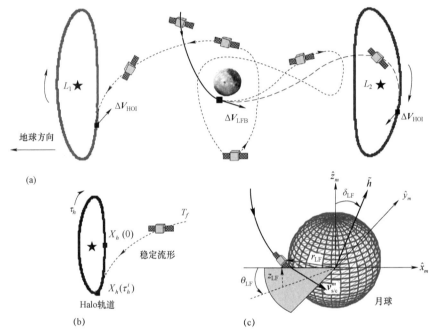

图 7–3　月球借力转移示意图、平动点轨道状态描述及借力约束定义
(a)月球借力转移示意图;(b)平动点轨道状态描述;(c)借力约束定义

具体地,本书考虑的月球借力约束包括:近月点高度 h_m,相对月球的飞行航迹角 $\gamma_{\mathrm{s/c}}^m$,借力方位角 δ_{LF},借力点 z 轴分量 Z_{LF} 及 xy 平面内角度 θ_{LF},如图 7–3(c)所示。其中,借力方位角 δ_{LF} 为月球借力点轨道平面角动量矢量与会合系 $\hat{z}_m$ 轴之间的夹角。在设计过程中,采用时间变量 τ_h 表征 Halo 轨道上给定时刻的状态量,将 τ_h 作为自由变量,通过不断迭代调整,能够确定合适的入轨点。

结合逆向积分设计策略和微分修正算法处理 Halo 轨道入轨点与借力机动

点、借力机动点与地球停泊轨道之间的两点边值问题。针对入轨点与借力机动点间轨道设计，选定自由变量为 HOI 点三轴速度增量，借力点与 HOI 点飞行时间 T_{hf} 和时间变量 τ_h，约束变量为 $C = [h_m, z_{LF}, \delta_{LF}, \theta_{LF}, \gamma^m_{s/c}]^T$，则约束变量的微分关系式满足：

$$
\begin{aligned}
\delta C_i &= \frac{\partial C_i}{\partial \Delta V_{HOI}} \delta \Delta V_{HOI} + \frac{\partial C_i}{\partial T_{hf}} \delta T_{hf} + \frac{\partial C_i}{\partial \tau_h} \delta \tau_h \\
&= \left[\frac{\partial C_i}{\partial \boldsymbol{r}_f}, \frac{\partial C_i}{\partial \boldsymbol{v}_f} \right] \boldsymbol{\Phi}(T_{hf}, T_{h0}) \left(\frac{\partial \boldsymbol{X}_h^p}{\partial \Delta V_{HOI}} \delta \Delta V_{HOI} + \frac{\partial \boldsymbol{X}_h^p}{\partial \tau_h} \delta \tau_h \right) + \left(\left[\frac{\partial C_i}{\partial \boldsymbol{r}_f}, \frac{\partial C_i}{\partial \boldsymbol{v}_f} \right] \begin{bmatrix} \boldsymbol{v}_f \\ \boldsymbol{a}_f \end{bmatrix} \right) \delta T_{hf}
\end{aligned}
$$

$$(7-1)$$

其中，$\boldsymbol{X}_h^p$ 为包含 Halo 轨道入轨机动脉冲的状态量，可知

$$
\boldsymbol{X}_h^p(\tau_h) = \boldsymbol{X}_h(\tau_h) \pm d_m \frac{\gamma^s(\tau_h)}{\|\gamma^s(\tau_h)\|} + \begin{bmatrix} 0_{3\times1} \\ \Delta V_{HOI} \end{bmatrix}
$$

$$(7-2)$$

$\boldsymbol{X}_h(\tau_h)$ 为 Halo 轨道上 τ_h 时刻对应的状态量，则式（7-1）中 $\partial \boldsymbol{X}_h^p(\tau_h)/\partial \Delta V_{HOI} = [0_{3\times3}, \boldsymbol{I}_{3\times3}]^T$，由式（7-2）可知，入轨点状态量是时间变量 τ_h 的函数，满足：

$$
\begin{aligned}
\frac{\partial \boldsymbol{X}_h^p(\tau_h)}{\partial \tau_h} &= \frac{\partial}{\partial \tau_h} \left(\boldsymbol{X}_h(\tau_h) \pm d_m \frac{\gamma^s(\tau_h)}{\|\gamma^s(\tau_h)\|} + \begin{bmatrix} 0_{3\times1} & \Delta V_{HOI} \end{bmatrix} \right) = \frac{\partial \boldsymbol{X}_h(\tau_h)}{\partial \tau_h} \pm d_m \frac{\partial}{\partial \tau_h} \left(\frac{\gamma^s(\tau_h)}{\|\gamma^s(\tau_h)\|} \right) \\
&= \frac{\partial \boldsymbol{X}_h(\tau_h)}{\partial \tau_h} \pm d_m \left(\frac{\dot{\boldsymbol{\Phi}}(\tau_h, \tau_h^0) \gamma_0^s}{\|\gamma^s(\tau_h)\|} - \frac{\gamma^s(\tau_h)}{\|\gamma^s(\tau_h)\|^2} \frac{\partial \left(\|\dot{\boldsymbol{\Phi}}(\tau_h, \tau_h^0) \gamma_0^s\| \right)}{\partial \tau_h} \right)
\end{aligned}
$$

$$(7-3)$$

式中，$\partial \boldsymbol{X}_h^p(\tau_h)/\partial \tau_h = [\boldsymbol{v}_h, \boldsymbol{a}_h]^T$，为速度矢量与加速度矢量。因此，求解约束变量关于会合系下状态量 $\boldsymbol{r}_f$、$\boldsymbol{v}_f$ 的偏导数即可确定式（7-1）。

近月点高度和航迹角约束关于状态量的偏导数与式（6-9）和式（6-14）一致，只需利用探测器相对于月球的位置和速度矢量替换即可。

1. z_{LF} 约束与平面角度 θ_{LF} 约束

借力点 z 轴分量约束与平面角度约束仅是位置的函数，与速度无关，其中，

$$
\tan \theta = \frac{y}{x - 1 + \mu}
$$

$$(7-4)$$

则偏导数满足

$$\begin{cases} \dfrac{\partial z_{LF}}{\partial \boldsymbol{r}_f} = [0 \quad 0 \quad 1] \\[4mm] \dfrac{\partial \theta_{LF}}{\partial \boldsymbol{r}_f} = \left[\dfrac{-y}{(x-1+\mu)^2} \quad \dfrac{1}{(x-1+\mu)} \quad 0 \right] \end{cases} \qquad (7-5)$$

2. 借力方位角 δ_{LF} 约束

借力方位角在会合坐标系中求解，其定义与地心惯性系下地球停泊轨道倾角的定义相似，表达式为

$$\cos\delta_{LF} = \frac{\boldsymbol{r}_{LF}^{\times} \boldsymbol{v}_f}{\left\| \boldsymbol{r}_{LF}^{\times} \boldsymbol{v}_f \right\|} \cdot \hat{\boldsymbol{z}}_m \qquad (7-6)$$

式中，$\boldsymbol{r}_{LF}$ 为近月点相对于月球质心的位置矢量，即 $\boldsymbol{r}_{LF} = [x-1+\mu, y, z]^{\mathrm{T}}$，$\hat{\boldsymbol{z}}_m = [0,0,1]^{\mathrm{T}}$。结合矢量运算法则，借力方位角约束关于位置矢量的偏导数为

$$\begin{aligned} \frac{\partial \delta_{LF}}{\partial \boldsymbol{r}_f} &= \frac{(\boldsymbol{v}_f^{\times} \hat{\boldsymbol{z}}_m)}{\left\| \boldsymbol{r}_{LF}^{\times} \boldsymbol{v}_f \right\|} \frac{\partial \boldsymbol{r}_{LF}}{\partial \boldsymbol{r}_f} - \frac{1}{\left\| \boldsymbol{r}_{LF}^{\times} \boldsymbol{v}_f \right\|} \frac{(\boldsymbol{r}_{LF}^{\times} \boldsymbol{v}_f) \cdot \hat{\boldsymbol{z}}_m}{\left\| \boldsymbol{r}_{LF}^{\times} \boldsymbol{v}_f \right\|} \frac{\partial \left(\left\| \boldsymbol{r}_{LF}^{\times} \boldsymbol{v}_f \right\| \right)}{\partial \boldsymbol{r}_f} \\[2mm] &= \frac{(\boldsymbol{v}_f^{\times} \hat{\boldsymbol{z}}_m)}{\left\| \boldsymbol{r}_{LF}^{\times} \boldsymbol{v}_f \right\|} - \cos\delta_{LF} \frac{\left\| \boldsymbol{v}_f \right\|^2 \boldsymbol{r}_{LF}^{\mathrm{T}} - (\boldsymbol{r}_{LF} \cdot \boldsymbol{v}_f)(\boldsymbol{v}_f)^{\mathrm{T}}}{\left\| \boldsymbol{r}_{LF}^{\times} \boldsymbol{v}_f \right\|^2} \end{aligned} \qquad (7-7)$$

方位角约束关于速度矢量的偏导数满足：

$$\begin{aligned} \frac{\partial \delta_{LF}}{\partial \boldsymbol{v}_f} &= \frac{(\hat{\boldsymbol{z}}_m^{\times} \boldsymbol{r}_{LF})}{\left\| \boldsymbol{r}_{LF}^{\times} \boldsymbol{v}_f \right\|} \frac{\partial \boldsymbol{v}_f}{\partial \boldsymbol{v}_f} - \frac{1}{\left\| \boldsymbol{r}_{LF}^{\times} \boldsymbol{v}_f \right\|} \frac{(\boldsymbol{r}_{LF}^{\times} \boldsymbol{v}_f) \cdot \hat{\boldsymbol{z}}_m}{\left\| \boldsymbol{r}_{LF}^{\times} \boldsymbol{v}_f \right\|} \frac{\partial \left(\left\| \boldsymbol{r}_{LF}^{\times} \boldsymbol{v}_f \right\| \right)}{\partial \boldsymbol{v}_f} \\[2mm] &= \frac{(\hat{\boldsymbol{z}}_m^{\times} \boldsymbol{r}_{LF})}{\left\| \boldsymbol{r}_{LF}^{\times} \boldsymbol{v}_f \right\|} - \cos\delta_{LF} \frac{\left\| \boldsymbol{r}_{LF} \right\|^2 (\boldsymbol{v}_f)^{\mathrm{T}} - (\boldsymbol{r}_{LF} \cdot \boldsymbol{v}_f) \boldsymbol{r}_{LF}^{\mathrm{T}}}{\left\| \boldsymbol{r}_{LF}^{\times} \boldsymbol{v}_f \right\|^2} \end{aligned} \qquad (7-8)$$

针对借力机动位置与地球停泊轨道的转移段设计，设定自由变量为机动速度增量 $\Delta \boldsymbol{V}_{LFB}$ 与地月飞行时间 T_{mf}，约束变量为地球停泊轨道高度与相对于地球的飞行航迹角 $\gamma_{s/c}^e$。则停泊轨道高度约束与航迹角 $\gamma_{s/c}^e$ 约束的微分关系式与式（7-1）的求解过程相似，表达式中不考虑时间变量 τ_h。

7.2.2 约束集合及参数范围选择

由于平动点轨道位置分布和三体系统中复杂动力学特性的影响，L_1 点与 L_2 点 Halo 轨道实现低能量转移对应的月球借力机动位置各不相同，在轨道设计时需要考虑不同的约束条件。以下针对 L_1 点与 L_2 点轨道转移设计，对上述月球借力约束进行分类，并给出相应的参数取值范围。

（1）针对目标轨道为 L_2 点 Halo 轨道的转移设计，图 7-4 描述了不同幅值与入轨点条件下，仅考虑近月点高度与航迹角约束时的速度增量等参数变化特性，其中，τ_{unit} 为归一化的入轨点时间变量。比较可知，对于相同的 τ_{unit}，随着法向幅值的增加，HOI 点速度增量与飞行时间变化微小，而脉冲增量 ΔV_{LFB} 与借力方位角 δ_{LF} 改变显著。当法向幅值 Az < 5 000 km 时，仅考虑轨道高度与航迹角约束即可确定合适的借力机动位置。当法向幅值 Az ≥ 5 000 km 时，在最佳近月点位置搜索过程中，需同时约束高度、借力方位角与航迹角。一般地，近月点高度为 100~500 km 时具有较好的借力效果，借力方位角限定 $\delta_{\text{LF}} \in [4°, 8°]$，飞行航迹角 $\gamma_{\text{s/c}}^m = 0$ 作为轨迹修正过程中积分的终止条件。

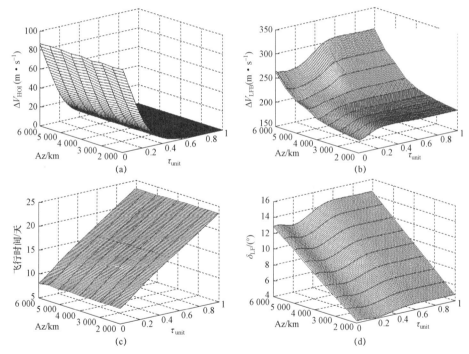

图 7-4　不同幅值与入轨点对应速度增量、飞行时间及方位角 δ_{LF} 变化特性

（a）HOI 点速度增量、法向幅值与入轨点时间关系图；（b）脉冲速度增量、法向幅值与入轨点时间关系图；
（c）飞行时间、法向幅值与入轨点时间关系图；（d）借力方位角、法向幅值与入轨点时间关系图

（2）针对目标轨道为 L_1 点 Halo 轨道，且幅值 Az < 10 000 km 的转移设计，需考虑轨道高度、z 轴分量 z_{LF}、xy 平面角度 θ_{LF} 及航迹角约束。积分终止条件由航迹角转变为角度 θ_{LF}，且满足 $\theta_{\text{LF}} \in [-140°, -115°]$。航迹角与近月点 z_{LF} 的取值范围分别为（0，2°）和 [150，400] km。应注意，L_1 点的转移轨道构造相比

L_2 点任务更加复杂。基于微分修正算法,以稳定流形作为初始转移轨道进行设计时,迭代步长应为小量。

(3)针对 L_1 点 Halo 轨道且幅值 Az≥10 000 km 的转移设计,相比 Az<10 000 km 情况,约束集合中忽略航迹角约束。研究表明,大幅值 Halo 轨道不易设计出航迹角较小的转移轨迹。低能量转移轨道对应的 z_{LF} 取值在 400~800 km。

综上所述,地月系 L_1 点、L_2 点 Halo 轨道的月球借力转移设计方法描述为:

(1)根据任务要求选择目标 Halo 轨道,设定初始入轨点位置及近月点至入轨点飞行时间 T_{hf},采用逆向积分策略得到入轨点对应的稳定流形。

(2)构造近月点至入轨点转移轨迹。首先结合目标 Halo 轨道选取不同的借力约束集合,在给定范围内取值。基于微分修正算法迭代更新自由变量,通过对稳定流形不断调整,使得转移轨道末端满足月球借力约束条件,最终确定入轨点速度增量 ΔV_{HOI} 与转移时间 T_{hf}^*。

(3)构造地球停泊轨道至借力机动点转移轨迹。假定飞行时间为 T_{mf},在方法(2)中近月点三轴速度方向添加小扰动量,矢量方向与速度方向一致,大小为(0,5)m/s,逆向积分确定初始轨迹,结合微分修正算法可构造出满足地球停泊轨道高度约束的转移轨道,从而确定月球借力机动速度增量 ΔV_{LFB}、地球逃逸速度增量 ΔV_{TTI} 及转移时间 T_{mf}^*。

(4)将方法(2)与方法(3)的转移轨道进行拼接,最终得到从地球停泊轨道出发到达期望 Halo 轨道的月球借力转移轨道,以及任务的总速度增量与飞行时间。

此设计方法通过对完整转移轨道分段处理,能够有效地降低轨道设计对关键参数的敏感度,快速构造出满足约束条件的低能量转移轨道。

▨ 7.3　不同位置平动点轨道的借力转移研究分析

在地月圆形限制性三体模型中,对 L_1 点和 L_2 点 Halo 轨道的月球借力转移轨道进行设计。以法向幅值 2 000~30 000 km 的 Halo 轨道为研究对象,分析幅值变化对任务燃料消耗和飞行时间的影响。讨论不同入轨点与月球借力约束条件的转移轨道特性,确定低能量转移的入轨点选择范围。在设计过程中,选定地球停泊轨道高度为 200 km,转移轨道近月点高度为 100 km。

7.3.1　地球 – L_2 平动点轨道的借力转移设计与分析

图 7 – 5 描述了目标 Halo 轨道幅值为 5 000 km 时的转移轨迹，其中，近月点满足给定的借力方位角约束。具体地，以稳定流形为初始转移轨道，通过微分修正算法能够快速地构造出近月点至入轨点的轨道，并且迭代过程中不断搜索合适的入轨点。对近月点仅满足高度与航迹角约束的转移结果对比，由图 7 – 4 可知，$\delta_{LF} = 11.64°$、$\Delta V_{LFB} = 246.822$ m/s 和 $\Delta V_{HOI} = 2.172$ m/s，为了使轨道末端方位角 $\delta_{LF} = 5°$，需要增大入轨点速度增量调整流形变化，即 $17.676 - 2.172 = 15.504$ m/s。然而，满足方位角约束的近月点能够显著地降低借力机动速度增量，$\Delta V_{LFB} = 195.80$ m/s。任务所需总速度增量减少约 39.66 m/s，两种情况下飞行时间变化较小，相差 0.299 天。

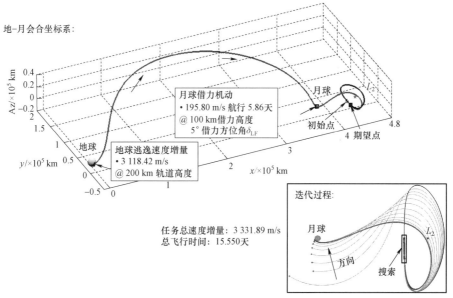

图 7 – 5　L_2 点 Halo 轨道（Az = 5 000 km）的转移轨道与迭代求解过程

为了进一步验证约束集合的有效性，并分析不同入轨点对任务燃料与时间的影响，选取 Halo 轨道上 8 个入轨点进行转移轨道设计，结果如图 7 – 6 所示。图 7 – 6（a）给出了借力机动点方位角 $\delta_{LF} = 5°$ 时，不同入轨点改变情况以及任务总燃料消耗和飞行时间。比较可知，轨道（1）的转移轨迹与其他入轨点转移存在差异，探测器需要在借力点与入轨点分别施加机动 180.56 m/s 和 116.851 m/s。虽然任务总速度增量较大，但此类型转移具有时间优势，适合短时间要求的转移任务。同时，当入轨点满足 $\tau_{\text{unit}} \in [0.25,\ 0.50]$ 时，即轨道（3）与轨道（4），能够较好地构造出速度增量与飞行时间适中的转移轨道。

图 7-6（b）为近月点满足不同约束条件时，燃料消耗与飞行时间变化特性。结果表明，考虑借力点方位角约束能够有效地降低探测器在转移过程中的总燃料消耗。随着借力方位角取值减小，速度增量总体呈现下降趋势。同时，对于相同入轨点，不同约束对应的飞行时间改变较小。

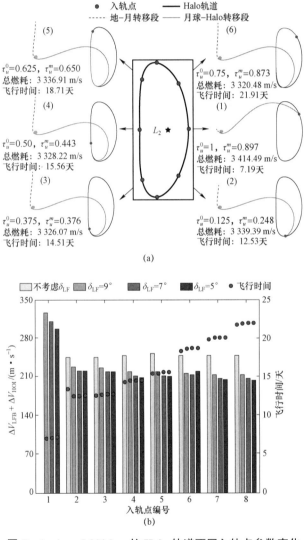

(a)

(b)

图 7-6 Az = 5 000 km 的 Halo 轨道不同入轨点参数变化

（a）Az= 5 000 km 的 Halo 轨道不同入轨点参数变化；（b）不同借力方位角下的燃耗与飞行时间变化特性

分析不同幅值 Halo 轨道的转移特性，能够为目标轨道的选取提供依据。对于 Halo 轨道法向幅值大于 10 000 km 的转移轨道，速度增量、飞行时间和入轨点参数如图 7-7 所示。不同情况下的飞行轨迹变化相似，借力机动点集中于 xy 平面附近。具体地，速度增量随着幅值变化逐渐增大，主要原因是：大幅值 Halo 轨道的稳定流形不易满足给定的近月点约束，需要增大入轨点机动较大程度地改变流形轨迹。同时，飞行时间逐步缩短，保持在 12.05～14.08 天，其中探测器需要约 8 天时间才能从近月点飞抵 Halo 轨道入轨点。

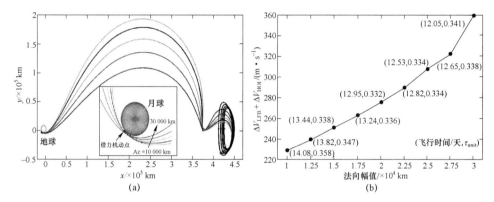

图 7-7　Halo 轨道法向幅值大于 10 000 km 转移轨道及参数变化（书后附彩插）

（a）Halo 轨道法向幅值大于 10 000 km 转移轨道；（b）Halo 轨道法向幅值大于 10 000 km 参数变化

表 7-1 对比地月系 L_2 点 Halo 轨道的三种轨道转移方式，其中，直接转移所需的速度增量较大，此类型转移适合短时间飞行任务。弱稳定转移虽然降低了任务的燃料消耗，但飞行时间显著延长，并且转移轨道设计受日地月运动的影响。月球借力转移方式则有效克服了直接转移与弱稳定转移的缺点，是燃料与时间折中的转移方案。

表 7-1　L_2 点 Halo 轨道不同轨道转移方式结果对比

轨道转移方式	总速度增量/ $(\text{m}\cdot\text{s}^{-1})$	ΔV_{LFB} / $(\text{m}\cdot\text{s}^{-1})$	ΔV_{HOI} / $(\text{m}\cdot\text{s}^{-1})$	飞行时间/ 天	文献
直接转移	3 600～4 080	—	800～960	5～15	[1]
弱稳定转移	3 160～3 270	—	—	98～190	[2-3, 4]
月球借力转移	3 290～3 480	180～220	0～175	6.5～16.5	[5, 6-7] 本书结果

同时,将本书设计结果与以往研究中基于月球借力转移的结果进行对比,如表 7-2 所示,转移轨道总速度增量和飞行时间相近。当幅值 Az=5 000 km 时,本书的结果在燃料消耗与飞行时间上相对较小,进一步验证了所提出设计方法的有效性。

表 7-2 月球借力转移轨道设计结果对比

文献	Halo 幅值 /km	停泊轨道高度/km	总速度增量/ (m·s⁻¹)	ΔV_{LFB} / (m·s⁻¹)	ΔV_{HOI} / (m·s⁻¹)	飞行时间/天
[5]	6 000	200	3 440	380	—	20
[6]	5 000	200	3 336.07	197.79	20.55	16.43
	10 000	200	3 345.71	189.69	40.76	16.14
[7]	5 000	400	3 298	216	4	15.72
本书结果	5 000	200	3 326.07	195.75	13.32	14.51
	10 000	200	3 346.36	189.04	39.76	14.08

7.3.2 L_1 平动点轨道借力转移设计与幅值影响分析

L_2 平动点轨道转移特性能够为 L_1 点转移任务的借力机动点选取提供参考。然而,由于 L_1 点位置和复杂动力学的影响,相比 L_2 点 Halo 轨道月球借力转移,L_1 点 Halo 轨道的转移设计更加复杂,需要大幅度地改变初始稳定流形。与 L_2 点轨道转移任务相似,在 τ_{unit} =0.5 附近选取入轨点,能够较好地构造出满足约束的借力飞行轨迹。

选取 L_1 点法向幅值 10 000 km 的 Halo 轨道,分析 7.2.2 小节中两种约束集合的转移效果,转移轨道及机动点的约束取值如图 7-8 所示。针对图 7-8(a),探测器从地球停泊轨道逃逸后,经过 6.03 天飞行抵达 100 km 高度的近月点,施加借力机动 195.06 m/s 后,首先飞往 L_2 点附近。随后经过两次月球借力改变运动轨迹,最终到达目标轨道,燃料消耗 3 359.32 m/s,耗时 22.27 天。图 7-8(b)转移轨道与图 7-8(a)中存在较大差异,但同样会经过 L_2 点附近,并且两种情况的总速度增量与飞行时间相差较小。

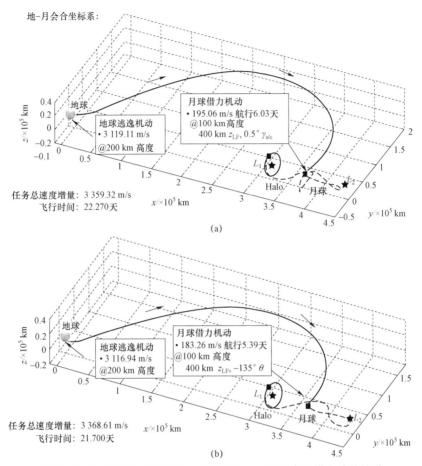

图 7-8　L_1 点 Halo 轨道（Az = 10 000 km）两种类型借力转移轨道
（a）L_1 点 Halo 轨道（Az =10 000 km）借力转移轨道（约束一）；
（b）L_1 点 Halo 轨道（Az =10 000 km）借力转移轨道（约束二）

　　为了进一步验证本书提出的法向幅值 Az＜10 000 km 借力约束集合的有效性，选取 L_1 点法向幅值为 2 000～10 000 km 的 Halo 轨道进行讨论，转移轨道与速度增量等轨道参数如图 7-9、图 7-10 所示。

　　在地月会合系下，不同幅值对应的转移轨迹结构相似，地球逃逸点、借力机动点及合适的入轨点分布在小范围内。地球逃逸速度增量约 3.12 km/s，月球近月点机动与入轨点机动增量分别为 $\Delta V_{LFB} \in (194, 205)$ m/s 和 $\Delta V_{HOI} \in (44, 50)$ m/s。由图 7-10（b）可知，总飞行时间（曲线）随着幅值增大总体上逐步增加，但改变量小于 0.5 天。当法向幅值 Az = 5 000 km 时，转移轨道的总速度增量最小 $\Delta V_{min} = 3\,357.54$ m/s，探测器需要航行 22.16 天，包括 5.97 天的地球－近月点转

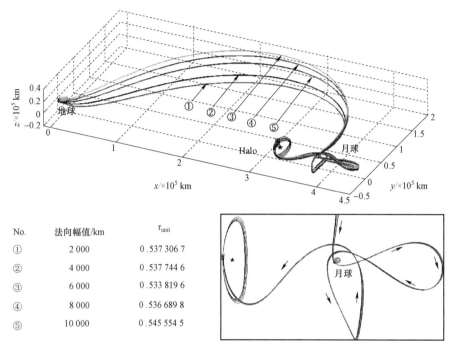

No.	法向幅值/km	τ_{unit}
①	2 000	0.537 306 7
②	4 000	0.537 744 6
③	6 000	0.533 819 6
④	8 000	0.536 689 8
⑤	10 000	0.545 554 5

图 7-9 L_1 点法向幅值小于 **10 000 km** 的 **Halo** 轨道转移轨迹与局部放大图（书后附彩插）

移段和 16.19 天的近月点-入轨点转移段。同时，月球借力机动 194.49 m/s 和入轨机动 44.21 m/s，对应的速度增量三轴分量分别为 $\Delta V_{LFB} = [123.93, -147.26, -27.995]$ m/s 和 $\Delta V_{HOI} = [-10.209, 41.131, 12.587]$ m/s。

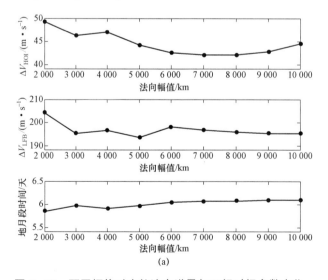

图 7-10 不同幅值对应的速度增量与飞行时间参数变化

（a）不同法向幅值对应的 HOI 点及脉冲速度增量与飞行时间

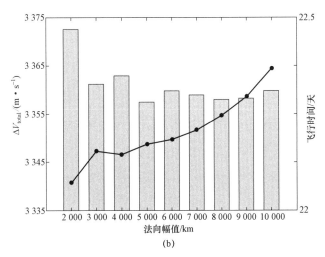

图 7－10　不同幅值对应的速度增量与飞行时间参数变化（续）

（b）不同法向幅值对应的总速度增量与飞行时间

当目标轨道法向幅值大于 10 000 km 时，选取 10 000～30 000 km 的 Halo 轨道进行分析，考虑另一种约束集合的转移轨迹，如图 7－11 所示，对应的速度增量与飞行时间变化特性在图 7－12 中给出。相似地，近月点至入轨点转移段耗时较长，不同幅值条件的总飞行时间相差较小，最小飞行时间和最大飞行时间分别为 20.42 天与 21.82 天。选取较大幅值的 Halo 轨道作为目标轨道，能够更好地构造出低能量的转移轨道。最小速度增量 $\Delta V_{\min} = 3\ 322.02$ m/s 位于轨道幅值 $A_z = 26\ 000$ km，所需的入轨机动增量较小，$\Delta V_{\mathrm{HOI}} = 20.04$ m/s，借力点机动为 $\Delta V_{\mathrm{LFB}} = 184.04$ m/s。同时，探测器分别需要耗时 5.62 天与 15.59 天完成地球－近月点转移、近月点－入轨点转移。比较图 7－10 与图 7－12 可知，大幅值 Halo 轨道转移的燃料消耗优于小幅值 Halo 轨道转移任务。

表 7－3 给出了 L_1 点 Halo 轨道直接转移与借力转移结果对比，与文献 [3][6][8] 相比，由于引入了月球借力飞行，借力转移方案相比直接转移节省 100～500 km 的速度增量。本书在设计过程中考虑了近月点位置约束对转移轨道特性的影响，满足约束的近月点能够更好地降低借力机动所需的速度增量。同时，在微分修正中采用表征 Halo 轨道状态量的时间变量，通过迭代调整，有效地确定合适入轨点位置，进一步减少了入轨机动脉冲，最终实现探测器在平动点轨道任务中节能转移。上述转移轨道适用于以燃料为主要指标、飞行时间在 20.4～22.3

天的转移任务。

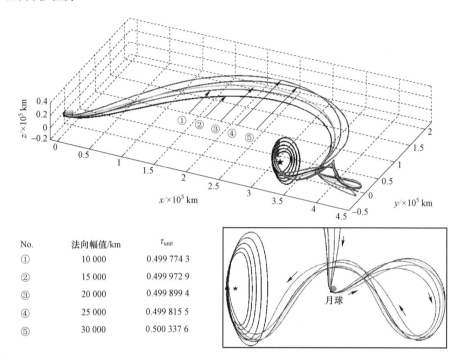

No.	法向幅值/km	τ_{unit}
①	10 000	0.499 774 3
②	15 000	0.499 972 9
③	20 000	0.499 899 4
④	25 000	0.499 815 5
⑤	30 000	0.500 337 6

图 7-11　L_1 点法向幅值大于 10 000 km 的 Halo 轨道转移轨迹与局部放大图（书后附彩插）

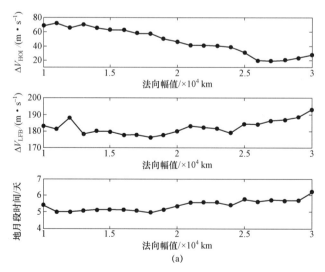

图 7-12　速度增量与飞行时间随法向幅值变化曲线

（a）不同法向幅值对应的 HOI 点及脉冲速度增量与飞行时间

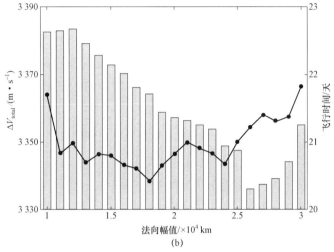

图 7 – 12　速度增量与飞行时间随法向幅值变化曲线（续）

（b）不同法向幅值对应的总速度增量与飞行时间

表 7 – 3　L_1 点 Halo 轨道不同转移方式结果对比

轨道转移方式	文献	总速度增量/（m·s^{-1}）	ΔV_{LFB}/（m·s^{-1}）	ΔV_{HOI}/（m·s^{-1}）	飞行时间/天
直接转移	[8]	3 600~4 080	—	450~950	5~10
借力转移	[3]	3 504~3 758	192~245	199~453	11~13
	[6]	3 513~3 700	228~272	150~301	5~8
	本书结果	3 322~3 369	176~205	20~75	20.4~22.3

7.4　限制性四体模型的地月平动点轨道借力转移

基于圆形限制性三体模型的地月平动点轨道转移设计，忽略了摄动因素的影响。为了更加准确地描述探测器的动力学特性，需要考虑太阳引力摄动项的作用。本节将上述圆形限制性三体模型下的转移轨道推广至双圆限制性四体模型中，详细分析不同太阳相位角对转移轨道速度增量与飞行时间的影响。具体地，分别选取 L_1 点与 L_2 点 5 000 km 和 25 000 km 两种法向幅值 Halo 轨道进行讨论，各个机动点满足的约束条件与三体模型轨道转移一致。应注意，由于采用逆向积分策略，设定太阳相位角 θ_{s0} 为探测器到达目标 Halo 轨道时对应的角度。

图 7 – 13 描述了 L_1 点幅值 5 000 km 的 Halo 轨道转移特性，其中 $m_s = 0$ 为不

考虑太阳引力摄动时的转移轨道，对应的速度增量与飞行时间由虚线表示。在太阳引力作用下，探测器的转移轨道随着初始相位角的变化而改变。当初始相位角相差 180° 时，两种情况下的速度增量与飞行时间数值相近，总体呈现出近似周期特性。由双圆限制性四体模型下运动微分方程与势能函数式（2−75）可知，太阳引力摄动项在 x 方向包含 $m_s(x - a_s \cos(\theta_s)) / r_{sp}^3$ 与 $m_s \cos(\theta_s) / a_s^2$，在 y 方向包含 $m_s(y - a_s \sin(\theta_s)) / r_{sp}^3$ 与 $m_s \sin(\theta_s) / a_s^2$，当相位角相差 180° 时，引力摄动项对探测器运动的影响效果相近。具体地，比较相位角 $\theta_{s0} = -9°$ 与 $\theta_{s0} = 171°$，及 $\theta_{s0} = -102°$ 与 $\theta_{s0} = 81°$ 的转移轨道，总速度增量改变量分别为 0.053 4 m/s 和 0.013 7 m/s。当 $\theta_{s0} = -102°$ 时，总速度增量为最小值，即 3 346.676 m/s，相比无摄动情况降低了 10.864 m/s。由图 7−13 可知，Halo 轨道入轨速度增量随相位角的改变较大，是总速度增量变化的主要影响因素。同时，任务飞行时间保持在 22.06～22.17 天。

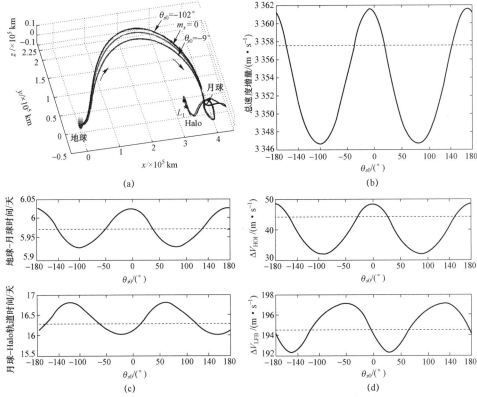

图 7−13　双圆限制性四体模型 L_1 点 Halo 轨道（$A_z = 5\,000$ km）的转移轨道及参数变化

（a）L_1 点法向幅值 5 000 km 的 Halo 轨道转移；（b）总速度增量与太阳相位角关系图；

（c）飞行时间与太阳相位角关系图；（d）分速度增量与太阳相位角关系图

由于三体系统中 L_1 点大幅值 Halo 轨道的转移特性与小幅值情况存在差异，机动点考虑的约束条件不同，因而有必要在双圆限制性四体模型下对大幅值轨道转移进行分析，结果如图 7-14 所示。针对 $A_z = 25\ 000$ km 的轨道设计，不同相位角的总速度增量相比无太阳引力摄动作用时，总体呈现增大变化。最大改变量为 47.66 m/s，位于 $\theta_{s0} = -99°$，其中，太阳引力对月球借力机动速度增量影响较大。比较有无太阳引力作用时两种情况的入轨点与借力机动点三轴速度增量，即无引力时 $\Delta V_{HOI} = [-14.304,\ 26.503,\ 7.583]$m/s 和 $\Delta V_{LFB} = [77.209,\ -101.749,\ -132.877]$ m/s，有引力时 $\Delta V_{HOI} = [-16.919, 34.591, -1.653]$m/s 和 $\Delta V_{LFB} = [78.971, -150.610, -144.524]$ m/s，考虑太阳引力时，为了满足给定的约束条件，需要调整入轨机动与借力机动的方向，并且以 y 轴与 z 轴的改变量为主。同时，两种情况的飞行时间相差 0.153 天。当初始相位角满足 $\theta_{s0} \in [-51°, 18°]$ 与 $[129°, 198°]$ 时，能够构造出总速度增量较小的转移轨道。

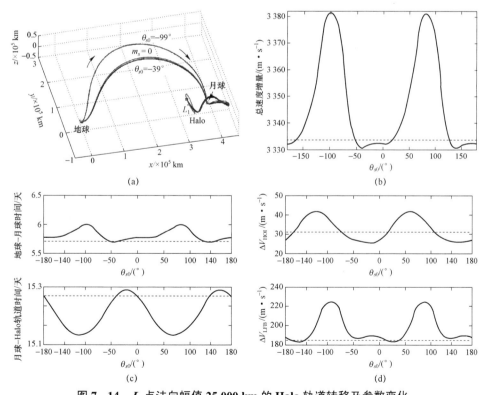

图 7-14　L_1 点法向幅值 25 000 km 的 Halo 轨道转移及参数变化
（a）L_1 点法向幅值 25 000 km 的 Halo 轨道转移；（b）总速度增量与太阳相位角关系图；
（c）飞行时间与太阳相位角关系图；（d）分速度增量与太阳相位角关系图

　　针对 L_2 点法向幅值 5 000 km 与 25 000 km 的 Halo 轨道转移设计，结果如图 7-15 与图 7-16 所示。当目标轨道的法向幅值为 5 000 km 时，总速度增量变化特性与 L_1 点小幅值情况相反，在初始相位角 $\theta_{s0} = -15°$ 与 $\theta_{s0} = -165°$ 附近燃料消耗较少，最小值为 3 322.432 m/s，飞行时间为 14.322 天，探测器从地球出发耗时 5.397 天飞抵月球近月点，借力改变飞行轨迹，经过 8.925 天抵达 Halo 轨道。考虑太阳引力影响后，入轨点机动增大 1.715 m/s，但月球借力机动脉冲减小 5.748 m/s。相比无太阳引力情况，入轨机动与借力机动最大改变量分别为 3.435 m/s 和 9.537 m/s。

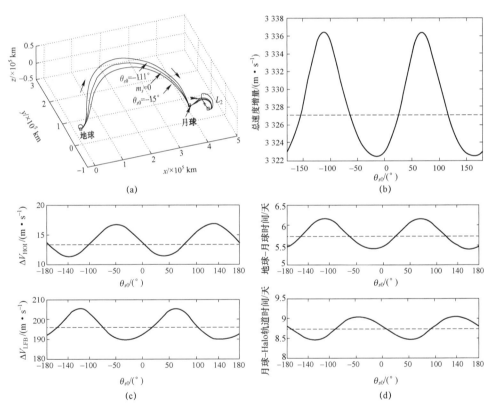

图 7-15　L_2 点法向幅值 5 000 km 的 Halo 轨道转移设计及参数变化
（a）L_2 点法向幅值 5 000 km 的 Halo 轨道转移；（b）总速度增量与太阳相位角关系图；
（c）飞行时间与太阳相位角关系图；（d）分速度增量与太阳相位角关系图

　　当目标轨道法向幅值为 25 000 km 时，不同相位角的转移轨道结构相近。与 L_1 点大幅值轨道转移相似，总速度增量随相位角总体增大，改变量主要受月球借力机动脉冲的影响，但改变量小于 2.6 m/s。太阳初始相位角在 $-54°\sim126°$ 的小

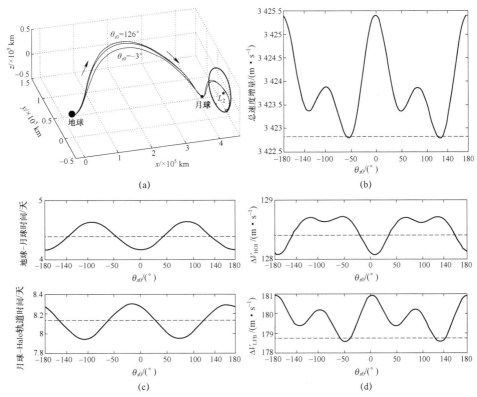

图 7-16　L_2 点法向幅值 25 000 km 的 Halo 轨道转移设计及参数变化
（a）L_2 点法向幅值 25 000 km 的 Halo 轨道转移；（b）总速度增量与太阳相位角关系图；
（c）飞行时间与太阳相位角关系图；（d）分速度增量与太阳相位角关系图

范围内时，能够节省约 0.03 m/s 的速度增量。

综合上述四种转移轨道分析，在双圆限制性四体模型下，不同太阳初始相位角对转移轨道设计产生一定的影响，速度增量随相位角变化趋势存在差异，而总飞行时间改变较小。表 7-4 给出了四种情况下最小速度增量对应的轨道参数。

表 7-4　限制性四体模型下不同幅值轨道参数

平动点	A_z/km	总速度增量/ （m·s^{-1}）	ΔV_{LFB}/ （m·s^{-1}）	ΔV_{HOI}/ （m·s^{-1}）	飞行时间/天	θ_{s0}/（°）
L_1	5 000	3 346.676	32.279	195.465	22.587	-102
	25 000	3 330.615	26.348	186.403	20.986	-39
L_2	5 000	3 322.432	15.035	190.198	14.322	-15
	25 000	3 422.791	128.715	178.599	12.637	126

7.5　本章小结

　　本章以地球-月球系统的平动点轨道转移为背景，研究了双圆限制性三体模型与限制性四体模型下 L_1 点、L_2 点 Halo 轨道的月球借力低能量轨道设计问题。首先对借力约束模型进行定义，并针对不同的目标轨道，给出了能够实现低能量转移设计的月球借力约束集合及相应的参数取值范围。重点研究了不同月球借力约束、不同法向幅值及入轨点对转移轨道飞行时间、机动速度增量的影响，从而确定最佳入轨点区间位于 Halo 轨道+z 向最大值附近。最后考虑太阳引力对探测器飞行轨迹的作用，分析了太阳在不同初始相位角条件下的转移轨道特性。

　　研究表明：首先，对于 L_2 点小幅值 Halo 轨道，近月点仅满足高度与航迹角约束即可设计出燃料较少的转移轨道。随着法向幅值的增大，低能量转移轨道的近月点需要考虑借力方位角约束，并且总燃料消耗逐步增大。其次，L_1 点 Halo 轨道转移相比 L_2 点任务更加复杂，需要经过多次借力飞行才能确定合适的月球借力机动位置。与 L_2 点转移特性相反，L_1 点大幅值 Halo 轨道转移任务所需燃料优于小幅值情况。同时，L_1 点（L_2 点）在不同幅值条件下的转移时间相近。

■ 参考文献

[1] SENENT J, OCAMPO C, CAPELLA A. Low-thrust variable-specific-impulse transfers and guidance to unstable periodic orbits [J]. Journal of guidance, control, and dynamics, 2005, 28(2):280 – 290.

[2] PARKER J S, BORN G H. Direct lunar Halo transfers [J]. The journal of the astronautical science, 2008, 56(4):441 – 471.

[3] ALESSI E M, GÓMEZ G, MASDEMONT J J. Two-maneuvers transfers between LEOs and Lissajous orbits in the Earth-Moon system [J]. Advances in space research, 2010, 45:1276 – 1291.

[4] PARKER J S. Low-energy ballistic lunar transfers [D]. Denver:University of Colorado, 2003.

[5] PARKER J S. Families of low-energy lunar Halo transfers [C]//AAS/AIAA Spaceflight Dynamics Conference, 2006.

[6] GORDON D P. Transfers to Earth-Moon L_2 Halo orbits using lunar proximity and invariant manifolds [D]. West Lafayette:Purdue University, 2008.

[7] LI M T, ZHENG J H. Indirect transfer to the Earth-Moon L_1 libration point [J]. Celestial mechanics and dynamical astronomy, 2010, 108(2):203－213.

[8] QI Y, XU S J, QI R. Transfer from earth to libration point orbit using lunar gravity assist[J]. Acta astronautica, 2017, 133:145－157.

第 8 章
平动点轨道间低能量转移设计与优化

■ 8.1 引言

探测器沿着不变流形能够渐近离开或者进入平动点轨道，当不同周期轨道的不变流形在空间中存在交点时，探测器只需在相交处施加单次脉冲便可往返于不同平动点轨道。在地月三体系统内、地月和日地三体系统间，研究不同平动点轨道之间的低能量脉冲转移，可以为探测器的拓展任务提供参考。相比传统的化学推进器，小推力推进器具有高比冲特点，能够增强卫星携带有效载荷的能力，并且完成平动点轨道的嵌入、位置保持、转移等任务。同时，平动点附近存在着 Lyapunov 轨道、Halo 轨道、垂直轨道等不同类型的周期轨道，当不变流形不存在交点时，如何利用小推力的高比冲与流形的低能量特性，实现探测器在不同类型平动点轨道间燃料最优转移，这也是值得研究的内容。

本章以地月系统和日地系统为基础，针对三体系统内、不同三体系统间平动点轨道的低能量转移问题进行研究，提出了一种基于不变流形状态量的拼接点搜索方法，通过对初始与目标平动点轨道的流形状态量进行存储、缩放、取交集等一系列处理，有效地给出合适的流形拼接点，并对不同类型平动点轨道间脉冲和小推力的低能量转移轨道进行详细的设计与分析。第 8 章研究内容结构如图 8-1 所示。

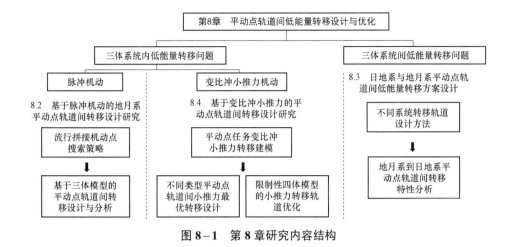

图 8-1　第 8 章研究内容结构

■ 8.2　基于脉冲机动的地月系平动点轨道间转移设计研究

8.2.1　流形拼接机动点搜索策略

本节在地月圆形限制性三体模型下，对不稳定流形和稳定流形的合适拼接点进行搜索与确定，构造出平面 Lyapunov 轨道间及三维 Halo 轨道间燃料最优的单脉冲转移轨道。同时，为了更好地描述与区分不同类型平动点轨道，本章采用 Jacobi 常数 C_j 对不同尺寸的水平 Lyapunov 轨道、垂直周期轨道等平动点轨道进行定义。

将流形拼接点搜索过程分为两个阶段，首先针对不变流形的空间结构进行讨论与分析，求得能够较好实现流形拼接的大致区域。在此基础上结合优化算法，调整目标轨道与不变流形位置，最终确定最佳的流形拼接点。

为了更好地描述设计方法，对自由变量进行定义。如图 8-2（a）所示，针对探测器拓展性任务，假设初始平动点轨道尺寸固定，而目标轨道大小可变。与第 4 章一致，采用时间变量 τ 表示平动点轨道上状态量。同时以时间变量 α_i 和 α_t 分别描述不稳定流形、稳定流形对应时刻的状态量，C_{jt} 为目标轨道的 Jacobi 常数，则自由变量满足：

$$\boldsymbol{D} = [\tau_i, \alpha_i, \tau_t, \alpha_t, C_{jt}]^{\mathrm{T}} \qquad (8-1)$$

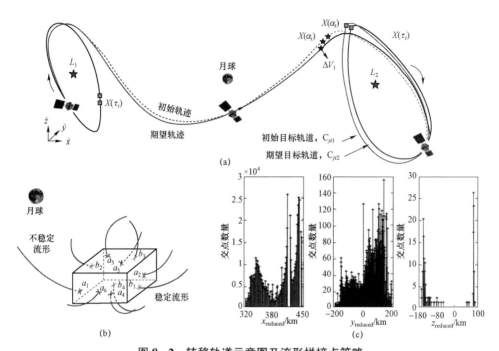

图 8-2 转移轨道示意图及流形拼接点策略

（a）平动点轨道间转移示意图；（b）不变流形状态相近点整合示意图；
（c）L_1、L_2 点 Halo 轨道流形状态量拼接点数目变化图

针对第一阶段拼接点大致区域的求解问题，需要对初始轨道的不稳定流形和目标轨道的稳定流形全局结构进行分析，具体的搜索方法描述如下。

（1）在一个轨道周期内，对初始与目标平动点轨道等时间间隔选取 180 个点，通过数值积分确定对应的不变流形，并对时间变量 τ, α 及状态量进行选择与存储。其选择标准为：①若不变流形与月球相交，仅保存相交前的流形状态量；②设计不变流形边界，即 $x_{\min} \leqslant x \leqslant x_{\max}$，其中，$x_{\min}$、$x_{\max}$ 分别为 L_1 点和 L_2 点周期轨道的最小 x 值与最大 x 值。最终得到包含流形位置与速度信息的状态矩阵，定义不稳定流形的状态矩阵为 $n_1 \times 6$ 维 $\boldsymbol{S}^u = [\boldsymbol{S}_r^u, \boldsymbol{S}_v^u]$，稳定流形矩阵为 $n_2 \times 6$ 维 $\boldsymbol{S}^s = [\boldsymbol{S}_r^s, \boldsymbol{S}_v^s]$。

（2）对子矩阵 $\boldsymbol{S}_r^u$ 与 $\boldsymbol{S}_r^s$ 进行缩放与取整处理，即 $\boldsymbol{Q}^u = [\boldsymbol{Q}_x^u, \boldsymbol{Q}_y^u, \boldsymbol{Q}_z^u] = [\lfloor \kappa_x \boldsymbol{S}_x^u \rfloor, \lfloor \kappa_y \boldsymbol{S}_y^u \rfloor, \lfloor \kappa_z \boldsymbol{S}_z^u \rfloor]$ 与 $\boldsymbol{Q}^s = [\boldsymbol{Q}_x^s, \boldsymbol{Q}_y^s, \boldsymbol{Q}_z^s] = [\lfloor \kappa_x \boldsymbol{S}_x^s \rfloor, \lfloor \kappa_y \boldsymbol{S}_y^s \rfloor, \lfloor \kappa_z \boldsymbol{S}_z^s \rfloor]$，其中 "$\lfloor \ \rfloor$" 为取整符号，$\kappa_x \in (0.001, 0.005)$ 和 $\kappa_y, \kappa_z \in (0.005, 0.010)$。此步骤能够整合不变流形中状态量相近的点，如图 8-2（b）所示。

（3）依次对矩阵 $\boldsymbol{Q}^u$ 与 $\boldsymbol{Q}^s$ 中 x、y 与 z 轴数值取交集，定义 $(\mathcal{R}_i^u, \mathcal{R}_i^s) = \boldsymbol{Q}_i^u \cap \boldsymbol{Q}_i^s$，

其中，$\mathcal{R}_i^u = [a^u, b^u, \cdots, n^u]$ 和 $\mathcal{R}_i^s = [a^s, b^s, \cdots, n^s]$ 分别为交集集合中相同元素在 $n_1 \times 1$ 维 $\boldsymbol{Q}_i^u$ 矩阵与 $n_2 \times 1$ 维 $\boldsymbol{Q}_i^s$ 矩阵中的行编号。则子矩阵取交集顺序为：$(\mathcal{R}_x^u, \mathcal{R}_x^s) = \boldsymbol{Q}_x^u \cap \boldsymbol{Q}_x^s$，$(\mathcal{R}_y^u, \mathcal{R}_y^s) = \boldsymbol{Q}_y^u(\mathcal{R}_x^u) \cap \boldsymbol{Q}_y^s(\mathcal{R}_x^s)$ 及 $(\mathcal{R}_z^u, \mathcal{R}_z^s) = \boldsymbol{Q}_z^u(\mathcal{R}_y^u) \cap \boldsymbol{Q}_z^s(\mathcal{R}_y^s)$。$(\mathcal{R}_z^u, \mathcal{R}_z^s)$ 即可确定出不稳定流形与稳定流形之间位置相近的状态量范围。图 8-2（c）以 L_1 点和 L_2 点 Halo 轨道转移为例，描述了不稳定流形与稳定流形状态量经过取整、取交集处理后拼接点数目变化。

（4）综合考虑速度量与飞行时间的影响，进一步评估各个拼接位置的好坏，判别标准为：$O_{bj} = \alpha_i + \alpha_t + \sum (\boldsymbol{S}_u(\mathcal{R}_{zi}^u) - \boldsymbol{S}_s(\mathcal{R}_{zi}^s))^2$，其中，$\boldsymbol{S}_u(\mathcal{R}_{zi}^u)$、$\boldsymbol{S}_s(\mathcal{R}_{zi}^s)$ 为步骤（3）中 $\mathcal{R}_z^u$ 和 $\mathcal{R}_z^s$ 的第 i 个元素对应的流形状态量。对 $\mathcal{R}_z^u$ 与 $\mathcal{R}_z^s$ 的所有元素求解 O_{bj}，以最小 O_{bj} 给出最终的拼接点大致区域，进而从存储数据中推算出自由变量 $\boldsymbol{D}$ 的初值条件。

第一阶段仅能确定拼接点的大致区域，不能保证稳定流形末端与不稳定流形末端位置连续，如图 8-2（a）中虚线所示。以下结合序列二次规划算法优化求解自由变量，确定满足燃料最优转移的拼接点位置，则优化目标函数为

$$\min J(\boldsymbol{D}) = \left\| \Delta \boldsymbol{V}_{\text{patch}} \right\| = \left\| \boldsymbol{v}_s(\tau_t, \alpha_t, C_{jt}) - \boldsymbol{v}_u(\tau_i, \alpha_i) \right\| \qquad (8-2)$$

轨道设计的目的是保证探测器顺利地完成平动点轨道间的转移任务，故 $\boldsymbol{D}$ 应满足的等式与不等式约束为

$$\begin{cases} \boldsymbol{F}_{\text{eq}}(\boldsymbol{D}) = \boldsymbol{r}_s(\tau_t, \alpha_t, C_{jt}) - \boldsymbol{r}_u(\tau_i, \alpha_i) = 0 \\ \boldsymbol{F}_{\text{ineq}}(\boldsymbol{D}) = \begin{bmatrix} F_{\text{ineq}}^1 \\ F_{\text{ineq}}^2 \end{bmatrix} = \begin{Bmatrix} R_m - \left\| \boldsymbol{r}_{\text{um}}^{\min}(\alpha_{ij}, \tau_i) \right\| \\ R_m - \left\| \boldsymbol{r}_{\text{sm}}^{\min}(\alpha_{tj}, \tau_t, C_{jt}) \right\| \end{Bmatrix} \leqslant 0 \end{cases} \qquad (8-3)$$

其中，$\boldsymbol{X}_u = [\boldsymbol{r}_u(\tau_i, \alpha_i), \boldsymbol{v}_u(\tau_i, \alpha_i)]^T$ 和 $\boldsymbol{X}_s = [\boldsymbol{r}_s(\tau_t, \alpha_t, C_{jt}), \boldsymbol{v}_s(\tau_t, \alpha_t, C_{jt})]^T$ 分别为不稳定流形与稳定流形的末端状态量；R_m 为月球半径；$\boldsymbol{r}_{\text{um}}^{\min}(\alpha_{ij}, \tau_i)$ 与 $\boldsymbol{r}_{\text{sm}}^{\min}(\alpha_{tj}, \tau_t, C_{jt})$ 分别为不稳定流形与稳定流形相对于月球的最小距离且 $0 < \alpha_{ij} \leqslant \alpha_i$，$\alpha_t \leqslant \alpha_{tj} < 0$。

为了提高轨道设计时的解算速度与计算精度，推导了目标函数与约束方程关于自由变量的梯度关系。目标函数与等式约束关于自由变量的偏导数满足：

$$\frac{\partial J(\boldsymbol{D})}{\partial \boldsymbol{D}} = \frac{\Delta \boldsymbol{V}_{\text{patch}}^{\text{T}}}{\left\| \Delta \boldsymbol{V}_{\text{path}} \right\|} \left[-\frac{\partial \boldsymbol{v}_u(\tau_i, \alpha_i)}{\partial(\tau_i, \alpha_i)}, \frac{\partial \boldsymbol{v}_s(\tau_t, \alpha_t, C_{jt})}{\partial(\tau_t, \alpha_t, C_{jt})} \right] \tag{8-4}$$

$$\frac{\partial \boldsymbol{F}_{\text{eq}}(\boldsymbol{D})}{\partial \boldsymbol{D}} = \left[-\frac{\partial \boldsymbol{r}_u(\tau_i, \alpha_i)}{\partial(\tau_i, \alpha_i)}, \quad \frac{\partial \boldsymbol{r}_s(\tau_t, \alpha_t, C_{jt})}{\partial(\tau_t, \alpha_t, C_{jt})} \right] \tag{8-5}$$

式中，状态量关于时间变量 α 的梯度即为流形末端的速度矢量与加速度矢量 $\partial \boldsymbol{X}_{u,s}/\partial \alpha_{i,t} = [\dot{\boldsymbol{r}}_{u,s}, \dot{\boldsymbol{v}}_{u,s}]^{\text{T}}$。为了简化计算，本书采用中心差分公式求解稳定流形末端状态量，关于 Jacobi 常数的 C_{jt} 的微分关系，数值仿真验证了其有效性，则

$$\frac{\partial(\boldsymbol{r}_s, \boldsymbol{v}_s)}{\partial C_{jt}} = \frac{\partial \boldsymbol{X}_s(\tau_t, \alpha_t, C_{jt})}{\partial C_{jt}} \approx \frac{\boldsymbol{X}_s(\tau_t, \alpha_t, C_{jt} + h) - \boldsymbol{X}_s(\tau_t, \alpha_t, C_{jt} - h)}{2h}$$

$$\tag{8-6}$$

选取步长 $h = 10^{-5}$，能够较好地降低算法的误差且保证计算效率。

针对不稳定流形与月球之间的距离约束，最小相对距离可能位于流形上的任意位置，即 $0 < \alpha_{ij} < \alpha_i$，也可能位于流形的末端点，即 $\alpha_{ij} = \alpha_i$，需分别讨论。当 $0 < \alpha_{ij} < \alpha_i$ 时，需要考虑流形上最小相对距离时刻与末端点的状态转移矩阵 $\boldsymbol{\Phi}(\alpha_{ij}, \alpha_i)$。同时，不等式约束 F_{ineq}^1 与自由变量 $(\tau_t, \alpha_t, C_{jt})$ 无关，则约束关于 (τ_i, α_i) 的解析梯度为

$$\begin{cases} \dfrac{\partial F_{\text{ineq}}^1}{\partial \tau_i} = -\dfrac{(\boldsymbol{r}_{\text{um}}^{\min}(\alpha_{ij}, \tau_i))^{\text{T}}}{\left\| \boldsymbol{r}_{\text{um}}^{\min}(\alpha_{ij}, \tau_i) \right\|} \left(\dfrac{\partial(\boldsymbol{r}_{\text{um}}^{\min})}{\partial \boldsymbol{X}_u} \dfrac{\partial \boldsymbol{X}_u}{\partial \tau_i} \right) = -\dfrac{(\boldsymbol{r}_{\text{um}}^{\min})^{\text{T}}}{\left\| \boldsymbol{r}_{\text{um}}^{\min} \right\|} \left(\boldsymbol{\Phi}(\alpha_{ij}, \alpha_i)_{1:3,1:6} \dfrac{\partial \boldsymbol{X}_u}{\partial \tau_i} \right) \\[4mm] \dfrac{\partial F_{\text{ineq}}^1}{\partial \alpha_i} = -\dfrac{(\boldsymbol{r}_{\text{um}}^{\min}(\alpha_{ij}, \tau_i))^{\text{T}}}{\left\| \boldsymbol{r}_{\text{um}}^{\min}(\alpha_{ij}, \tau_i) \right\|} \left(\dfrac{\partial(\boldsymbol{r}_{\text{um}}^{\min})}{\partial \boldsymbol{X}_u} \dfrac{\partial \boldsymbol{X}_u}{\partial \alpha_i} \right) = -\dfrac{(\boldsymbol{r}_{\text{um}}^{\min})^{\text{T}}}{\left\| \boldsymbol{r}_{\text{um}}^{\min} \right\|} \left(\boldsymbol{\Phi}(\alpha_{ij}, \alpha_i)_{1:3,1:6} \dfrac{\partial \boldsymbol{X}_u}{\partial \alpha_i} \right) \end{cases}$$

$$\tag{8-7}$$

式中，$\boldsymbol{\Phi}(\alpha_{ij}, \alpha_i)_{1:3,1:6}$ 的下标表示状态转移矩阵中对应行列数。当 $\alpha_{ij} = \alpha_i$ 时，矩阵 $\boldsymbol{\Phi}(\alpha_{ij}, \alpha_i) = \boldsymbol{I}_{6 \times 6}$，式（8-7）化简为

$$\frac{\partial F_{\text{ineq}}^1}{\partial \tau_i} = -\frac{(\boldsymbol{r}_u^{\min}(\alpha_{ij}, \tau_i))^{\text{T}}}{\left\| \boldsymbol{r}_u^{\min}(\alpha_{ij}, \tau_i) \right\|} \frac{\partial \boldsymbol{r}_u}{\partial \tau_i}; \frac{\partial F_{\text{ineq}}^1}{\partial \alpha_i} = -\frac{(\boldsymbol{r}_u^{\min}(\alpha_{ij}, \tau_i))^{\text{T}}}{\left\| \boldsymbol{r}_u^{\min}(\alpha_{ij}, \tau_i) \right\|} \frac{\partial \boldsymbol{r}_u}{\partial \alpha_i} \tag{8-8}$$

同理，目标轨道的稳定流形在设计时需要分别讨论上述两种情况，则不等式约束 F_{ineq}^2 关于自由变量的梯度为

$$\begin{cases} \dfrac{\partial F_{\text{ineq}}^2}{\partial \tau_t} = -\dfrac{(r_{\text{sm}}^{\min})^{\text{T}}}{\left\|(r_{\text{sm}}^{\min})\right\|}\left(\boldsymbol{\Phi}(\alpha_{tj},\alpha_t)_{13,1:6}\,\dfrac{\partial \boldsymbol{X}_s}{\partial \tau_t}\right) \\[3mm] \dfrac{\partial F_{\text{ineq}}^2}{\partial \alpha_t} = -\dfrac{(r_{\text{sm}}^{\min})^{\text{T}}}{\left\|(r_{\text{sm}}^{\min})\right\|}\left(\boldsymbol{\Phi}(\alpha_{tj},\alpha_t)_{1:3,1:6}\,\dfrac{\partial \boldsymbol{X}_s}{\partial \alpha_t}\right) \\[3mm] \dfrac{\partial F_{\text{ineq}}^2}{\partial C_{jt}} = -\dfrac{(r_{\text{sm}}^{\min})^{\text{T}}}{\left\|(r_{\text{sm}}^{\min})\right\|}\left(\boldsymbol{\Phi}(\alpha_{tj},\alpha_t)_{1:3,1:6}\,\dfrac{\partial \boldsymbol{X}_s}{\partial C_{jt}}\right) \end{cases} \tag{8-9}$$

当 $\alpha_{tj} = \alpha_t$ 时，约束梯度参见式（8-8）。

8.2.2 基于三体模型的平动点轨道间转移设计与分析

结合流形拼接点搜索策略，对 L_1 点与 L_2 点平面 Lyapunov 轨道之间、三维 Halo 轨道之间的低能量单脉冲转移轨道进行设计。假设探测器初始时刻位于 L_1 点附近的平动点轨道上，通过流形转移与轨道机动，飞抵 L_2 点附近目标轨道。同时，讨论不同拼接点位置对转移轨道的影响，改变初始尺寸与目标轨道尺寸，研究不同条件的转移特性，重点分析探测器转移所需的速度增量与飞行时间等参数。

1. 平面 Lyapunov 轨道间转移特性分析

结合本书给出的拼接点搜索策略，选取 Jacobi 常数 $C_{L_1}^{\text{Ly}} = 3.10$ 的 L_1 点 Lyapunov 轨道与 $C_{L_2}^{\text{Ly}} = 3.095$ 的 L_2 点 Lyapunov 轨道进行转移特性分析，同时拼接位置由上述最小 O_{bj} 确定。转移轨道如图 8-3 所示，其中红色为 L_1 点 Lyapunov 轨道对应的不稳定流形，蓝色为稳定流形。为了满足燃料最优条件，优化过程中需要不断调整目标轨道的尺寸，对应的自由变量 C_{jt} 最终收敛于 3.10。具体地，

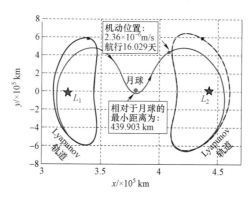

图 8-3 L_1 点与 L_2 点 Lyapunov 轨道间低能量转移轨道设计（书后附彩插）

探测器沿着不稳定流形飞行 16.029 天后，仅施加 2.36×10^{-6} m/s 的速度增量即可实现流形拼接，继续航行 16.53 天进入目标轨道。在转移过程中，探测器相对月球的最小距离为 439.903 km，此特性可以为月球局部区域的观测提供帮助。

由拼接点搜索方法可知，空间中存在多个流形拼接区域，能够实现探测器的单脉冲转移。图 8-4 给出了其他 O_{bj} 对应的转移轨迹，不同条件的轨道参数见表 8-1。比较可知，不同拼接点的转移轨道存在较大的差异，拼接位置的选择直接影响任务的总飞行时间，而流形拼接所需的速度增量较小。相比图 8-4 的转移设计，图 8-3 的转移轨迹具有时间优势，而速度增量相差微小，验证了拼接区域判别标准 O_{bj} 的有效性。

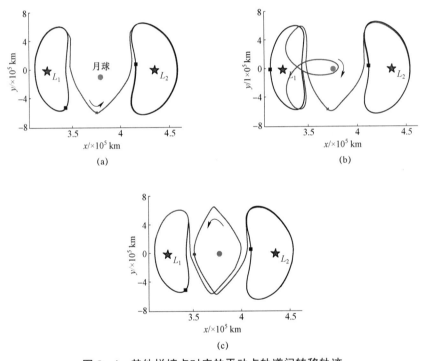

图 8-4 其他拼接点对应的平动点轨道间转移轨迹

（a）O_{bj} 对应转移轨道 1；（b）O_{bj} 对应转移轨道 2；（c）O_{bj} 对应转移轨道 3

表 8-1 不同拼接点转移轨道的设计结果

转移轨道	总速度增量/ （m·s^{-1}）	飞行时间/天	沿不稳定流形飞行时间/天	目标轨道 C_{jt}
图 8-3	2.36×10^{-6}	32.559	16.029	3.10
图 8-4（a）	1.66×10^{-6}	33.904	15.377	3.10

续表

转移轨道	总速度增量/ （m·s⁻¹）	飞行时间/天	沿不稳定流形飞行时间/天	目标轨道 C_{jt}
图 8−4（b）	8.52×10^{-6}	45.837	25.600	3.10
图 8−4（c）	2.80×10^{-5}	47.708	25.156	3.10

分别选取 L_1 点不同 Jacobi 常数的 Lyapunov 轨道作为任务初始轨道，构造相应的燃料最优转移轨迹，如图 8−5 所示，不同条件下流形拼接位置各不相同。由图可知，探测器完成轨道转移的总速度增量均小于 2×10^{-5} m/s（可忽略不计），其中最大值 $\Delta V_{\max} = 1.951 \times 10^{-5}$ m/s，位于 $C_{L_1}^{\mathrm{Ly}} = 3.102$，最小值 $\Delta V_{\min} = 1.226 \times 10^{-7}$ m/s，位于 $C_{L_1}^{\mathrm{Ly}} = 3.111$。同时，将结果与基于 Poincaré 截面的设计结果[1]进行对比，转移轨迹及各项参数相近，进一步验证了本书设计方法的正确性。

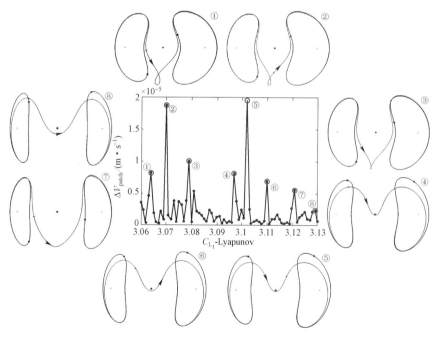

图 8−5　不同雅可比常数对应的低能量转移及速度增量变化曲线

图 8−6 给出了最优转移对应的目标轨道 Jacobi 常数，以及飞行时间变化特性。由图 8−6（a）可知，针对 L_1 点和 L_2 点平面 Lyapunov 轨道间转移设计，当

目标轨道与初始轨道的 Jacobi 常数相同时，能够更好地设计出低能量转移轨道。总飞行时间介于 29.858 天与 40.731 天之间，并且随着 Jacobi 常数增大总体呈现下降趋势。

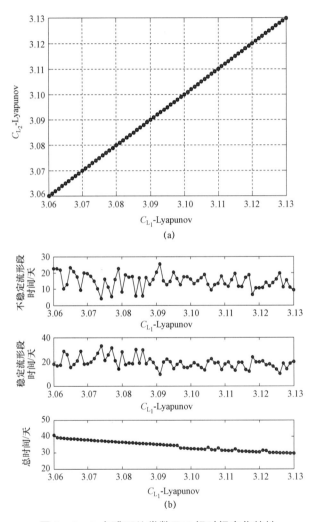

图 8-6 L_2 点雅可比常数及飞行时间变化特性

（a）最优转移对应的目标轨道 Jacobi 常数；（b）最优转移对应的飞行时间

2. 三维 Halo 轨道间转移特性分析

相比平面 Lyapunov 轨道间最优转移问题，三维 Halo 轨道间转移设计需要考虑 z 轴方向位置与速度的影响，轨道结构更加复杂。基于本节提出的拼接点搜索方法，同样能够确定合适的拼接区域，为优化算法提供良好的初值。

在设计过程中，设定目标轨道常数 C_{jt} 的初值与 L_1 点 Halo 轨道 Jacobi 常数相同。

图 8–7 给出了 L_1 点与 L_2 点 Halo 轨道间的燃料最优转移轨迹，其中 L_1 点 Halo 轨道的 Jacobi 常数为 3.10，通过优化求解后，目标轨道 $C_{jt}=3.0931$。如图 8–7 所示，为了实现探测器在 Halo 轨道间最优转移，需要借助复杂的流形结构进行轨迹拼接，探测器施加拼接机动后，将沿着稳定流形在月球附近长时间运动，最终才能飞抵 L_2 点 Halo 轨道。同时，转移轨道在 xy 平面呈现出近似对称的特性。具体地，最优脉冲机动为 3.081 m/s，总飞行时间为 59.259 天，包括 14.642 天的不稳定流形段与 44.617 天的稳定流形段。探测器在转移过程中，与月球最近距离为 8 195.711 km，位于不稳定流形 $\alpha_i=14.532$ 天的位置。

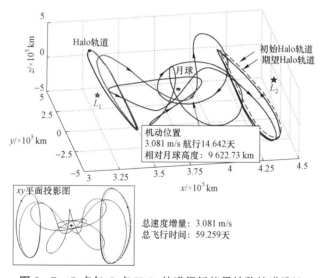

图 8–7　L_1 点与 L_2 点 Halo 轨道间低能量转移轨道设计

图 8–8 描述了其他拼接位置的转移轨道及相应的轨道参数，与平面转移情况相比，不同拼接位置经过优化求解得到的目标轨道 Jacobi 常数各不相同，但转移轨迹总体变化趋势与图 8–7 相似。同时，三维转移轨道设计中，拼接区域对速度增量和飞行时间的影响较大。与图 8–7 轨道参数相比，脉冲机动增大，$\Delta V \in [14.260, 51.192]$ m/s，飞行时间在 58.689～59.438 天内变化。

图 8–9 与图 8–10 对不同 Jacobi 常数的初始 Halo 轨道进行分析，并给出了 8 条特定条件下的转移轨迹，不同 Jacobi 常数对应的最优转移轨迹差异显著。轨

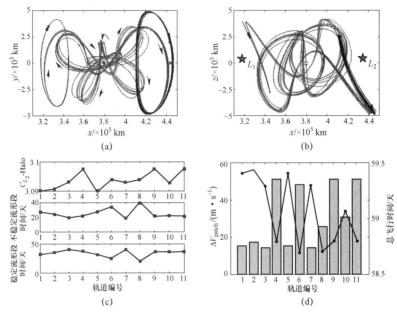

图 8-8 不同拼接点的转移轨道及速度增量和时间变化特性

（a）不同拼接位置转移轨道 平面示意图；（b）不同拼接位置转移轨道 平面示意图；（c）不同拼接位置转移轨道
对应 Jacobi 常数与时间特性；（d）不同拼接位置转移轨道速度增量（直方图）和时间（曲线）变化特性

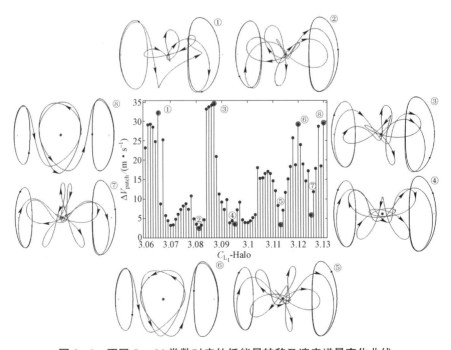

图 8-9 不同 Jacobi 常数对应的低能量转移及速度增量变化曲线

道转移所需的速度增量由 2.578 m/s（编号②）到 34.789 m/s（编号③）。其中，最小速度增量位于 $C_{ji} = 3.081$，期望目标轨道 $C_{jt} = 3.0808$，探测器分别沿着不稳定流形与稳定流形航行 34.018 天和 30.334 天，探测器需要经过 4 次月球借力改变飞行轨迹。最大速度增量位于 $C_{ji} = 3.087$，对应的 $C_{jt} = 3.0844$，相比不稳定流形转移段，探测器在稳定流形上运动耗时较长，即 $42.907 - 20.820 = 22.087$ 天，相对月球的最小距离为 658.023 km。

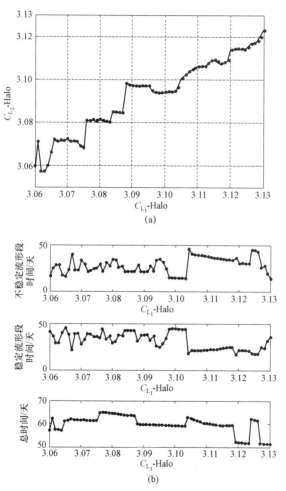

图 8-10　L_2 点雅可比常数及飞行时间变化特性
（a）L_2 点 Jacobi 常数变化特性；（b）L_2 点飞行时间变化特性

比较平面 Lyapunov 轨道间和三维 Halo 轨道间转移设计，探测器实现平面 Lyapunov 轨道之间转移所需的飞行时间相对较少，不同流形拼接位置的总速度增量基本不变。针对 Halo 轨道间转移，为了满足低能量转移要求，需要考虑复杂的流形结构进行最佳拼接点的搜索与确定，合适的拼接点能够有效地降低任务的燃料消耗。同时，转移过程中探测器在月球附近区域长时间运动，多次进行月球借力改变飞行轨迹。以上两种转移类型对应的计算时间平均约为 2 min，电脑配置为 Intel（R）Core（TM）i7 – 6700 CPU @3.40 GHz。综上所述，L_1 点与 L_2 点附近周期轨道间单脉冲转移适用于对飞行时间要求较低的转移任务。

8.3　日地系与地月系平动点轨道间低能量转移方案设计

8.3.1　不同系统转移轨道设计方法

研究表明，地月系 L_2 点 Halo 轨道的不稳定流形能够与日地 L_1 点、L_2 点 Halo 轨道的稳定流形相交，基于此特性，能够实现探测器从地月系到日地系平动点轨道间的单脉冲转移。同样地，核心问题是如何有效地确定合适的流形拼接位置。

针对地月系与日地系平动点轨道间转移设计，本书将日地月四体模型拆分为地月三体系统与日地三体系统分别构造相应的不变流形。同时，将地月会合系下状态量转换到日地会合系中进行拼接点区域的搜索与确定。由式（2–12）与式（2–14）可知，状态变换过程中将会用到月球轨道与地球轨道的根数，不同时刻对应的坐标转换矩阵各不相同，使地月系 L_2 点不稳定流形的状态量在日地会合系中存在差异。图 8–11 为初始时刻分别为 2019 年 1 月 1 日和 2019 年 1 月 10 日递推得到的不稳定流形。因此，在拼接点搜索时，需要对不同出发时刻对应的流形状态量进行分析，从而确定最佳拼接位置。

地月系与日地系平动点轨道间转移设计方法可以描述为：

（1）在地月、日地三体模型下，分别计算初始 Halo 轨道的不稳定流形与目标 Halo 轨道的稳定流形，记录流形各个位置的状态量；

（2）对于给定的 Halo 轨道出发时间段，遍历求解不稳定流形在各个出发时刻 t_{JD} 对应的日地会合系下状态量，坐标转换矩阵中地球和月球轨道根数由星历表确定；

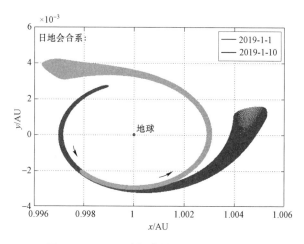

图 8-11　不同时刻递推得到的不稳定流形

（3）基于 8.2 节的拼接点搜索方法，确定最小 O_{bj} 对应的轨道参数 τ_i、α_i、τ_t、α_t 及 t_{JD}，在自由变量集合中考虑出发时刻 t_{JD}，即 $\boldsymbol{D}=[\tau_i,\alpha_i,\tau_t,\alpha_t,C_{jt},t_{JD}]^{\mathrm{T}}$，结合序列二次规划算法进行优化求解，最终得到最佳的机动脉冲 $\Delta V_{\mathrm{patch}}$ 和拼接点位置。

8.3.2　地月系到日地系平动点轨道间转移特性分析

选取 Jacobi 常数为 3.137，即法向幅值 $A_z=25\,000\ \mathrm{km}$ 的地月系 L_2 点 Halo 轨道作为初始轨道，探测器从初始轨道出发时间设定为 2019 年 1 月到 12 月任意时刻。给定出发时间段搜索合适的拼接位置，优化求解自由变量，确定最佳的出发时刻与目标轨道尺寸，低能量转移轨道如图 8-12 所示，关键的轨道参数如

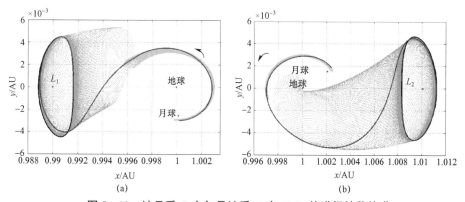

（a）　　　　　　　　　　　　　　　　（b）

图 8-12　地月系 L_2 点与日地系 L_1 点 Halo 轨道间转移轨道
（a）地月系 L_2 点与日地系 L_1 点 Halo 轨道间转移轨道；
（b）地月系 L_2 点与日地系 L_2 点 Halo 轨道间转移轨道

表 8-2 所示。由表可知，探测器在拼接点施加较小的机动脉冲即可进入日地系下特定 Halo 轨道的稳定流形，并且沿稳定流形运动是整个任务的主要转移部分，航行时间分别占总飞行时间的 89.37% 与 94.57%。

表 8-2 地月系与日地系 Halo 轨道低能量转移参数

参数	低能量转移方案 日地系 L_1 作为目标轨道	低能量转移方案 日地系 L_2 作为目标轨道
由 Halo 轨道出发时刻	2019/08/07	2019/08/18
初始轨道常数 C_{jt}（A_z）	3.137（25 000 km）	3.137（25 000 km）
目标轨道常数 C_{jt}（A_z）	3.000 829（118 490 km）	3.000 820（159 836 km）
拼接点速度增量/（m·s^{-1}）	8.093	13.520
地月段转移时间/天	22.831	12.664
日地段转移时间/天	192.017	220.953

从特定初始 Halo 轨道出发，实现低能量转移的目标轨道并不是唯一。针对日地系 L_1 点转移任务，可以选择 Jacobi 常数 C_{jt} = 3.000 824 的 Halo 轨道作为目标轨道，探测器从地月系 Halo 轨道出发时间为 2019 年 9 月 7 日，所需总速度增量为 11.310 m/s，整个轨道转移时间为 225.71 天。对于日地系 L_2 点转移设计，当目标轨道 C_{jt} = 3.000 818 时，同样能够构造低能量轨道，探测器于 2019 年 10 月 19 日从 Halo 轨道出发，航行 29.71 天后施加机动 13.987 m/s 完成流形拼接，继续飞行 192.03 天到达目标 Halo 轨道。

以下针对地月系 L_2 点与日地系 L_2 点 Halo 轨道之间的转移设计进行详细分析，探测器从初始轨道出发时间设定为 2019 年，确定此区间的转移机会。同时，考虑不同幅值的初始轨道与目标轨道的影响，即初始轨道范围为 $A_z \in$ [5 000，35 000] km，每隔 500 km 确定一条初始轨道，共 61 组参数，而目标轨道范围为 100 000～350 000 km，每隔 2 500 km 进行取值，共 101 种情况。应注意，在最优轨迹求解过程中，目标轨道的尺寸将会发生改变。

设计结果如图 8-13 所示，其中，图 8-13（a）为不同初始与目标轨道条件下的速度增量变化，格点颜色代表拼接点的速度增量，图 8-13（b）与图 8-13（c）分别为速度增量和飞行时间关于目标轨道幅值的关系特性，图 8-13（d）则给出了时间区间内的转移机会。

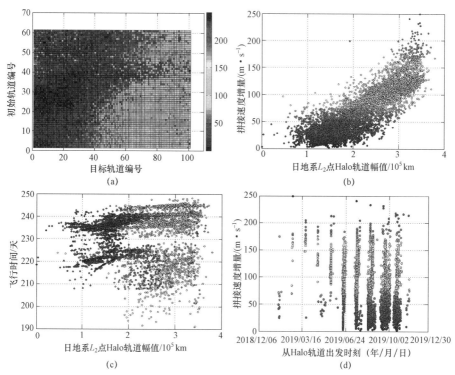

图 8－13　2018 年 12 月至 2019 年 12 月日地系 L_2 点转移轨道参数（书后附彩插）
（a）不同初始与目标轨道条件下的速度增量变化；（b）速度增量关于目标轨道幅值的关系特性；
（c）飞行时间关于目标轨道幅值的关系特性；（d）时间区间内的转移机会

由图 8－13 可知，拼接点速度增量随着目标轨道幅值增加，总体呈现增大趋势，当日地系 L_2 点 Halo 轨道的幅值在 $A_z \in$ ［100 000，200 000］km 时，能够较好地设计出低能量转移轨道。不同情况下飞行时间在 190～250 天内变化，平均飞行时间为 231.82 天。同时，转移机会呈现拟周期特性，主要的转移机会分布在 2019 年 6 月至 2019 年 10 月。图 8－13（b）中，最小速度增量为 0.231 m/s，对应的初始轨道与目标轨道的幅值分别为 15 000 km 和 147 264 km，探测器需要航行 218.6 天，包括 41.5 天的不稳定流形转移段与 177.1 天的稳定流形转移段。

8.4　基于变比冲小推力的平动点轨道间转移设计研究

本节基于变比冲小推力发动机与不变流形，对地月三体系统中不同类型平动点轨道之间的转移设计进行深入研究，分别针对平面轨道之间、平面轨道与三维轨道之间以及三维平动点轨道之间的转移特性进行分析，考虑不同轨道形状与尺寸对轨道转移的影响，地月系统中平动点附近不同类型轨道簇如图 8-14 所示，其中 Axial 轨道由平面 Lyapunov 轨道演变形成。相比恒定比冲发动机，变比冲发动机能够提供大小可变的连续推力。

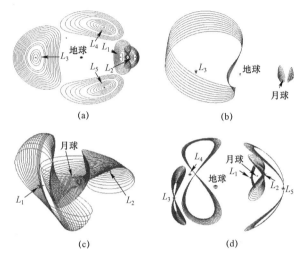

图 8-14　地月系统中平动点附近不同类型轨道簇

（a）Lyapunov 轨道簇和 Planar 轨道簇；（b）Halo 轨道簇；（c）Axial 轨道簇；（d）Vertical 轨道簇

8.4.1　平动点任务变比冲小推力转移建模

1. 协态方程与最优必要条件

采用 Pontryagin 极大值原理与序列二次规划算法相结合的设计策略，求解燃料最优的小推力转移轨迹，其中性能指标为

$$\max J = k \cdot m_f \qquad (8-10)$$

式中，k 为任意正常数，可用于确定质量协态变量的初值；m_f 为发动机关闭时刻的探测器剩余质量。同时，在轨道构造过程中，设定开机时间为给定常数。

由于变比冲发动机能够提供推力加速度，应在 CRTBP 模型中添加此加速度项，则探测器的运动方程满足：

$$\dot{\boldsymbol{X}}_p = \begin{pmatrix} \dot{\boldsymbol{r}} \\ \dot{\boldsymbol{v}} \\ \dot{m} \end{pmatrix} = \begin{pmatrix} \boldsymbol{v} \\ \dfrac{\partial U(\boldsymbol{r})}{\partial \boldsymbol{r}} + h(\boldsymbol{v}) + \dfrac{T}{m}\boldsymbol{u}_T \\ -T^2/2P \end{pmatrix} \qquad (8-11)$$

其中，$h(\boldsymbol{v}) = [2\dot{y}, -2\dot{x}, 0]^{\mathrm{T}}$；$T$ 为推力大小；$\boldsymbol{u}_T$ 为推力三轴方向的单位矢量，则满

足 $\boldsymbol{u}_T^{\mathrm{T}} \cdot \boldsymbol{u}_T = 1$；$P$ 为发动机功率，即 $0 \le P \le P_{\max}$。应注意，求解时需要将推力大小、发动机功率和探测器的质量转换为无量纲量。

针对平动点轨道之间小推力转移最优设计问题，结合上述研究内容，沿用时间变量 τ 和 α 描述平动点轨道及其不变流形，由于不同平动点对应流形特性各不相同，轨迹设计时存在以下三种情况：①针对 L_1 点与 L_2 点附近周期轨道之间的转移，在最优转移轨迹构造过程中考虑平动点轨道对应不变流形的影响，如图 8-15 中情况（1）所示；②针对 L_1（L_2）点出发到达 L_3、L_4 或 L_5 点附近周期轨道的转移任务，仅考虑 L_1（L_2）点的不稳定流形，如图 8-15 中情况（2）所示；③针对 L_3、L_4 或 L_5 点出发转移至 L_1、L_2 点附近周期轨道，设计时仅考虑 L_1、L_2 点的稳定流形结构的作用，如图 8-15 中情况（3）所示。对图 8-15 中情况（1）进行分析，初始与末端边界约束满足：

$$c_0(t_{TD0}, \tau_i, \alpha_i) = \boldsymbol{X}^i(t_{TD0}) - \boldsymbol{X}_I(\tau_i, \alpha_i) = 0 \qquad (8-12)$$

$$c_f(t_{TDf}, \boldsymbol{\lambda}_0, \tau_t, \alpha_t) = \boldsymbol{X}^t(t_{TDf}, \boldsymbol{\lambda}_0) - \boldsymbol{X}_T(\tau_t, \alpha_t) = 0 \qquad (8-13)$$

式中，$\boldsymbol{X}^i(t_{TD0})$ 和 $\boldsymbol{X}^t(t_{TDf}, \boldsymbol{\lambda}_0)$ 分别为发动机开机与关机时刻对应的状态量；$\boldsymbol{\lambda}_0$ 为初始时刻的协态矢量。

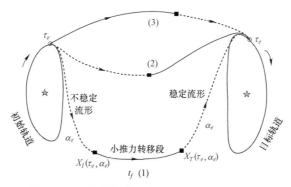

图 8-15　转移轨道示意图与自由变量的定义

燃料最优问题相应的增广性能指标 J' 为

$$J' = K(t_{TDf}, \tau_i, \alpha_i, \tau_t, \alpha_t, \boldsymbol{\sigma}_0, \boldsymbol{\lambda}_0, \boldsymbol{\sigma}_f) + \int_{t_{TD0}}^{t_{TDf}} G(t_{TD}, \boldsymbol{X}_p, \boldsymbol{\lambda}, \boldsymbol{u}_T, T, P, \vartheta_1, \vartheta_2)\mathrm{d}t_{TD} \qquad (8-14)$$

其中，

$$\begin{cases} K = k \cdot m_f + \boldsymbol{\sigma}_0^{\mathrm{T}} \boldsymbol{c}_0(\tau_i, \alpha_i) + \boldsymbol{\sigma}_f^{\mathrm{T}} \boldsymbol{c}_f(t_{TDf}, \boldsymbol{\lambda}_0, \tau_t, \alpha_t) \\ G = H(t_{TD}, \boldsymbol{X}_p, \boldsymbol{\lambda}, \boldsymbol{u}_T, T, P) + \vartheta_1 \cdot (\boldsymbol{u}_T^{\mathrm{T}} \cdot \boldsymbol{u}_T - 1) + \vartheta_2(P - P_{\max}\sin^2 \kappa) - \boldsymbol{\lambda}^{\mathrm{T}} \dot{\boldsymbol{X}}_p \end{cases}$$

$$(8-15)$$

系统的 Hamilton 函数满足:

$$H = \boldsymbol{\lambda}^{\mathrm{T}} \dot{\boldsymbol{X}}_p = \boldsymbol{\lambda}_r^{\mathrm{T}} \boldsymbol{v} + \boldsymbol{\lambda}_v^{\mathrm{T}} \left[\frac{\partial U(\boldsymbol{r})}{\partial \boldsymbol{r}} + h(\boldsymbol{v}) + \frac{T}{m} \boldsymbol{u}_T \right] - \lambda_m \frac{T^2}{2P} \qquad (8-16)$$

对 Hamilton 函数关于控制变量 T、$\boldsymbol{u}_T$ 和 P 取最大，最优控制方程为

$$T = \frac{\lambda_v P}{\lambda_m m}, \quad \boldsymbol{u}_T = \frac{\boldsymbol{\lambda}_v}{\lambda_v}, \quad P = P_{\max} \qquad (8-17)$$

令 $\delta J' = 0$，可得到协状态方程及协态变量满足的横截条件，即

$$\begin{pmatrix} \dot{\boldsymbol{\lambda}}_r \\ \dot{\boldsymbol{\lambda}}_v \\ \dot{\lambda}_m \end{pmatrix} = -\left(\frac{\partial H}{\partial \boldsymbol{X}_p} \right)^{\mathrm{T}} = \begin{pmatrix} -(\partial^2 U(\boldsymbol{r})/\partial \boldsymbol{r}^2)^{\mathrm{T}} \boldsymbol{\lambda}_v \\ -\boldsymbol{\lambda}_r - (\partial h(\boldsymbol{v})/\partial \boldsymbol{v})^{\mathrm{T}} \boldsymbol{\lambda}_v \\ \lambda_v \dfrac{T}{m^2} \end{pmatrix} \qquad (8-18)$$

$$\begin{cases} \left(\dfrac{\partial \boldsymbol{X}_I(\tau_i, \alpha_i)}{\partial \tau_i} \right)^{\mathrm{T}} \boldsymbol{\lambda}_{r0} + \left(\dfrac{\partial \boldsymbol{X}_I(\tau_i, \alpha_i)}{\partial \alpha_i} \right)^{\mathrm{T}} \boldsymbol{\lambda}_{v0} = 0 \\[4mm] \left(\dfrac{\partial \boldsymbol{X}_T(\tau_t, \alpha_t)}{\partial \tau_t} \right)^{\mathrm{T}} \boldsymbol{\lambda}_{rf} + \left(\dfrac{\partial \boldsymbol{X}_T(\tau_t, \alpha_t)}{\partial \alpha_t} \right)^{\mathrm{T}} \boldsymbol{\lambda}_{vf} = 0 \end{cases} \qquad (8-19)$$

结合式（8-18）第三项与 $\lambda_{mf} = \partial K / \partial m_f = k$，协态变量 λ_m 随时间呈递增变化，对 k 适当取值能够使 $\lambda_{m0} = 1$，从而降低一个自由度。同时，本书采用伴随控制变换（文献［2］）确定协态矢量 $\boldsymbol{\lambda}_{r0}$ 和 $\boldsymbol{\lambda}_{v0}$ 的初值，其中参数取值范围见表 8-3。

表 8-3 伴随控制变换参数取值范围

$\alpha_{\mathrm{ACT}} / (°)$	$\beta_{\mathrm{ACT}} / (°)$	$\dot{\alpha}_{\mathrm{ACT}}$	$\dot{\beta}_{\mathrm{ACT}}$	T_0 / mN	$\dot{\lambda}_v$
(40, 70)	(−5, 5)	(0.001, 0.05)	(0.001, 0.05)	(150, 350)	(−0.01, 0.01)

2. 约束方程关于自由变量梯度

综上所述，自由变量 $\boldsymbol{D}$ 与约束方程 $\boldsymbol{F(D)}$ 分别满足

$$\boldsymbol{D} = [\tau_i, \alpha_i, \boldsymbol{\lambda}_{r0}, \boldsymbol{\lambda}_{v0}, \tau_t, \alpha_t]^{\mathrm{T}} \qquad (8-20)$$

$$\boldsymbol{F(D)} = \begin{bmatrix} \boldsymbol{F}_1 \\ \boldsymbol{F}_2 \\ \boldsymbol{F}_3 \end{bmatrix} = \begin{cases} \boldsymbol{X}^t(t_{TDf}, \boldsymbol{\lambda}_{r0}, \boldsymbol{\lambda}_{v0}) - \boldsymbol{X}_T(\tau_t, \alpha_t) \\[2mm] \left[\dfrac{\partial \boldsymbol{X}_I(\tau_i, \alpha_i)}{\partial \tau_i}, \dfrac{\partial \boldsymbol{X}_I(\tau_i, \alpha_i)}{\partial \alpha_i} \right] \begin{bmatrix} \boldsymbol{\lambda}_{r0} \\ \boldsymbol{\lambda}_{v0} \end{bmatrix} \\[3mm] \left[\dfrac{\partial \boldsymbol{X}_T(\tau_t, \alpha_t)}{\partial \tau_t}, \dfrac{\partial \boldsymbol{X}_T(\tau_t, \alpha_t)}{\partial \alpha_t} \right] \begin{bmatrix} \boldsymbol{\lambda}_{rf} \\ \boldsymbol{\lambda}_{vf} \end{bmatrix} \end{cases} = 0 \qquad (8-21)$$

则约束方程关于自由变量的偏导数关系为

$$\frac{\partial \boldsymbol{F}_1}{\partial \boldsymbol{D}} = \left[\boldsymbol{\varPsi}_{1:6,1:6} \frac{\partial \boldsymbol{X}_I}{\partial \tau_i}, \quad \boldsymbol{\varPsi}_{1:6,1:6} \frac{\partial \boldsymbol{X}_I}{\partial \alpha_i}, \quad \boldsymbol{\varPsi}_{1:6,8:13}, \quad -\frac{\partial \boldsymbol{X}_T}{\partial \tau_t}, \quad -\frac{\partial \boldsymbol{X}_T}{\partial \alpha_t} \right] \qquad (8-22)$$

式中，$\boldsymbol{\Psi}$ 为状态方程与协态方程联立确定的 14 维状态转移矩阵，微分方程满足 $\dot{\boldsymbol{\Psi}}(t,t_0)=\boldsymbol{A}_{14}(\boldsymbol{X}(t),\boldsymbol{\lambda}(t))\boldsymbol{\Psi}(t,t_0)$，$\boldsymbol{\Psi}_{i_1:i_2,j_1:j_2}$ 表示 $\boldsymbol{\Psi}$ 中 $i_1 \sim i_2$ 行、$j_1 \sim j_2$ 列的元素构成的子矩阵，$\boldsymbol{A}_{14}(\boldsymbol{X}(t),\boldsymbol{\lambda}(t))$ 满足

$$
\boldsymbol{A}_{14}(\boldsymbol{X}(t),\boldsymbol{\lambda}(t))=\frac{\partial(\dot{\boldsymbol{X}}_p,\dot{\boldsymbol{\lambda}})}{\partial(\boldsymbol{X}_p,\boldsymbol{\lambda})}=
\left[
\begin{array}{cc|c|c|c}
 & \boldsymbol{O}_{3\times1} & \boldsymbol{O}_{3\times3} & \boldsymbol{O}_{3\times3} & \boldsymbol{O}_{3\times1} \\
\boldsymbol{A}_6(\boldsymbol{X}(t)) & \dfrac{-2P_{\max}}{m^3\lambda_m}\boldsymbol{\lambda}_v & \boldsymbol{O}_{3\times3} & \dfrac{P_{\max}}{m^2\lambda_m}\boldsymbol{I}_{3\times3} & \dfrac{-P_{\max}}{m^2\lambda_m^2}\boldsymbol{\lambda}_v \\
\hline
\boldsymbol{O}_{1\times6} & \dfrac{P_{\max}\lambda_v^2}{m^3\lambda_m} & \boldsymbol{O}_{1\times3} & \dfrac{-P_{\max}}{m^2\lambda_m}\boldsymbol{\lambda}_v^{\mathrm{T}} & \dfrac{P_{\max}\lambda_v^2}{m^2\lambda_m^3} \\
\hline
-\boldsymbol{\lambda}_v^{\mathrm{T}}\dfrac{\partial^3 U(\boldsymbol{r})}{\partial \boldsymbol{r}^3}\quad \boldsymbol{O}_{3\times3} & \boldsymbol{O}_{6\times1} & & -\boldsymbol{A}_6(\boldsymbol{X}(t))^{\mathrm{T}} & \boldsymbol{O}_{6\times1} \\
\boldsymbol{O}_{3\times3}\quad\quad \boldsymbol{O}_{3\times3} & & & & \\
\hline
\boldsymbol{O}_{1\times6} & -\dfrac{3P_{\max}\lambda_v^2}{m^4\lambda_m} & \boldsymbol{O}_{1\times3} & \dfrac{2P_{\max}}{m^3\lambda_m}\boldsymbol{\lambda}_v^{\mathrm{T}} & -\dfrac{P_{\max}\lambda_v^2}{m^3\lambda_m^2}
\end{array}
\right]
$$

$$（8-23）$$

其中，$\boldsymbol{A}_6(\boldsymbol{X}(t))$ 在式（3-76）给出，式（8-22）中状态量关于时间变量的偏导数 $\partial \boldsymbol{X}/\partial\tau$ 和 $\partial \boldsymbol{X}/\partial\alpha$ 可参考 8.2.1 小节推导。

横截条件关于自由变量的微分关系式满足

$$
\frac{\partial \boldsymbol{F}_2}{\partial \boldsymbol{D}}=\left(
\begin{bmatrix}\boldsymbol{\lambda}_{r0}\\ \boldsymbol{\lambda}_{v0}\end{bmatrix}^{\mathrm{T}}
\begin{bmatrix}\dfrac{\partial^2 \boldsymbol{X}_I}{\partial \tau_i^2} & \dfrac{\partial^2 \boldsymbol{X}_I}{\partial \alpha_i \partial \tau_i}\\[2mm] \dfrac{\partial^2 \boldsymbol{X}_I}{\partial \alpha_i \partial \tau_i} & \dfrac{\partial^2 \boldsymbol{X}_I}{\partial \alpha_i^2}\end{bmatrix},
\begin{bmatrix}\left(\dfrac{\partial \boldsymbol{X}_I(\tau_i,\alpha_i)}{\partial \tau_i}\right)^{\mathrm{T}}\\[3mm] \left(\dfrac{\partial \boldsymbol{X}_I(\tau_i,\alpha_i)}{\partial \alpha_i}\right)^{\mathrm{T}}\end{bmatrix},
\boldsymbol{O}_{2\times2}
\right)
$$

$$（8-24）$$

$$
\frac{\partial \boldsymbol{F}_3}{\partial \boldsymbol{D}}=\left(
\begin{bmatrix}\left(\dfrac{\partial \boldsymbol{X}_T}{\partial \tau_t}\right)^{\mathrm{T}}\\[3mm] \left(\dfrac{\partial \boldsymbol{X}_T}{\partial \alpha_t}\right)^{\mathrm{T}}\end{bmatrix}\boldsymbol{\Psi}_{8:13,1:6}
\begin{bmatrix}\dfrac{\partial \boldsymbol{X}_I}{\partial \tau_i}\\[3mm] \dfrac{\partial \boldsymbol{X}_I}{\partial \alpha_i}\end{bmatrix},
\begin{bmatrix}\left(\dfrac{\partial \boldsymbol{X}_T}{\partial \tau_t}\right)^{\mathrm{T}}\\[3mm] \left(\dfrac{\partial \boldsymbol{X}_T}{\partial \alpha_t}\right)^{\mathrm{T}}\end{bmatrix}\boldsymbol{\Psi}_{8:13,8:13},
\begin{bmatrix}\boldsymbol{\lambda}_{rf}\\ \boldsymbol{\lambda}_{vf}\end{bmatrix}^{\mathrm{T}}
\begin{bmatrix}\dfrac{\partial^2 \boldsymbol{X}_T}{\partial \tau_t^2} & \dfrac{\partial^2 \boldsymbol{X}_T}{\partial \alpha_t \partial \tau_t}\\[2mm] \dfrac{\partial^2 \boldsymbol{X}_T}{\partial \alpha_t \partial \tau_t} & \dfrac{\partial^2 \boldsymbol{X}_T}{\partial \alpha_t^2}\end{bmatrix}
\right)
$$

$$（8-25）$$

式中，$\partial^2 \boldsymbol{X}/\partial\tau^2$ 由中心差分求解，二阶偏导数 $\partial^2 \boldsymbol{X}/\partial\alpha^2$ 和 $\partial^2 \boldsymbol{X}/(\partial\alpha\partial\tau)$ 推导得

$$
\begin{cases}
\dfrac{\partial^2 \boldsymbol{X}(\tau,\alpha)}{\partial \alpha^2}=\dfrac{\partial}{\partial \alpha}\left(\dfrac{\partial \boldsymbol{X}}{\partial \alpha}\right)=\dfrac{\partial \dot{\boldsymbol{X}}}{\partial \boldsymbol{X}}\dfrac{\partial \boldsymbol{X}}{\partial \alpha}=\boldsymbol{A}_6(\boldsymbol{X}(t))\begin{bmatrix}\dot{\boldsymbol{r}}\\ \dot{\boldsymbol{v}}\end{bmatrix}\\[4mm]
\dfrac{\partial^2 \boldsymbol{X}(\tau,\alpha)}{\partial \alpha \partial \tau}=\dot{\boldsymbol{\Phi}}(\alpha,\alpha_0)\dfrac{\partial}{\partial \tau}\left(\boldsymbol{X}(\tau)\pm d_m\dfrac{\boldsymbol{\gamma}(\tau)}{\|\boldsymbol{\gamma}(\tau)\|}\right)
\end{cases}
$$

$$（8-26）$$

8.4.2 不同类型平动点轨道间小推力最优转移设计

分别选取 5 个平动点附近不同类型的周期轨道作为初始轨道与目标轨道进行最优轨迹设计，重点分析不同 Jacobi 常数下探测器剩余质量和飞行时间的变化特性，对比讨论最优转移的计算时间，验证设计方法的有效性。假设探测器初始质量为 500 kg，变比冲小推力发动机的最大功率为 5 kW，发动机的开机时长根据具体的转移设计进行选择。

1. 平面周期轨道间小推力最优转移设计

图 8-16 给出了探测器分别从 L_1 点和 L_2 点 Lyapunov 轨道出发到达其他平动点附近平面周期轨道的最优转移轨迹，及其对应的推力大小变化曲线。其中，黑色表

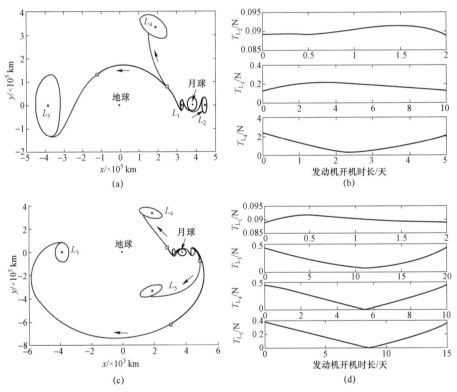

图 8-16 不同平动点平面周期轨道间燃料最优小推力转移（书后附彩插）

（a）L_1 点 Lyapunov 轨道出发到达 L_2 点、L_3 点与 L_4 点附近平面周期轨道的最优转移轨迹；

（b）L_1 点 Lyapunov 轨道出发到达 L_2 点、L_3 点与 L_4 点附近平面周期轨道的推力大小变化曲线；

（c）L_2 点 Lyapunov 轨道出发到达 L_1 点、L_3 点、L_4 点与 L_4 点附近平面周期轨道的最优转移轨迹；

（d）L_2 点 Lyapunov 轨道出发到达 L_1 点、L_3 点、L_4 点与 L_4 点附近平面周期轨道的推力大小变化曲线

示不变流形，红色为小推力转移段，5 个平面周期轨道 Jacobi 常数为 $C_{L_{1\sim5}}^p =[3.17,$
$3.15,3.00,2.98,2.98]$，探测器剩余质量与飞行时间等参数见表 8 – 4。比较
可知，探测器仅需燃料 0.141 kg、航行 34.075 天即可实现 L_1 点至 L_2 点（L_2 点
至 L_1 点）Lyapunov 轨道之间的转移。两种转移任务下，探测器沿 L_1 点不稳定
（稳定）流形转移段时间均为 17.27 天，沿 L_2 点稳定（不稳定）流形转移时间
为 14.80 天。

表 8 – 4　平面周期轨道之间最优转移轨道参数

参数	L_1 点至 L_2 点	L_1 点至 L_3 点	L_1 点至 L_4 点	L_2 点至 L_1 点	L_2 点至 L_3 点	L_2 点至 L_4 点	L_2 点至 L_5 点
剩余质量/kg	499.859	497.217	435.557	499.859	490.941	494.439	494.807
飞行时间/天	34.075	28.826	18.964	34.072	47.498	34.650	32.130
开机时长/天	2	10	5	2	20	10	15

在给定的 Jacobi 常数与开机时间条件下，L_1 点出发至 L_4 点短周期轨道所需
燃料较多，整个转移任务消耗燃料 64.443 kg，飞行时间 18.964 天，其中不稳定
流形转移段耗时 13.964 天。针对 L_3 点 Lyapunov 轨道转移任务，由于 L_1 点和 L_2
点附近流形结构存在差异，为了构造出最优轨迹，需要对不同的流形方向进行选
择。相比从 L_1 点出发，探测器沿 L_2 点外侧不稳定流形飞抵 L_3 点耗时较长。

以 L_1 点 Lyapunov 轨道为初始轨道，分别选取 L_2、L_3 和 L_4 点平面周期轨道
为目标轨道，分析不同情况下任务剩余质量与飞行时间变化特性，其中小推力发
动机开机时长与表 8 – 4 一致，设计结果如图 8 – 17 所示。

针对 L_2 点轨道转移设计，当初始轨道与目标轨道的 Jacobi 常数相近时，轨
道转移所需的燃料较少，剩余质量范围为（498.7，500）kg，最小飞行时间和最
大飞行时间分别为 28.16 天与 38.17 天。当任务目标轨道为 L_3 点附近 Lyapunov
轨道时，随着目标轨道 Jacobi 常数的增大，探测器剩余质量呈现递增趋势。同时，
初始轨道的选取对转移时间存在较大的影响。比较 $C_{L_1}^p =3.07$ 与 $C_{L_1}^p =3.17$ 两种情
况下最优转移结果，小 Jacobi 常数燃料消耗降低 499.409 – 497.386 = 2.023 kg，但
转移时间显著增加，即 43.319 – 28.714 = 14.605 天。因此，选择从 L_1 点小 Jacobi
常数的 Lyapunov 轨道出发到达 L_3 点大 Jacobi 常数的 Lyapunov 轨道，能够较好
地权衡燃料与时间要求。针对 L_4 点最优轨迹求解，若低能量转移存在于目标轨

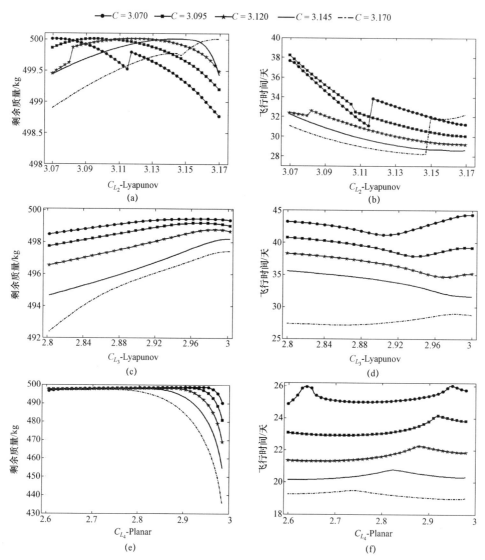

图 8-17 不同平动点平面周期轨道间转移轨道的参数变化特性

（a）L_1 点 Lyapunov 轨道出发到达 L_2 点、L_3 点与 L_4 点附近平面周期轨道的最优转移轨迹；（b）L_1 点 Lyapunov 轨道出发到达 L_2 点、L_3 点与 L_4 点附近平面周期轨道的推力大小变化曲线；（c）L_2 点 Lyapunov 轨道出发到达 L_1 点、L_3 点、L_4 点与 L_4 点附近平面周期轨道的最优转移轨迹；（d）L_2 点 Lyapunov 轨道出发到达 L_1 点、L_3 点、L_4 点与 L_4 点附近平面周期轨道的推力大小变化曲线 （e）L_1 点 Lyapunov 轨道出发到达 L_4 点附近平面周期轨道的剩余质量变化曲线；（f）L_1 点 Lyapunov 轨道出发到达 L_4 点附近平面周期轨道的飞行时间变化曲线

道的 Jacobi 常数较小，当初始轨道 $C_{L_1}^p = 3.07$、目标轨道 $C_{L_4}^p = 2.935$ 时，得到最优解为 $m_f = 498.653$ kg，相应的飞行时间为 25.711 天。

2. 平面与三维周期轨道间小推力最优转移设计

当初始轨道位于共线平动点 L_3 点或三角平动点 L_5 点时，结合流形与小推力技术，同样能够快速地确定燃料最优转移轨迹。假设探测器从 L_3 点 Lyapunov 轨道（$C_{L_3}^p = 3.00$）或 L_5 点平面短周期轨道（$C_{L_5}^p = 2.98$）出发，发动机开机时间分别设定为 20 天和 10 天，目标轨道为 L_2 点附近的 Halo 轨道和垂直 Lyapunov 轨道。

如图 8-18 所示，小推力发动机首先开机工作，控制探测器离开初始轨道，经过一段时间飞行后，光滑嵌入 L_2 点目标轨道对应的稳定流形。不同条件的转移轨迹存在较大的差异，主要与目标轨道的流形结构有关。结果表明，L_3 点 Lyapunov 轨道上合适的发动机开机位置满足 $\tau_i \in$（16.29，21.88）天。由剩余质量（曲线）和飞行时间（直方图）变化可知，对于 L_2 点 Halo 轨道转移情况，随着目标轨道 Jacobi 常数增大，探测器剩余质量与飞行时间总体呈现减小趋势，整

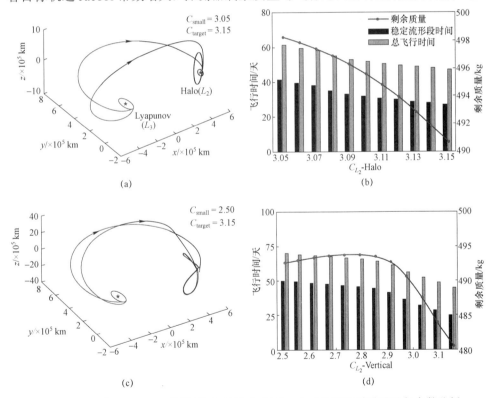

(a)　(b)

(c)　(d)

图 8-18　L_3 点 Lyapunov 轨道到 L_2 点 Halo 与 Vertical 轨道的转移设计与参数分析

（a）L_3 点 Lyapunov 轨道出发到达 L_2 点 Halo 轨道的转移轨道示意图；（b）L_3 点 Lyapunov 轨道出发到达 L_2 点 Halo 轨道的参数分析；（c）L_3 点 Lyapunov 轨道出发到达 L_2 点 Vertical 轨道的转移轨道示意图；（d）L_3 点 Lyapunov 轨道出发到达 L_2 点 Vertical 轨道的参数分析

个转移过程中最大燃料消耗 9.301 kg，航行时间在 47.419～61.679 天内变化。L_2 点垂直 Lyapunov 轨道转移任务的时间变化与 Halo 轨道转移相似，当 $C_{L_2}^v > 2.76$ 时，探测器转移所需燃料显著增加。剩余质量最大值为 493.84 kg，位于 $C_{L_2}^v = 2.76$，相关的时间参数 $[\tau_i, \tau_t, \alpha_t] = [17.39, 16.91, 46.59]$ 天。

由于目标轨道位置与动力学环境的影响，L_5 点短周期轨道出发到达 L_2 点 Halo 轨道和垂直 Lyapunov 轨道的转移设计相对复杂，最优转移轨道及其参数变化如图 8-19 所示。在优化求解过程中，首先确定可以较好地实现与小推力转移段拼接的稳定流形，以能够到达 L_1 点附近区域作为流形的选择标准。针对 L_2 点 Halo 轨道转移设计，与图 8-18 转移特性相反，选取 Jacobi 常数较大的目标轨道，可以有效地构造出低能量轨道，剩余质量的最大值为 494.228 kg，对应的飞行时间

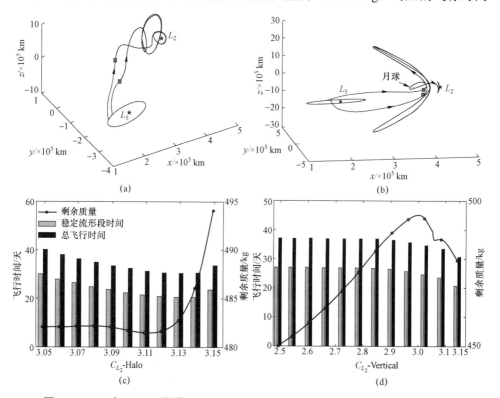

图 8-19　L_5 点 Planar 轨道至 L_2 点 Halo 与 Vertical 轨道的转移设计与参数分析

（a）L_5 点 Planar 轨道出发到达 L_2 点 Halo 轨道的转移轨道示意图；（b）L_5 点 Planar 轨道出发到达 L_2 点 Vertical 轨道的转移轨道示意图；（c）L_5 点 Planar 轨道出发到达 L_2 点 Halo 轨道的参数分析；（d）L_5 点 Planar 轨道出发到达 L_2 点 Vertical 轨道的参数分析

为 34.293 天。当目标轨道 $C_{jt} \in$ [3.05，3.12] 时，剩余质量改变量变化缓慢，即 $m_f \in$ （481.45，482.18）kg，转移时间为（30.72，40.15）天，其中稳定流形转移段占总飞行时间的 67%～75%。

当目标轨道为 L_2 点垂直 Lyapunov 轨道时，剩余质量随着 Jacobi 常数变化，具有先增大后降低的特点，飞行时间变化较小。在实际应用中，可选择 $C_{jt} \in$ [2.98，3.03] 的目标轨道，此区间内仅需燃料消耗 4.63～5.78 kg 即可完成转移任务。

表 8-5 给出了图 8-18、图 8-19 中最优转移的各项轨道参数及其计算时间，其中最大推力为发动机开机时间段内对应的最大值。

表 8-5　最优转移的各项轨道参数及其计算时间

轨道	初始轨道 C_{ji}	目标轨道 C_{jt}	剩余质量/ kg	飞行时间/ 天	$[\lambda_{r0}, \lambda_{v0}]$ （$\times 10^{-2}$）	最大推力/ mN	计算时间/ s
图 8-18 （a）	3.000	3.050	498.227	61.679	[−5.427 4，−0.865 4，1.863 4，−0.306 8，−2.987 7，−1.172 1]	157.5	26.340
图 8-18 （b）	3.000	2.760	493.840	66.587	[−10.209，−1.558 5，−1.302，−1.347 2，−5.769，−1.567 6]	299.5	21.261
图 8-19 （a）	2.980	3.150	494.228	34.293	[−6.940 7，17.315 8，0.873 5，−8.764 4，2.951 1，0.757 2]	453.4	24.480
图 8-19 （b）	2.980	3.005	496.873	38.203	[−1.735 3，5.286 8，−4.687 6，−2.865 6，−0.225 5，1.677 8]	233.7	22.665

3. 三维平动点轨道间小推力最优转移设计

针对三维平动点轨道之间的小推力转移轨道设计，主要以 L_1 点 Halo 轨道作为初始轨道，目标轨道分别选取 L_2、L_3 和 L_4 点附近不同类型的周期轨道，如 Halo 轨道、垂直 Lyapunov 轨道等，不同平动点轨道之间的转移轨迹结构及燃料消耗存在差异，得到的设计结果可为未来小推力转移轨道设计提供参考。

探测器从 L_1 点 Halo 轨道出发，飞抵 L_2 点附近不同类型平动点轨道的转移轨迹如图 8-20 所示，设计时，未考虑 Axial 轨道的稳定流形。同时，不同初始轨道和目标轨道的设计结果在图 8–21 中给出,其中,发动机开机时长分别为:Axial 轨道转移开机 2 天,Halo 轨道与垂直轨道开机 5 天。

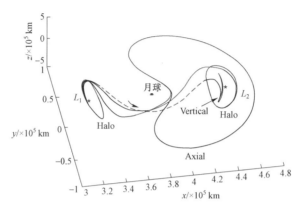

图 8–20　L_1 点 Halo 轨道至 L_2 点 Axial、Halo、Vertical 转移轨道

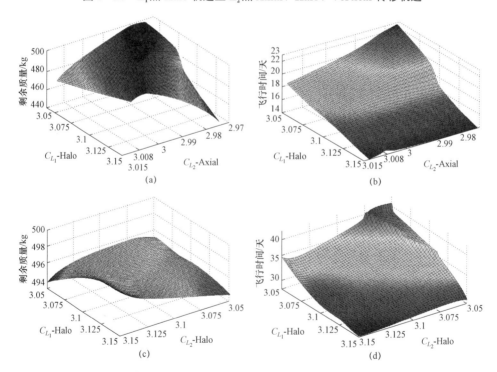

图 8–21　速度增量与飞行时间随 Jacobi 常数的变化特性(书后附彩插)

(a) L_1 点 Halo 轨道出发到达 L_2 点 Axial 轨道的剩余质量分析;(b) L_1 点 Halo 轨道出发到达 L_2 点 Axial 轨道的飞行时间分析;(c) L_1 点 Halo 轨道出发到达 L_2 点 Halo 轨道的剩余质量分析;
(d) L_1 点 Halo 轨道出发到达 L_2 点 Halo 轨道的飞行时间分析

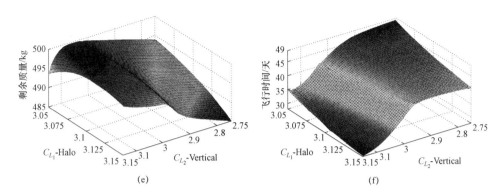

图 8-21　速度增量与飞行时间随 Jacobi 常数的变化特性（书后附彩插）（续）

（e）L_1 点 Halo 轨道出发到达 L_2 点 Vertical 轨道的剩余质量分析；

（f）L_1 点 Halo 轨道出发到达 L_2 点 Vertical 轨道的飞行时间分析

由图 8-21 可知，三种转移类型的剩余质量和飞行时间变化趋势各不相同，但存在共同点。若探测器从 C_{ji} 较大的初始轨道出发，当目标轨道的 C_{jt} 较小时，不易设计出燃料消耗较少的转移轨迹。例如，在 L_2 点 Axial 轨道转移任务中，当初始轨道与目标轨道分别为 $C_{L_1}^h = 3.15$ 和 $C_{L_2}^a = 2.975$ 时，探测器需要消耗 61.29 kg 的燃料。同时，固定目标轨道尺寸，飞行时间随着初始轨道 Jacobi 常数的变化逐步增大，最大值在初始轨道和目标轨道的 Jacobi 常数均较小时获得。

具体地，Axial 轨道转移剩余质量变化范围为 $m_f \in$ ［438.702，498.995］kg，时间为 ［13.962，22.736］天。对于 Halo 轨道和垂直 Lyapunov 轨道的转移任务，剩余质量与飞行时间范围分别为 ［493.249，497.793］kg 和 ［28.346，41.168］天、［485.212，499.927］kg 和 ［28.915，48.727］天。

图 8-22 和图 8-23 给出了从 L_1 点 Halo 轨道出发，分别到达 L_3 点 Axial 轨道、Halo 轨道与垂直轨道的转移轨迹及参数变化特性，小推力转移段时间为 10 天。由于目标轨道空间结构和长时间转移过程中地球引力的影响，L_3 点最优转移轨迹设计相对复杂。比较三种转移方案，探测器向 Axial 轨道转移的燃料消耗最大，而垂直 Laypunov 轨道转移所需的燃料相对较少。飞行时间随着初始轨道对应 Jacobi 常数的减小，即轨道尺寸变大，呈现出单调递增趋势，总飞行时间为（20.84，40.82）天。

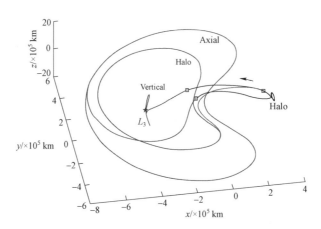

图 8－22 L_1 点 Halo 轨道至 L_3 点附近三维平动点轨道转移设计

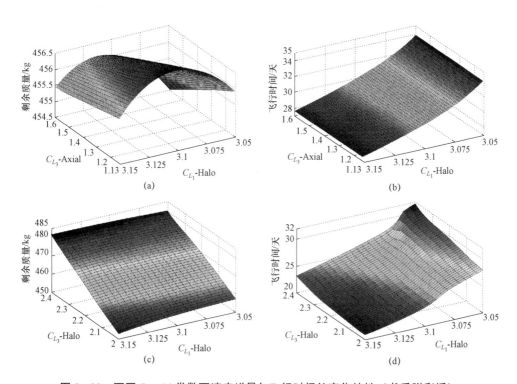

图 8－23   不同 Jacobi 常数下速度增量与飞行时间的变化特性（书后附彩插）

（a）L_1 点 Halo 轨道出发到达 L_3 点 Axial 轨道的剩余质量分析；（b）L_1 点 Halo 轨道出发到达 L_3 点 Axial 轨道的飞行时间分析；（c）L_1 点 Halo 轨道出发到达 L_3 点 Halo 轨道的剩余质量分析；（d）L_1 点 Halo 轨道出发到达 L_3 点 Halo 轨道的飞行时间分析

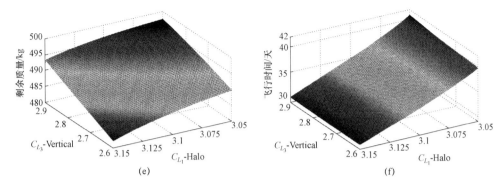

图 8-23 不同 Jacobi 常数下速度增量与飞行时间的变化特性（书后附彩插）（续）

（e）L_1 点 Halo 轨道出发到达 L_3 点 Vertical 轨道的剩余质量分析；

（f）L_1 点 Halo 轨道出发到达 L_3 点 Vertical 轨道的飞行时间分析

针对 Axial 轨道转移，剩余质量变化为近似抛物曲面特性，不同情况下的燃料消耗相近，最大值与最小值相差 $456.935 - 454.509 = 2.426\,\text{kg}$。当目标轨道为 L_3 点 Halo 轨道或者垂直 Lyapunov 轨道时，探测器剩余质量随着目标轨道 Jacobi 常数的增大而增大，Halo 轨道转移剩余质量范围为 $452.309\,\text{kg}$（$C_{L_1}^h = 3.15$，$C_{L_3}^h = 2.0$）到 $481.452\,\text{kg}$（$C_{L_1}^h = 3.15$，$C_{L_3}^h = 2.4$），而垂直 Lyapunov 轨道的剩余质量变化为 $482.204\,\text{kg}$（$C_{L_1}^h = 3.15$，$C_{L_3}^h = 2.6$）至 $497.614\,\text{kg}$（$C_{L_1}^h = 3.05$，$C_{L_3}^h = 2.9$）。因此，当探测器进行 L_3 点拓展性任务时，可优先考虑以垂直 Lyapunov 轨道作为目标轨道。

三角平动点 L_4 点附近 Axial 轨道与垂直轨道的转移轨迹如图 8-24 所示，轨道参数由图 8-25 和图 8-26 描述。对于 Axial 转移轨道设计，目标轨道的选取对燃料消耗影响较大。固定初始轨道，改变目标轨道尺寸，剩余质量与飞行时间变化特性相反。因此，可以选择较大 Jacobi 常数的 Axial 轨道作为目标轨道，能够在节省燃料的同时，保证探测器在较短时间内完成轨道转移，总飞行时间区间为 $15.83 \sim 26.53$ 天。其中，剩余质量最大值为 $488.283\,\text{kg}$，探测器首先从 L_1 点 $C_{L_1}^h = 3.15$ 的 Halo 轨道出发，沿着不稳定流形运动 10.83 天后，发动机开机工作，继续航行 5 天后到达 $C_{L_4}^a = 2.878$ 的目标轨道。

当目标轨道为垂直周期轨道时，探测器剩余质量和飞行时间随着初始轨道 Jacobi 常数的减小，呈现递增变化。与 Axial 轨道转移特性相似，若初始轨道固定，选择 Jacobi 较大的垂直周期轨道能够较好地构造出燃耗较小的转移轨道，并且飞行时间改变较小。例如，当初始轨道 $C_{L_1}^h = 3.05$ 时，比较目标轨道 $C_{L_4}^v = 1.5$ 和 $C_{L_4}^v = 2.10$ 两种转移情况，$C_{L_4}^v = 2.10$ 时节省燃料 $16.746\,\text{kg}$，而时间改变量为 0.677 天。

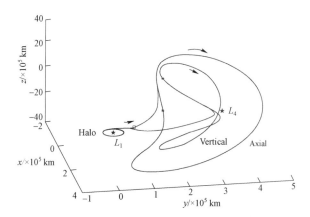

图 8-24 L_1 点 Halo 轨道至 L_4 点周期轨道的小推力转移

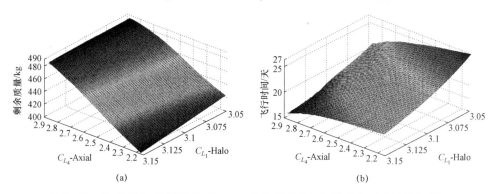

(a)

(b)

图 8-25 L_1 点 Halo 轨道至 L_4 点 Axial 轨道的燃料与时间变化（书后附彩插）

（a） L_1 点 Halo 轨道出发到达 L_4 点 Axial 轨道的剩余质量分析；

（b） L_1 点 Halo 轨道出发到达 L_4 点 Axial 轨道的飞行时间分析

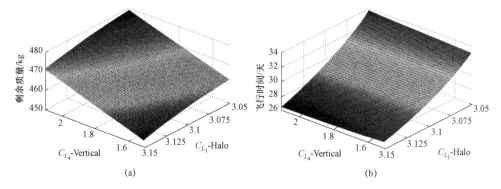

(a)

(b)

图 8-26 L_1 点 Halo 轨道至 L_4 点垂直周期轨道的燃料与时间变化（书后附彩插）

（a） L_1 点 Halo 轨道出发到达 L_4 点 Vertical 轨道的剩余质量分析；

（b） L_1 点 Halo 轨道出发到达 L_4 点 Vertical 轨道的飞行时间分析

表 8-6 为三维平动点轨道间的燃料最优转移轨道参数。

表 8-6 三维平动点轨道间的燃料最优转移轨道参数

轨道	初始轨道 C_{ji}	目标轨道 C_{jt}	剩余质量/kg	飞行时间/天	$[\lambda_{r0}, \lambda_{v0}]$ （×10^{-2}）	最大推力/mN	计算时间/s
图 8-21 （a）	3.050	2.979	498.995	22.681	[4.440 2, 2.924 9, 10.029 7, 2.232 5, 4.016 8, −1.674 5]	246.5	15.540
图 8-21 （c）	3.150	3.150	497.793	28.380	[−4.050, −35.328, 5.701 5, 5.255 4, −2.461 9, 0.215 4]	287.1	25.213
图 8-21 （e）	3.050	3.060	499.927	38.512	[1.521 7, 2.856 6, 0.147 1, −0.700 6, 2.968 2, 2.443 8]	192.7	22.898
图 8-23 （a）	3.102	1.130	456.935	30.033	[−135.03, 76.716, −7.219, −15.224, −20.378, 1.225 8]	844.5	24.876
图 8-23 （c）	3.150	2.400	481.452	23.116	[−7.324 3, 3.901 9, 3.152 2, 3.664 7, −2.222 4, 4.917 5]	716.6	23.981
图 8-23 （e）	3.050	2.900	497.614	40.896	[−9.743 6, 4.307 6, 5.256 8, −3.078 9, −2.990 7, −0.140]	209.8	25.776
图 8-25 （a）	3.150	2.878	488.283	15.830	[13.345, −0.157, −15.105, −1.514 9, 9.051, 2.804 2]	823.1	8.791
图 8-26 （a）	3.050	2.100	479.294	33.514	[3.525 7, 1.411 9, 6.348 4, 0.268 9, 1.135 9, −9.079 8]	516.5	22.125

8.4.3 限制性四体模型的小推力转移轨道优化

将 CRTBP 模型下燃料最优小推力转移结果拓展至双圆限制性四体模型中，分别选取表 8-6 中 L_2 点 Halo 轨道、L_3 点 Halo 轨道和 L_4 点垂直周期轨道的转移任务进行分析。其中，太阳初始相位角在[−180°,180°]范围内每隔 1°取值，遍历搜索确定最优转移轨迹满足的相位角条件。不同情况下的转移轨道及推力变化如图 8-27 所示，红色实线和黑色虚线分别表示双圆限制性四体模型与圆形限制性三体模型的小推力转移段。太阳引力对 Halo 轨道的不变流形存在影响，使优化求解确定的小推力发动机开机和关机时刻的状态量发生变化，但两种动力学模型下的最优转移轨迹相似，图 8-27（b）中 L_1 点－L_3 点 Halo 轨道的转移轨道基本一致。

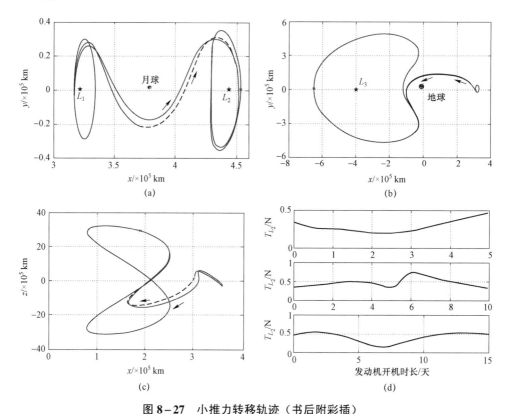

图 8-27　小推力转移轨迹（书后附彩插）
（a）L_1 点－L_2 点 Halo 轨道转移；（b）L_1 点－L_3 点 Halo 轨道转移；
（c）L_1 点 Halo 轨道－L_3 点垂直轨道转移；（d）推力变化曲线

表 8-7 给出了双圆限制性四体模型下，不同任务的最优转移轨道参数。应注意，当太阳初始相位角与表中数据 θ_{s0} 相差 180° 时，同样能够构造出剩余质量和飞行时间相近的转移轨道。例如，针对 L_1 点－L_2 点 Halo 轨道转移设计，当相位角 $\theta_{s0} = 9°$ 时探测器剩余质量为 496.715 kg，对应的飞行时间为 23.446 天，轨道参数与表中 $\theta_{s0} = -171°$ 时相近。对于 L_1 点－L_3 点 Halo 轨道转移，相位角在 $-30°$、84° 或者 150°、$-96°$ 附近取值时，能够较好地得到低能量小推力转移轨道。在 4 种相位角条件下，剩余质量和飞行时间改变量约为 0.743 kg 与 0.023

天。其中，剩余质量最大值为 481.923 kg，探测器从 L_1 点 Halo 轨道出发、发动机开机和关机对应的时间量为 $[\tau_i, \alpha_i, \tau_t] = [1.053, 13.109, 17.529]$ 天，初始协态变量满足 $\lambda_{r0} = [-0.068\ 9, 0.037\ 6, 0.031\ 6]$ 和 $\lambda_{v0} = [0.038\ 1, -0.020\ 5, 0.048\ 1]$。

表 8-7　双圆限制性四体模型下轨道参数

参　　　数	L_1 点 $-L_2$ 点 Halo 轨道转移	L_1 点 $-L_3$ 点 Halo 轨道转移		L_1 点 Halo 轨道 $-L_4$ 点 垂直轨道转移	
剩余质量/kg	496.736	481.923	480.829	478.957	479.143
飞行时间/天	23.446	23.109	23.140	33.507	33.567
最大推力/mN	444.689	705.649	733.256	518.367	510.699
相位角 θ_{s0} /（°）	-171	-30	84	-24	87

类似地，在 L_1 点 Halo 轨道向 L_4 点垂直周期轨道的转移任务中，燃料最优转移对应的太阳初始相位角与 L_1 点 $-L_3$ 点轨道转移情况相似。当相位角 $\theta_{s0} = 87°$ 时求得最优解，探测器沿着 L_1 点 Halo 轨道的不稳定流形航行 18.567 天，此后发动机开机工作 15 天，消耗燃料 20.857 kg，转移结果与表 8-6 中相应的轨道参数相近。

■ 8.5　本章小结

本章以平动点轨道之间低能量转移为背景，对地月系统和日地系统的平动点轨道最优脉冲与最优小推力轨道设计问题进行研究，系统地分析了不同情况下的燃料消耗与飞行时间等轨道特性，设计结果能够为探测器的拓展性任务提供参考。

针对平动点轨道之间的脉冲转移问题，结合不变流形设计了三体系统内、不同三体系统间平动点轨道的转移轨迹。与传统的 Poincaré 截面设计方法不同，本章给出了流形拼接位置搜索方法，从流形状态量角度出发，通过对状态量取整、取交集、优化求解等一系列处理，确定单脉冲最优转移轨迹。研究表明：对于地月系统内的轨道设计，平面转移情况相比三维轨道转移，在速度增量与飞行时间方面均具有优势。在三维平动点轨道设计中，需要借助流形复杂的结构搜索确定合适的拼接位置。对于地月系统和日地系统之间的轨道设计，在给定的 Halo 轨道出发时间段内，当目标轨道的 Jacobi 常数较小时，转移所需的速度增量较少。

　　针对平动点轨道之间的最优小推力转移问题，基于变比冲小推力发动机与不变流形特性，研究了地月三体系统中 5 个平动点附近不同类型周期轨道的小推力转移设计问题。采用 Pontryagin 极大值原理求解最优控制问题，并且推导了最优必要条件关于自由变量的梯度关系，有效地提高了算法的求解效率。其结果表明：小推力转移的燃料消耗在几千克至几十千克变化，与任务轨道及不变流形结构有关，相比 L_3、L_4、L_5 点轨道转移设计，L_1 点与 L_2 点之间可以更好地构造出低能量转移轨道。

■ 参考文献

[1] PARKER J S, DAVIS K E, BORN G H. Chaining periodic three-body orbits in the Earth-Moon system[J]. Acta astronautica, 2010, 67: 623 – 638.

[2] DIXON L C, BARTHOLOMEW-BIGGS M C. Adjoint-control transformation for solving practical control problems [J]. Optimal control application and methods, 1981, 2(4): 365 – 381.

第 9 章

基于平动点轨道的火星探测应用研究

9.1 引言

行星探测是近年航天界热门的研究领域，而火星作为地球的近邻，与地球性质相似，是目前除地球外关注度最高的行星。转移轨道设计与分析是火星探测任务的重要环节，对后续分系统的设计起到关键性的作用。目前，火星转移任务研究主要基于脉冲与小推力的地–火直接转移轨道设计。例如，有学者提出了脉冲标称轨迹的地球–火星小推力设计优化方法[1]，以及化学推进与电推进结合的地–火转移方法。然而，针对探测器从平动点轨道出发飞抵火星的轨道设计问题研究较少。

本章以此为研究背景，基于第 5 章研究内容，结合不变流形与混合优化算法，给出了地月系平动点轨道与火星之间的转移轨道设计方法。第 9 章研究内容结构如图 9-1 所示，基于地月系统平动点轨道的火星转移任务，可以实现对月球、火星的多目标观测任务，进而提高探测器的应用价值与科学回报。

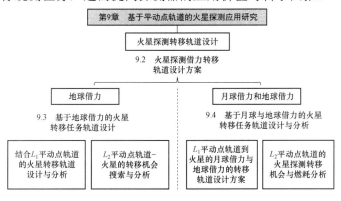

图 9-1 第 9 章研究内容结构

9.2　火星探测借力转移轨道设计方案

与地球轨道和月球轨道相比，火星轨道的偏心率较大，$e \approx 0.093\ 4$，在计算过程中，将火星轨道等效为圆轨道将会增大设计结果与真实值的误差，如图 9-2（a）所示。因此，为了精确地描述火星的运动，本书在设计转移轨道时，通过星历数据确定特定时刻的火星位置和速度状态量。

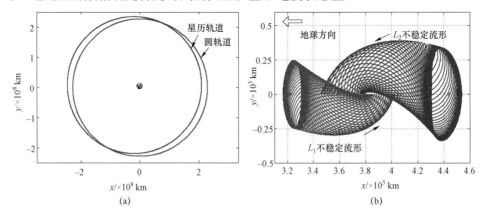

图 9-2　惯性系下两种类型火星轨道和平动点轨道不稳定流形
（a）两种类型的火星轨道；（b）平动点轨道不稳定流形

针对月球借力和地球借力的转移轨道设计方案，结合第 7 章的轨道设计方法，对平动点轨道的不变流形分支进行选择。如图 9-2（b）所示，选取能够到达月球附近的不稳定流形作为初始轨道，通过微分修正算法，构造出满足月球借力约束的转移轨道。

火星探测的转移轨道设计方案主要分为两个阶段：第一阶段为：在地月系统中，探测器从 L_1 点或 L_2 点周期轨道出发返回至地球附近，在此过程中，分别考虑直接返回和月球借力返回两种转移类型。第二阶段为：在日地三体系统中，探测器在地球近地点施加脉冲机动，借助地球引力辅助改变飞行轨迹，进入火星转移轨道。当探测器位于火星影响球内时，基于日地火四体模型进行分析。

针对第一阶段的直接返回转移类型，如图 9-3 所示，在地月三体模型中，探测器在合适的出发时刻 t_{JD}，沿速度矢量方向施加脉冲机动 ΔV_1，结合微分修正算法即可构造出由平动点轨道至地球附近的直接转移轨迹。

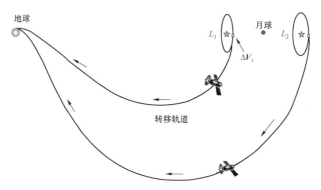

图 9-3　第一阶段直接返回转移轨道示意图

具体地，选取自由变量为速度增量 ΔV_1、平动点轨道至地球的飞行时间 T_{he}，以及时间变量 τ，而转移轨道末端（地球附近）考虑轨道高度与航迹角约束，即

$$\begin{cases} \boldsymbol{D}_{he} = [\Delta V_1, T_{he}, \tau]^{\mathrm{T}} \\ \boldsymbol{F}_{he} = \begin{bmatrix} h_e - h_e^* \\ \gamma_{s/c}^e - \gamma_{s/c}^{e*} \end{bmatrix} = 0 \end{cases} \qquad (9-1)$$

本章设定期望的轨道高度 $h_e^* = 200\,\text{km}$，飞行航迹角 $\gamma_{s/c}^{e*} = 0$。研究表明，平动点轨道上合适的出发点位于 $-z$ 向最大值附近，速度增量的初值范围满足 $\|\Delta V_1\| \in (500, 900)\,\text{m/s}$。

若在第一阶段中考虑月球借力飞行返回地球附近，相应的转移轨道示意图如图 9-4 所示。针对此类型转移轨道设计，首先结合不稳定流形与微分修正算法，设计出平动点轨道至月球近月点的转移轨道段。应注意，L_1 点和 L_2 点 Halo 轨道对应的转移轨道近月点满足的约束条件均为：相对于月球的轨道高度 h_m 和航迹角 $\gamma_{s/c}^m$，以及借力方位角 δ_{LF}。

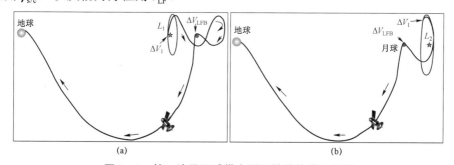

图 9-4　第一阶段月球借力返回转移轨道示意图

（a）L_1 点 Halo 轨道出发月球借力的转移轨道示意图；（b）L_2 点 Halo 轨道出发月球借力的转移轨道示意图

则自由变量和约束方程满足：

$$\begin{cases} \boldsymbol{D}_{hm} = [\Delta \boldsymbol{V}_1, T_{hm}, \tau]^{\mathrm{T}} \\ \boldsymbol{F}_{hm} = \begin{bmatrix} h_m - h_m^* \\ \delta_{\mathrm{LF}} - \delta_{\mathrm{LF}}^* \\ \gamma_{\mathrm{s/c}}^m - \gamma_{\mathrm{s/c}}^{m*} \end{bmatrix} = 0 \end{cases} \tag{9-2}$$

式中，T_{hm} 为平动点轨道到近月点的飞行时间，给定轨道高度 $h_m^* = 100$ km。当 Halo 轨道位于 L_2 点附近时，合适的方位角 $\delta_{\mathrm{LF}}^* \in (4°, 20°)$；当 Halo 轨道位于 L_1 点时，$\delta_{\mathrm{LF}}^* \in (7°, 50°)$，根据 Halo 轨道幅值进行取值。同样地，航迹角 $\gamma_{\mathrm{s/c}}^m = 0$ 作为轨道积分的终止条件。

随后，在近月点执行脉冲机动 $\Delta \boldsymbol{V}_{\mathrm{LFB}}$，改变探测器的运动轨迹，设计近月点至地球附近的转移轨道段。其中，轨道末端的约束方程 $\boldsymbol{F}_{me}$ 与式（9-1）中 $\boldsymbol{F}_{he}$ 一致。

综上所述，以上两种转移方式均可实现探测器从平动点轨道出发返回至地球附近，直接转移具有飞行时间优势，而月球借力转移能够较好地降低燃料消耗，可以根据任务要求进行选择。

当完成第一阶段的转移轨道设计后，需要将地月三体系统下探测器的状态量转换到日地三体系统，在日地三体系统中设计第二阶段的火星转移轨道。为了较好地构造出第二阶段的转移轨道，结合遗传算法和序列二次规划算法确定轨道的可行解。

在优化算法中，优化变量 $\boldsymbol{D}$ 满足

$$\boldsymbol{D} = [\Delta \boldsymbol{V}_e, T_{ep}, \Delta \boldsymbol{V}_{\mathrm{DSM}}, T_{pm}, t_{JD}]^{\mathrm{T}} \tag{9-3}$$

式中，$\Delta \boldsymbol{V}_e$ 为地球近地点施加的速度增量；$\Delta \boldsymbol{V}_{\mathrm{DSM}}$ 为深空机动的速度增量；T_{ep} 和 T_{pm} 分别为近地点至深空机动点、深空机动点至火星的飞行时间。同时，在给定的出发时间段内，搜索最佳的转移机会 t_{JD}。

首先，基于遗传算法寻找优化变量的合适初值，性能指标综合考虑燃料消耗和距离约束，即

$$\min J_{GA} = \|\Delta \boldsymbol{V}_e\| + \|\Delta \boldsymbol{V}_{\mathrm{DSM}}\| + \|\boldsymbol{v}_{\mathrm{s/c}} - \boldsymbol{v}_{\mathrm{Mars}}\| + \|\boldsymbol{r}_{\mathrm{s/c}} - \boldsymbol{r}_{\mathrm{Mars}}\| \tag{9-4}$$

式中，$v_{s/c}$ 为探测器与火星交会时的速度；v_{Mars} 为火星在其轨道上的运动速度；$\|r_{s/c} - r_{Mars}\|$ 为探测器与火星的相对距离。应注意，遗传算法仅用于求解优化变量初值的大致范围，需要通过序列二次规划算法进一步优化求解，最终得到由地球附近出发到达火星的转移轨道。序列二次规划算法中，目标函数与约束条件为

$$\min J_{SQP} = \|\Delta V_e\| + \|\Delta V_{DSM}\| + \|v_{s/c} - v_{Mars}\| \tag{9-5}$$

$$\begin{cases} \|r_{s/c}(D_{he}, D) - r_{Mars}(t_{JD}, T_{he}, T_{ep}, T_{pm})\| = R_{Mars} \\ \|\Delta V_e\| + \|\Delta V_{DSM}\| \leqslant 3.5 \text{ km/s} \\ T_{ep} + T_{pm} \leqslant 365\text{d} \end{cases} \tag{9-6}$$

综上所述，结合平动点轨道的火星探测设计方法可以总结以下几点。

（1）在地月三体系统中，设计出从平动点轨道返回至地球附近的转移轨道。若为直接返回，可以沿着速度矢量方向施加脉冲机动。若为月球借力返回，结合第 7 章的设计方法，借助不稳定流形设计平动点轨道至月球近月点转移段，然后在近月点执行机动返回地球附近。

（2）根据式（2–12）和式（2–13），将地月三体系统下探测器的状态量转换到日地会合坐标系下。

（3）基于日地三体系统，设计地球近地点至火星影响球的转移轨道，当探测器位于火星影响球内时，考虑火星引力的作用，三体系统演变为日地火限制性四体系统。其中会合系下火星的状态量通过星历表数据和坐标转换矩阵求解得到。具体地，在设计过程中，由遗传算法搜索给出优化变量初值的大致范围，采用序列二次规划算法进一步优化确定最终的转移轨迹。

上述方法将转移轨道设计问题分段处理，能够有效地降低关键参数的初值猜想难度，虽然无法保证完整转移轨道满足燃料最优条件，但计算结果可以为实际的工程应用提供一定的参考。

9.3　基于地球借力的火星转移任务轨道设计

首先针对仅考虑地球借力的火星转移轨道进行设计与分析，分别选取 L_1 点

和 L_2 不同法向幅值（Az=5 000 km 与 Az=25 000 km）的 Halo 轨道作为初始轨道，在出发时间段 2024—2028 年内搜索确定合适的转移机会。同时，对比讨论不同条件下的燃料消耗与机动时刻差异。

9.3.1　结合 L_1 平动点轨道的火星转移轨道设计与分析

图 9-5 描述了地月系统中 L_1 点附近不同幅值 Halo 轨道的转移轨迹，以及逃逸速度增量 ΔV_1 和飞行时间的变化特性。由图 9-5 可知，不同出发轨道对应的转移轨迹总体变化趋势相近，探测器在 Halo 轨道上 $-z$ 向最大值附近执行逃逸机动后，增量 $\Delta V_1 \in (560,613)\,\mathrm{m/s}$，平均航行 4.34 天便可返回到相对于地球 200 km 高度的位置。逃逸速度增量随着法向幅值的增大不断减小，飞行时间逐步延长，但时间改变量较小，即 $4.49-4.24=0.25$ 天。

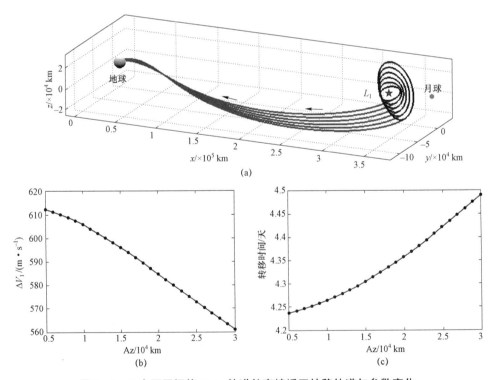

图 9-5　L_1 点不同幅值 Halo 轨道的直接返回转移轨道与参数变化

（a）L_1 点不同幅值 Halo 轨道的直接返回转移轨道示意图；（b）L_1 点不同幅值 Halo 轨道的直接返回逃逸速度增量变化特性；（c）L_1 点不同幅值 Halo 轨道的直接返回飞行时间变化特性

　　具体地，当 Halo 轨道幅值为 5 000 km 时，机动 ΔV_1 为 612.313 m/s，相应的转移时间为 4.24 天，会合系下轨道末端的速度为 $[-9.051, -6.008, -0.315]$ km/s。当 Halo 轨道幅值为 25 000 km 时，逃逸速度增量为 572.601 m/s，探测器需要飞行 4.42 天到达地球近地点位置。

　　图 9-6 描述了日地会合系下，探测器由 L_1 点幅值 5 000 km 和 25 000 km 的 Halo 轨道出发的完整火星转移轨迹，其中合适的转移机会在 2024 年内搜索确定。当 Halo 轨道法向幅值为 5 000 km 时，探测器于 2024 年 10 月 25 日从 Halo 轨道逃逸开始转移任务，2024 年 10 月 29 日进行地球借力，借力飞行高度距离地面 200 km，借力机动增量 ΔV_E 为 0.876 km/s，继续航行 57.918 天后进行深空机动，$\Delta V_{DSM} = 0.273$ km/s，最后于 2025 年 8 月 29 日与火星交会，交会时需施加 2.323 km/s 的速度增量。整个任务的总速度增量为 4.084 km/s，探测器航行 308.471 天。

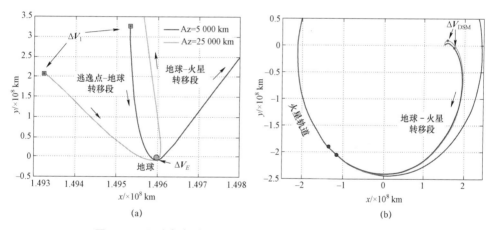

图 9-6　日地会合系下 L_1 平动点轨道的地球借力转移轨迹

（a）地球影响球内 L_1 点不同幅值的地球借力转移轨迹；（b）日地会合系内 L_1 点不同幅值的地球借力转移轨迹

　　针对幅值 25 000 km 的火星转移轨道设计，由于 Halo 轨道空间位置及逃逸点状态量的影响，与幅值 5 000 km 的转移情况相比，最佳的转移机会和各个机动时刻的速度增量均存在差异。具体地，探测器于 2024 年 9 月 29 日从幅值 25 000 km 的 Halo 轨道出发，经过 4.42 天飞行于 2024 年 10 月 3 日到达地球近地点，施加 0.708 km/s 速度增量完成地球借力飞行，2024 年 11 月 20 日执行深空机动飞往火星，机动增量为 0.372 km/s，最终于 2025 年 8 月 27 日抵达火星，交会时探测器相对于火星的速度为 2.294 km/s。此任务所需的总燃料消耗为 3.974 km/s，飞行时间为 332.546 天。

表 9−1 给出了两种幅值条件下,出发时间为 2026 年和 2028 年的转移方案。比较可知,合适的转移机会在 2026 年 11 月 4 日和 2028 年 12 月 10 日附近,并且深空机动时刻位于地球借力飞行后 35～50 天范围内。整个任务的飞行时间大于 220 天,总速度增量超过 4 km/s,其中,交会所需的速度增量为主要影响因素,占燃料消耗的 63%～67%。同时,比较 2024 年、2026 年和 2028 年三种转移方案,探测器于 2026 年 11 月从 L_1 点 Halo 轨道出发,能够较好地设计出燃料与时间折中的转移轨道。

表 9−1　基于地球借力的 L_1 点 Halo 轨道−火星的转移方案参数

参　　　数	幅值 5 000 km 的转移方案		幅值 25 000 km 的转移方案	
出发时刻（年/月/日）	2026/11/4	2028/12/10	2026/11/4	2028/12/11
速度增量 ΔV_1 /（km·s⁻¹）	0.612	0.612	0.572	0.572
到达地球时刻（年/月/日）	2026/11/8	2028/12/14	2026/11/8	2028/12/15
地球借力机动增量/（km·s⁻¹）	0.621	0.662	0.658	0.662
深空机动时刻（年/月/日）	2026/12/25	2029/1/26	2026/12/27	2029/1/19
深空机动速度增量/（km·s⁻¹）	0.129	0.370	0.307	0.207
到达火星时刻（年/月/日）	2027/8/19	2029/7/31	2027/7/19	2029/7/19
交会时速度增量/（km·s⁻¹）	2.725	2.896	2.593	2.884
整个任务飞行时间/天	288	233	257	220
总速度增量/（km·s⁻¹）	4.087	4.540	4.130	4.325

对 2024—2028 年不同出发时间段进一步搜索,确定满足速度增量与任务时间约束的转移机会,优化结果如图 9−7 所示,图 9−7（a）～（c）和图 9−7（d）～（f）分别描述幅值为 5 000 km 与 25 000 km 时出发时间的分布特点。由于约束条件的限制,以及不同时刻月球、地球和火星位置的影响,并不是任意出发时间都能够设计出火星转移轨道。若探测器于 2024 年从 Halo 轨道逃逸,合适的转移机会主要集中于 9 月 1 日和 9 月 27 日,以及 10 月 25 日附近。若为 2026 年转移任务,探测器可于 10 月 7 日、11 月 3 日或 11 月 30 日在 Halo 轨道逃逸点施加机动,开始星际转移。当出发时间设定为 2028—2029 年时,对应的转移机会分布于 2028

年 11 月 13 日和 12 月 10 日，以及 2029 年 1 月 6 日附近。

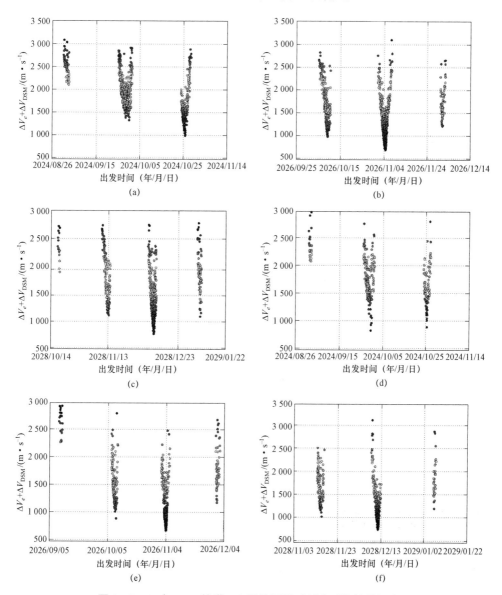

图 9−7　L_1 点 Halo 轨道 − 火星的不同时刻合适的转移机会

（a）L_1 点 5 000 km 幅值的 2024 年 8 月至 2024 年 11 月内地球借力转移机会；（b）L_1 点 5 000 km 幅值的
2026 年 9 月至 2026 年 12 月内地球借力转移机会；（c）L_1 点 5 000 km 幅值的 2028 年 10 月至 2029 年 1 月
内地球借力转移机会；（d）L_1 点 25 000 km 幅值的 2024 年 8 月至 2024 年 11 月内地球借力转移机会；
（e）L_1 点 25 000 km 幅值的 2026 年 9 月至 2026 年 12 月内地球借力转移机会；（f）L_1 点 25 000 km 幅值的
2028 年 11 月至 2029 年 1 月内地球借力转移机会

综上所述，由 L_1 点 Halo 轨道出发，飞抵火星的转移机会呈现类周期性变化，不同年份的最优转移间隔周期约为 25 个月。

9.3.2　L_2 平动点轨道－火星的转移机会搜索与分析

L_2 点不同幅值 Halo 轨道的直接返回转移轨道及其轨道参数变化如图 9－8 所示，L_2 点与 L_1 点转移轨道存在差异，但 L_2 点 Halo 轨道上合适的出发位置与 L_1 点转移情况相似，位于 $-z$ 向最大值。探测器首先在逃逸点施加（891.367，955.478）m/s 的速度增量飞离 Halo 轨道，平均航行 6.28 天返回地球附近。随着法向幅值的增大，逃逸点机动增量 ΔV_1 逐渐减小、飞行时间逐渐缩短，因此，选取大幅值 Halo 轨道作为初始轨道，能够构造出燃料较少、时间较短的返回转移轨道。同时，与 L_1 点轨道转移相比，完成 L_2 点 Halo 轨道转移的逃逸机动 ΔV_1 较

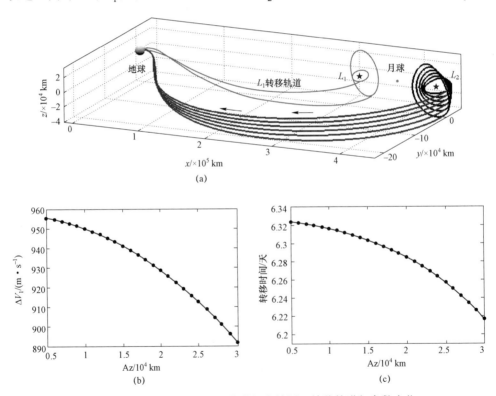

图 9－8　L_2 点不同幅值 Halo 轨道的直接返回转移轨道与参数变化

（a）L_2 点不同幅值 Halo 轨道的直接返回转移轨道示意图；（b）L_2 点不同幅值 Halo 轨道的逃逸速度增量变化特性；（c）L_2 点不同幅值 Halo 轨道的转移时间变化特性

大，需要多施加速度增量（330.517，344.967）m/s，并且飞行时间增加，增加量
为（1.724，2.085）天。

针对特定幅值的 Halo 轨道，当 Az＝5 000 km 时，对应的逃逸机动大小 ΔV_1 与
飞行时间分别为 955.478 m/s 和 6.324 天。当 Az＝25 000 km 时，探测器需要施加
机动增量 912.474 m/s 进入返回转移轨道，转移时间减少到 6.257 天。

当探测器初始航行于 L_2 点 Halo 轨道时，火星转移任务的出发时间搜索方法
与 L_1 点 Halo 轨道转移情况相似，日地会合系下完整的转移轨迹和 2024 年转移机
会如图 9-9 所示。法向幅值 5 000 km［图 9-9（c）］与 25 000 km［图 9-9（d）］
的合适出发时间分布特点类似，主要集中于 2024 年 9 月 1 日和 9 月 28 日，以及
10 月 26 日附近。

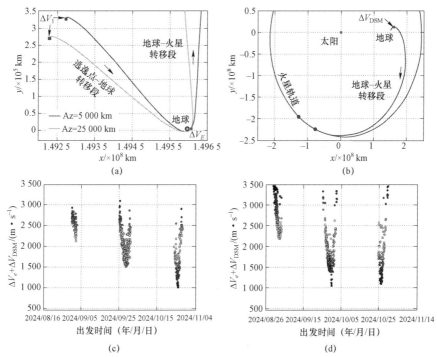

图 9-9　日地会合系下完整的转移轨迹和 2024 年转移机会

（a）地球影响球内 L_2 点不同幅值的地球借力转移轨迹；（b）日地会合系内 L_2 点不同幅值的地球借力
转移轨迹；（c）L_2 点 5 000 km 幅值的 2024 年 8 月至 2024 年 11 月内地球借力转移机会；
（d）L_2 点 25 000 km 幅值的 2024 年 8 月至 2024 年 11 月内地球借力转移机会

具体地，当 Halo 轨道幅值为 5 000 km 时，探测器于 2024 年 9 月 28 日执行
逃逸机动，经过 6.324 天飞抵地球近地点，施加增量 0.686 km/s 完成地球借力，

2024 年 11 月 23 日进行深空机动，$\Delta V_{DSM} = 0.778$ km/s，继续飞行 259.028 天抵达火星，交会时速度增量为 2.096 km/s。转移任务总的飞行时间为 314.64 天，需要增量 4.515 km/s。

针对幅值 25 000 km 的 Halo 轨道－火星转移，出发时间为 2024 年 9 月 29 日，分别于 2024 年 10 月 5 日和 11 月 24 日进行地球借力机动与深空机动，相应的速度增量为 0.629 km/s 和 0.535 km/s，最终在 2025 年 9 月 6 日与火星交会。整个转移任务所需速度增量 4.329 km/s，飞行 342.070 天。

表 9－2 给出了两种幅值条件下 2026 年和 2028 年的转移轨道参数，相似地，选取 2026 年作为出发时间能够较好地综合燃料与时间的影响。与表 9－1 比较，L_2 点 Halo 轨道－火星转移任务所需的速度增量略大于 L_1 点火星转移任务。

表 9－2　基于地球借力的 L_2 点 Halo 轨道－火星的转移方案参数

参　　数	幅值 5 000 km 的转移方案		幅值 25 000 km 的转移方案	
出发时刻（年/月/日）	2026/11/4	2028/11/15	2026/11/4	2028/12/10
速度增量 ΔV_1/（km·s^{-1}）	0.955	0.955	0.912	0.912
到达地球时刻（年/月/日）	2026/11/10	2028/11/21	2026/11/10	2028/12/16
地球借力机动增量/（km·s^{-1}）	0.607	0.884	0.627	0.623
深空机动时刻（年/月/日）	2026/12/18	2028/12/26	2026/12/21	2029/1/31
深空机动速度增量/（km·s^{-1}）	0.163	0.326	0.075	0.374
到达火星时刻（年/月/日）	2027/8/14	2029/7/6	2027/8/13	2029/7/31
交会时速度增量/（km·s^{-1}）	2.718	2.840	2.834	2.966
整个任务总飞行时间/天	283	234	282	233
总速度增量/（km·s^{-1}）	4.443	5.005	4.448	4.875

■ 9.4　基于月球与地球借力的火星转移任务轨道设计与分析

上述结果表明，探测器由 L_1 点和 L_2 点附近 Halo 轨道直接返回地球近地点时，需要在出发轨道上施加较大的逃逸速度增量。为了进一步降低轨道转移过程中的燃料消耗，以下对月球借力和地球借力的火星转移轨道进行设计与分析。应注意，由于动力学环境与平动点轨道位置的影响，与直接返回轨道设计相比，基于月球借力飞行的返回轨道设计相对复杂，应综合考虑转移轨道近月点满足的约束条件。

9.4.1　L_1 平动点轨道到火星的月球与地球借力转移方案

首先结合不稳定流形与微分修正算法，对 L_1 点 Halo 轨道 – 地球的月球借力转移轨道进行构造与讨论，Halo 轨道法向幅值 5 000 km 和 25 000 km 的月球借力返回轨迹如图 9 – 10 所示。由图可知，两种幅值条件对应的转移轨道存在较大差异，探测器需要多次借助月球引力辅助改变飞行轨迹。同时，与 L_1 点直接返回轨迹不同，月球借力返回轨迹的最佳逃逸点分布于 $+z$ 向最大值附近。

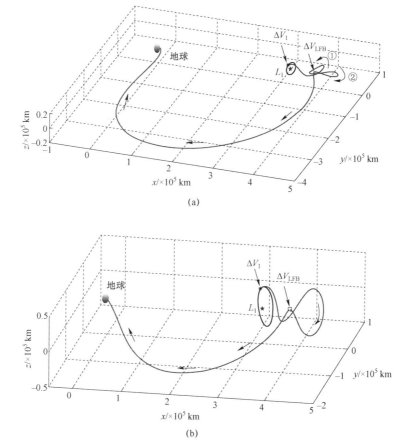

图 9 – 10　L_1 点 Halo 轨道幅值 5 000 km 和 25 000 km 的月球借力转移轨道

（a）幅值为 5 000 km；（b）幅值为 25 000 km

具体地，当幅值 Az = 5 000 km 时，逃逸机动增量 ΔV_1 为 19.733 m/s，探测器经过 16.002 天飞行后抵达近月点，其中，轨道高度为 100 km，借力方位角 δ_{LF} = 8°。施加 276.141 m/s 速度增量进入月球–地球转移段，继续航行 9.369 天后到达地球借力机动位置，飞行高度距离地面 200 km。针对幅值 Az = 25 000 km 的轨道转移，逃逸机动与月球借力机动所需的速度增量分别为 19.302 m/s 和 198.098 m/s，探测器由平动点轨道返回地球附近的飞行时间为 21.036 天。

图 9–11 描述了出发时间段为 2024 年时，探测器由 L_1 点幅值 5 000 km 和 25 000 km 的 Halo 轨道逃逸，依次借助月球借力和地球借力，抵达火星的转移轨迹。其中，地球–火星转移轨道段飞行轨迹相似。

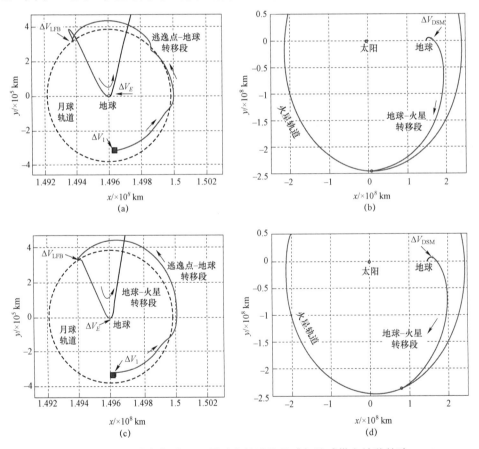

图 9–11　日地会合系下 L_1 平动点轨道的月球与地球借力转移轨迹

（a）地球影响球内 L_1 点幅值 5 000 km 的 Halo 月球、地球借力轨道逃逸；（b）日地会合系内 L_1 点幅值 5 000 km 的 Halo 月球、地球借力轨道逃逸；（c）地球影响球内 L_1 点幅值 25 000 km 的 Halo 月球、地球借力轨道逃逸；（d）日地会合系内 L_1 点幅值 25 000 km 的 Halo 月球、地球借力轨道逃逸

　　针对 Halo 轨道幅值为 5 000 km 的轨道设计，探测器首先于 2024 年 9 月 11 日执行逃逸机动，经过三次月球借力飞行后于 2024 年 9 月 27 日在近月点施加脉冲机动 ΔV_{LFB}，飞抵时刻为 2024 年 10 月 7 日，完成地球借力飞行所需的速度增量为 0.658 km/s，探测器进入地球－火星转移轨道段，2024 年 11 月 5 日执行深空机动改变轨道结构，机动大小为 0.769 km/s，最终在 2025 年 6 月 27 日与火星交会，相应的交会速度增量为 2.389 km/s。整个转移任务的总速度增量为 4.112 km/s，航行 288.541 天。

　　当初始轨道法向幅值为 25 000 km 时，与幅值 5 000 km 的转移情况相比，在燃料消耗与飞行时间上均具有优势，任务的总速度增量与飞行时间分别为 4.079 km/s 和 256.56 天。探测器在 2024 年 9 月 11 日逃逸 Halo 轨道，分别于 2024 年 9 月 27 日和 10 月 2 日进行月球借力与地球借力，其中，$\Delta V_E = 0.829$ km/s，继续飞行 49.29 天后执行深空机动任务，消耗燃料 0.677 km/s，最后于 2025 年 5 月 25 日完成火星转移任务。

　　表 9－3 给出了不同逃逸时刻的火星转移方案计算结果，由表可知，在不同幅值条件下，探测器于 2026 年进行火星转移任务能够较好地降低转移过程中的燃料消耗，当逃逸时刻选取为 2028 年时，探测器与火星交会耗时较短。比较 2026 年与 2028 年的轨道设计，速度增量差异主要在于深空机动增量与交会时速度增量。

表 9－3　基于月球和地球借力的 L_1 点 Halo 轨道－火星的转移方案参数

参　　　数	幅值 5 000 km 的转移方案		幅值 25 000 km 的转移方案	
出发时刻（年/月/日）	2026/10/18	2028/11/24	2026/10/18	2028/11/24
速度增量 ΔV_1/（km·s⁻¹）	0.019 7	0.019 7	0.019 3	0.019 3
到达近月点时刻（年/月/日）	2026/11/3	2028/12/10	2026/11/3	2028/12/10
月球借力机动增量/（km·s⁻¹）	0.276	0.276	0.198	0.198
到达近地点时刻（年/月/日）	2026/11/13	2028/12/19	2026/11/8	2028/12/15
地球借力机动增量/（km·s⁻¹）	0.648	0.612	0.650	0.621
深空机动时刻（年/月/日）	2026/12/23	2029/1/21	2026/12/28	2029/1/20

参　　数	幅值 5 000 km 的转移方案		幅值 25 000 km 的转移方案	
深空机动速度增量/（km·s⁻¹）	0.053	0.237	0.233	0.571
到达火星时刻（年/月/日）	2027/8/7	2029/7/22	2027/9/2	2029/7/20
交会时速度增量/（km·s⁻¹）	2.716	2.890	2.483	2.838
整个任务总飞行时间/天	293	240	319	238
总速度增量/（km·s⁻¹）	3.713	4.035	3.583	4.247

同时，与表 9-1 中仅考虑地球借力的 L_1 点 Halo 轨道–火星转移方案对比，结合月球引力辅助，能够有效地降低整个任务所需的速度增量。例如，当初始轨道幅值为 5 000 km 时，探测器于 2026 年 10 月 18 日出发，通过月球借力和地球借力后，抵达火星时总速度增量下降 4.087 – 3.713 = 0.374 km/s。当法向幅值为 25 000 km 且出发时刻为 2026 年 10 月 18 日时，转移过程中施加的机动增量减小 4.13 – 3.583 = 0.547 km/s。因此，当任务指标以燃料为主时，可优先考虑月球和地球借力相结合的转移方案。

同样地，基于本章给出的转移机会求解方法，对结合月球借力与地球借力的火星转移任务的不同出发时间进一步搜索，确定转移机会的分布范围。计算结果如图 9-12 所示，图 9-12（a）～（c）和图 9-12（d）～（f）分别对应初始 Halo 轨道幅值为 5 000 km 和 25 000 km 时的出发时间。与图 9-7 和图 9-9 性质相似，满足约束条件的转移机会呈现间隔分布特点。针对 2024 年的转移轨道设计，合适的出发时间集中于 2024 年 8 月 16 日、9 月 11 日和 10 月 9 日附近。当出发时间选定为 2026 年时，航行于 L_1 点 Halo 轨道上的探测器可于 2026 年 9 月 22 日和 10 月 18 日进行火星转移任务，当 Halo 轨道幅值为 25 000 km 时，2026 年 11 月 14 日仍存在转移机会，但所需的速度增量较大，如图 9-12（e）所示。约隔 24 个月后，于 2028 年再次出现合适的转移机会，主要分布在 2028 年 10 月 28 日和 11 月 24 日附近。

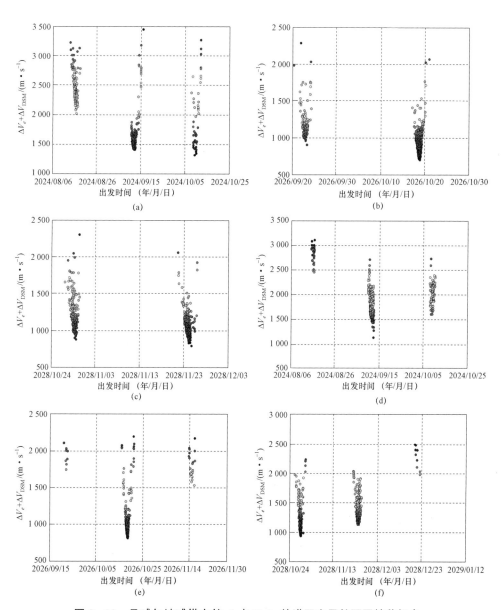

图 9–12　月球与地球借力的 L_1 点 Halo 轨道至火星的不同转移机会

（a）L_1 点 5 000 km 幅值的 2024 年 8 月至 2024 年 10 月内月球、地球借力转移机会；（b）L_1 点 5 000 km 幅值的 2026 年 9 月至 2026 年 10 月内月球、地球借力转移机会；（c）L_1 点 5 000 km 幅值的 2028 年 10 月至 2028 年 12 月内月球、地球借力转移机会；（d）L_1 点 25 000 km 幅值的 2024 年 8 月至 2024 年 10 月内月球、地球借力转移机会；（e）L_1 点 25 000 km 幅值的 2026 年 9 月至 2026 年 11 月内月球、地球借力转移机会；（f）L_1 点 25 000 km 幅值的 2028 年 10 月至 2029 年 1 月内月球、地球借力转移机会

9.4.2 L_2平动点轨道的火星探测转移机会与燃耗分析

当初始轨道为 L_2 点 Halo 轨道时，结合能够延伸至月球附近的不稳定流形，通过不断修正逃逸点速度增量与飞行时间，可以快速地构造出满足近月点约束的转移轨迹，如图 9-13 所示。其中，幅值 5 000 km 和 25 000 km 转移轨道对应的月球借力方位角分别为 5° 与 10°。探测器从幅值 5 000 km 的 Halo 轨道出发，需要消耗增量 $\Delta V_1 = 17.677$ m/s 和 $\Delta V_{\mathrm{LFB}} = 195.807$ m/s 完成逃逸和月球借力任务，飞行 15.555 天到达地球附近。若初始轨道幅值为 25 000 km，探测器需要施加机动 $\Delta V_1 = 112.352$ m/s，较大程度地改变不稳定流形结构，相应的借力机动增量与转移时间分别为 201.408 m/s 和 12.683 天。

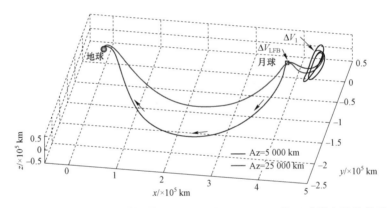

图 9-13 L_2 **点 Halo 轨道幅值 5 000 km 和 25 000 km 的月球借力转移轨道**

对 L_2 点 Halo 轨道出发飞抵火星的月球、地球借力转移轨迹进行分析，转移轨道及 2024 年逃逸时刻分布如图 9-14 所示。具体地，当 Az = 5 000 km 时，探测器分别于 2024 年 9 月 20 日和 2024 年 9 月 29 日完成逃逸机动与月球借力机动，2024 年 10 月 5 日进行地球借力，施加脉冲 $\Delta V_E = 0.778$ km/s 进入地球-火星转移段，探测器沿着轨道继续飞行 47.928 天后执行深空机动，$\Delta V_{\mathrm{LFB}} = 0.095$ km/s，最终于 2025 年 9 月 14 日完成火星交会任务，整个任务的燃料消耗为 3.812 km/s，耗时 359.734 天。

若初始轨道幅值为 25 000 km，探测器逃逸 Halo 轨道和近月点机动的时间与幅值 5 000 km 的转移情况相近，即 2024 年 9 月 20 日和 9 月 28 日及 2024 年 10 月 2 日完成地球借力飞行，需要 0.748 km/s 的速度增量，随着依次在 2024 年 11

月 19 日和 2025 年 8 月 6 日施加深空机动与交会机动,此转移任务的总速度增量为 3.865 km/s,探测器航行 320.766 天。

此外,可以在 2024 年 8 月 23 日和 10 月 16 日附近的时间段内优化求解最佳的出发时间,此时间段能够较好地设计出燃料消耗较少且满足时间约束的转移轨迹。

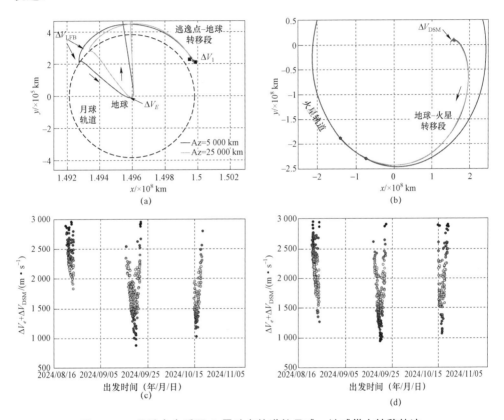

图 9-14 日地会合系下 L_2 平动点轨道的月球、地球借力转移轨迹

(a) 分地球影响球内 L_2 点不同幅值的月球、地球借力转移轨迹;(b) 日地会合系内 L_2 点不同幅值的月球、地球借力转移轨迹;(c) L_2 点 5 000 km 幅值的 2024 年 8 月至 2024 年 11 月内月球、地球借力转移机会;(d) 分 L_2 点 25 000 km 幅值的 2024 年 8 月至 2024 年 11 月内月球、地球借力转移机会

2026—2028 年合适的转移机会分布特点如图 9-15 所示,其中,图 9-15(a)、(b) 和图 9-15(c)、(d) 分别表示幅值 5 000 km 与 25 000 km 时的出发时间。针对法向幅值 5 000 km 的 Halo 轨道-火星轨道设计,转移机会可在 2026 年 9 月 1 日至 2026 年 11 月 21 日或 2028 年 10 月 8 日至 2028 年 12 月 2 日范围内进行搜

索，约间隔 27 天可以求得合适的出发时间。当 Halo 轨道幅值为 25 000 km 且逃逸时刻为 2026 年时，可以选择 2026 年 9 月 30 日或 10 月 26 日附近的两个时间段开始星际航行。若出发时间设定为 2028 年，较好的转移机会出现在 11 月 5 日、12 月 2 日和 12 月 28 日附近。

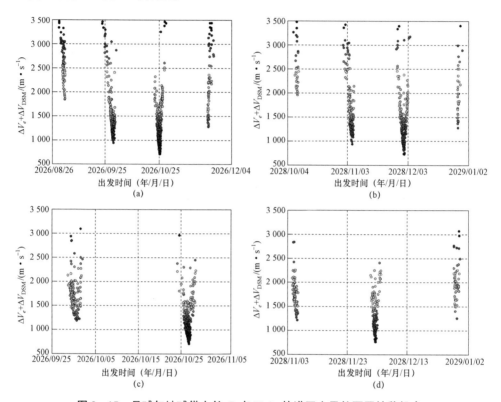

图 9-15　月球与地球借力的 L_2 点 Halo 轨道至火星的不同转移机会

（a）L_2 点 5 000 km 幅值的 2026 年 8 月至 2026 年 12 月内月球、地球借力转移机会；（b）L_2 点 5 000 km 幅值的 2028 年 10 月至 2029 年 1 月内月球、地球借力转移机会；（c）L_2 点 25 000 km 幅值的 2026 年 9 月至 2026 年 11 月内月球、地球借力转移机会；（d）L_2 点 25 000 km 幅值的 2028 年 11 月至 2029 年 1 月内月球、地球借力转移机会

同时，表 9-4 给出了不同幅值、不同出发时刻对应的火星转移轨道各项参数。由表可知，探测器从相同的 Halo 轨道逃逸，2026 年与 2028 年对应的燃料消耗主要差异位于火星交会时刻，选择 2026 年作为出发时间，能够有效地构造出机动增量较少的转移轨迹。与表 9-2 的计算结果对比可知，基于月球和地球借力进行轨道转移，整个任务的速度增量优于仅考虑地球借力的转移类型，并且总

飞行时间相近。

表 9-4　基于月球和地球借力的 L_2 点 Halo 轨道 – 火星的转移方案参数

参　　　数	幅值 5 000 km 的转移方案		幅值 25 000 km 的转移方案	
出发时刻（年/月/日）	2026/10/26	2028/12/1	2026/10/26	2028/12/2
速度增量 ΔV_1 /（km·s⁻¹）	0.018	0.018	0.112	0.112
到达近月点时刻（年/月/日）	2026/11/4	2028/12/10	2026/11/3	2025/12/10
月球借力机动增量/（km·s⁻¹）	0.196	0.196	0.201	0.201
到达近地点时刻（年/月/日）	2026/11/10	2028/12/16	2026/11/8	2028/12/14
地球借力机动增量/（km·s⁻¹）	0.631	0.639	0.696	0.658
深空机动时刻（年/月/日）	2026/12/29	2029/1/27	2026/12/22	2029/2/1
深空机动速度增量/（km·s⁻¹）	0.080	0.084	0.026	0.097
到达火星时刻（年/月/日）	2027/8/6	2029/7/28	2027/8/7	2029/8/4
交会时速度增量/（km·s⁻¹）	2.695	2.925	2.730	2.985
整个任务总飞行时间/天	285	240	285	245
总速度增量/（km·s⁻¹）	3.620	3.862	3.765	4.053

 ## 9.5　本章小结

　　本章结合第 4 章的研究内容，探讨了基于平动点轨道的火星探测转移轨道设计问题。首先给出了探测器从地月系统 L_1 点和 L_2 点附近周期轨道出发，飞抵火星的轨道设计方法，将设计问题分段处理并结合混合优化算法，能够有效地降低关键参数的初值猜想难度。分别讨论了采用地球借力飞行、月球借力飞行和地球借力飞行相结合的两种类型转移轨道，确定月球借力时满足的约束条件及参数取值范围。最后，选取 L_1 点和 L_2 点不同幅值的 Halo 轨道作为初始轨道，对火星转移轨道进行设计与分析。在此基础上，搜索得到不同时间段内转移机会的分布特点，对比讨论了燃料消耗与飞行时间等轨道特性。

　　研究表明，为了较好地构造出火星转移轨道，经过地球借力飞行后，探测器需要在 35～50 天内进行深空机动。同时，合适的火星转移机会呈现出类周期特性，周期约为 25 个月，具体年份对应的出发时刻分布在 9 月至 12 月之间。此外，与仅考虑地球借力的转移类型相比，基于月球借力和地球借力进行轨道转移能够有效地降低整个任务的速度增量。当任务指标以燃料为主时，可优先选取月球借力和地球借力相结合的轨道设计策略。

▨ 参考文献

[1] 任远, 崔平远, 栾恩杰. 基于标称轨道的小推力轨道设计方法[J]. 吉林大学学报(工学版), 2006, 36(6): 998 – 1002.

索 引

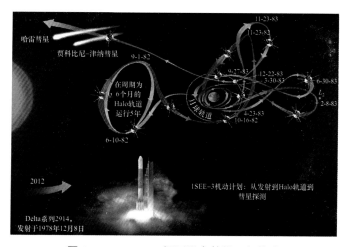

图 1-1　ISEE-3 探测器完整的飞行轨迹

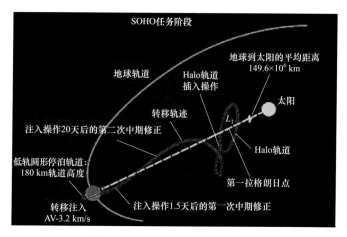

图 1-2　SOHO 任务轨道示意图

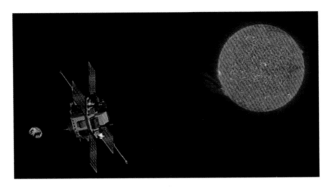

图 1-5 WIND 任务示意图

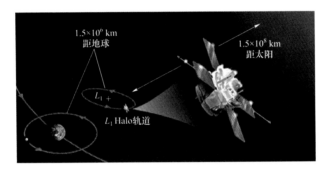

图 1-6 ACE 航天器轨道示意图

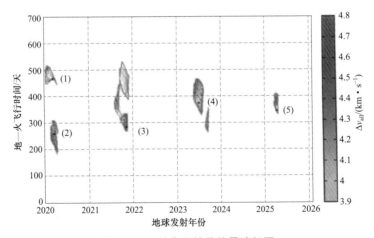

图 5-13 地金火转移能量消耗图

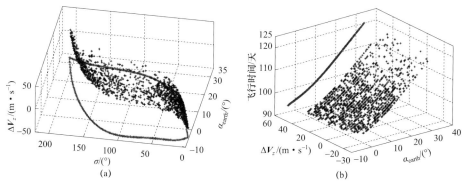

图 6-4　速度增量 ΔV_z 与飞行时间变化特性

（a）速度增量与 TTI 变量的函数关系；（b）飞行时间、速度增量与 TTI 变量的函数关系

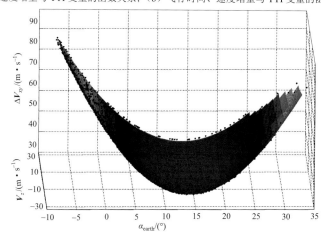

图 6-5　速度增量 ΔV_{xy} 关于 ΔV_z 和 α_{earth} 的变化关系

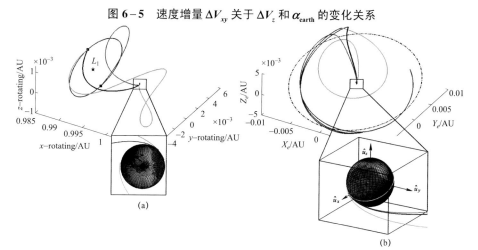

图 6-7　给定约束条件的不同入轨点在会合系与惯性系飞行轨迹

（a）会合系；（b）惯性系

注：标目中的 rotating 代表会合坐标系，下同。

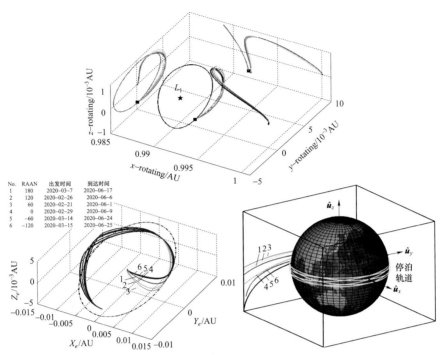

图 6-8 停泊轨道倾角 $i=5°$ 时不同升交点赤经约束的转移轨道

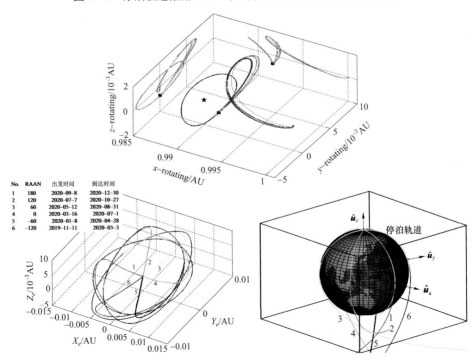

图 6-9 停泊轨道倾角 $i=90°$ 时不同升交点赤经约束的转移轨道

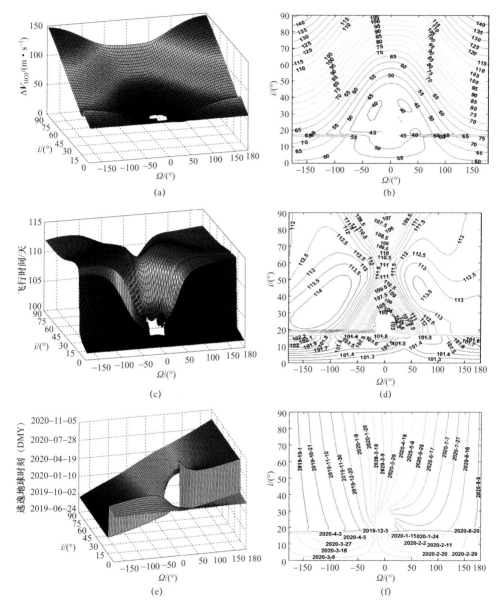

图 6-11　不同轨道倾角与升交点赤经约束的方案 1 转移轨道参数变化

（a）速度增量与轨道参数关系图；（b）速度增量等高图；

（c）飞行时间与轨道参数关系图；（d）飞行时间等高图；

（e）逃逸地球时刻与轨道参数关系图；（f）逃逸地球时刻等高图

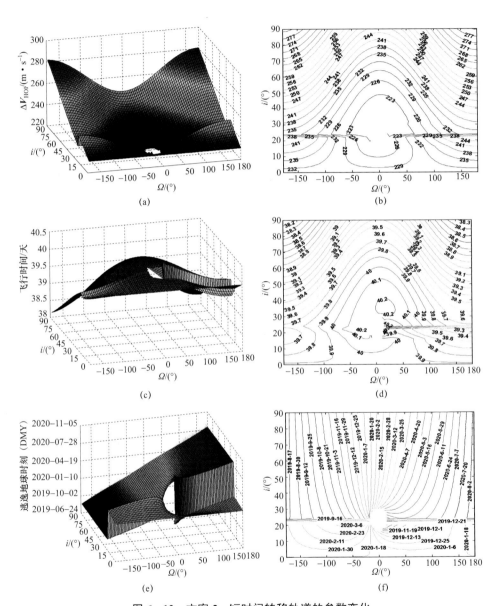

图 6-12 方案 2-短时间转移轨道的参数变化

（a）速度增量与轨道参数关系图；（b）速度增量等高图；

（c）飞行时间与轨道参数关系图；（d）飞行时间等高图；

（e）逃逸地球时刻与轨道参数关系图；（f）逃逸地球时刻等高图

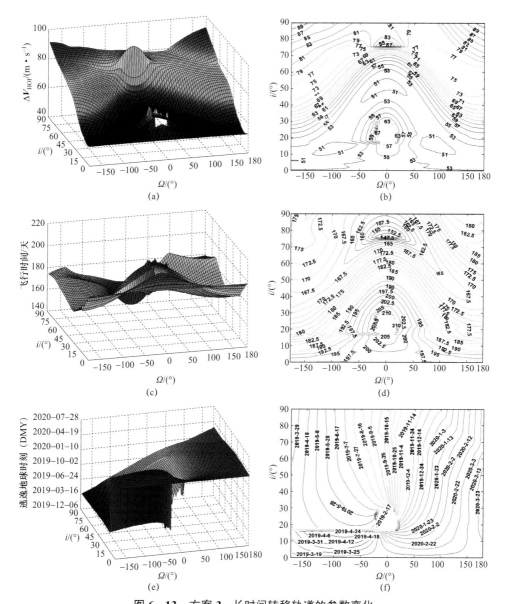

图 6-13 方案 3-长时间转移轨道的参数变化

（a）速度增量与轨道参数关系图；（b）速度增量等高图；

（c）飞行时间与轨道参数关系图；（d）飞行时间等高图；

（e）逃逸地球时刻与轨道参数关系图；（f）逃逸地球时刻等高图

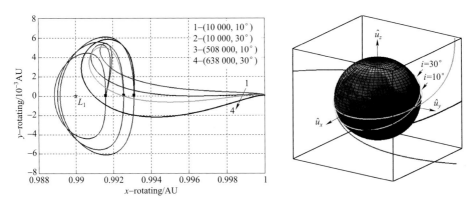

图 6 − 16　不同幅值 Halo 的方案 1 转移轨道

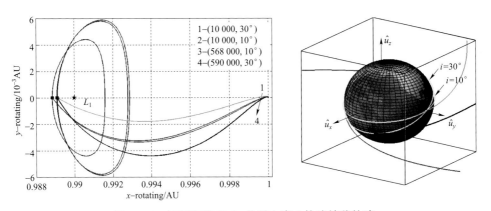

图 6 − 18　不同幅值 Halo 轨道方案 2 快速转移轨迹

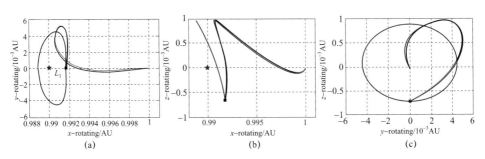

图 6 − 20　双圆限制性四体模型下方案 1 与方案 2 转移轨道

（a）会合坐标系下 x−y 平面转移轨道（方案 1）；（b）会合坐标系下 x−z 平面转移轨道（方案 1）；

（c）会合坐标系下 y−z 平面转移轨道（方案 1）

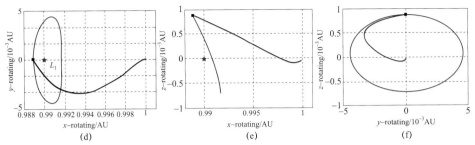

图 6 - 20 双圆限制性四体模型下方案 1 与方案 2 转移轨道（续）

（d）会合坐标系下 x-z 平面转移轨道（方案 2）；

（e）会合坐标系下 x-z 平面转移轨道（方案 2）；（f）会合坐标系下 y-z 平面转移轨道（方案 2）

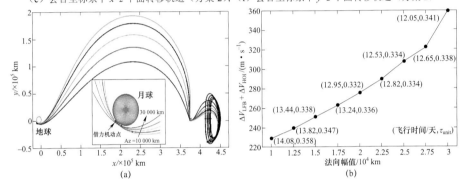

图 7 - 7　Halo 轨道法向幅值大于 10 000 km 转移轨道及参数变化

（a）Halo 轨道法向幅值大于 10 000 km 转移轨道；（b）Halo 轨道法向幅值大于 10 000 km 参数变化

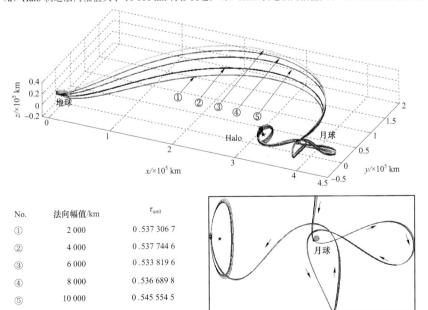

No.	法向幅值/km	τ_{unit}
①	2 000	0.537 306 7
②	4 000	0.537 744 6
③	6 000	0.533 819 6
④	8 000	0.536 689 8
⑤	10 000	0.545 554 5

图 7 - 9　L_1 点法向幅值小于 10 000 km 的 Halo 轨道转移轨迹与局部放大图

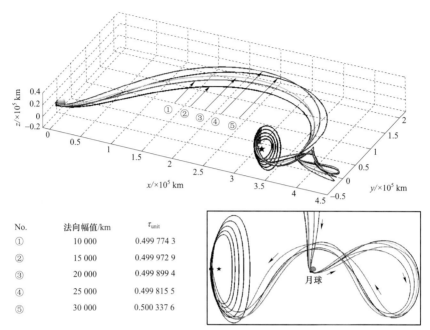

No.	法向幅值/km	τ_{unit}
①	10 000	0.499 774 3
②	15 000	0.499 972 9
③	20 000	0.499 899 4
④	25 000	0.499 815 5
⑤	30 000	0.500 337 6

图 7-11 L_1 点法向幅值大于 10 000 km 的 Halo 轨道转移轨迹与局部放大图

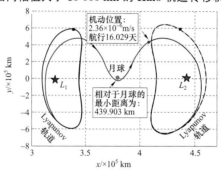

图 8-3 L_1 点与 L_2 点 Lyapunov 轨道间低能量转移轨道设计

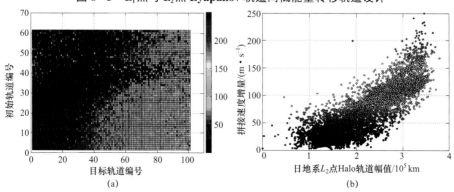

图 8-13   2018 年 12 月至 2019 年 12 月日地 L_2 点转移轨道参数

（a）不同初始与目标轨道条件下的速度增量变化；（b）速度增量关于目标轨道幅值的关系特性

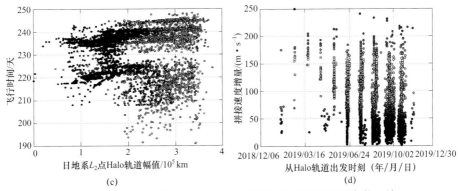

图 8-13　2019 年 1 月至 2019 年 12 月日地 L_2 点转移轨道参数（续）

（c）飞行时间关于目标轨道幅值的关系特性；（d）时间区间内的转移机会

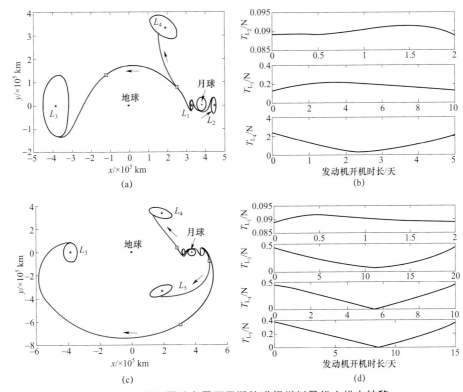

图 8-16　不同平动点平面周期轨道间燃料最优小推力转移

（a）L_1 点 Lyapunov 轨道出发到达 L_2 点、L_3 点与 L_4 点附近平面周期轨道的最优转移轨迹；

（b）L_1 点 Lyapunov 轨道出发到达 L_2 点、L_3 点与 L_4 点附近平面周期轨道的推力大小变化曲线；

（c）L_2 点 Lyapunov 轨道出发到达 L_1 点、L_3 点、L_4 点与 L_4 点附近平面周期轨道的最优转移轨迹；

（d）L_2 点 Lyapunov 轨道出发到达 L_1 点、L_3 点、L_4 点与 L_4 点附近平面周期轨道的推力大小变化曲线

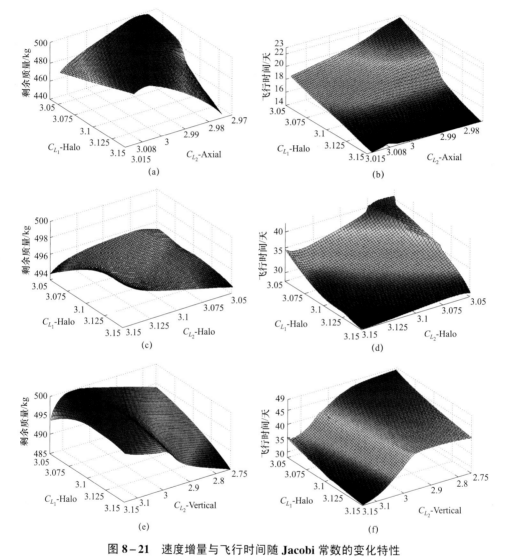

图 8-21　速度增量与飞行时间随 Jacobi 常数的变化特性

（a）L_1 点 Halo 轨道出发到达 L_2 点 Axial 轨道的剩余质量分析；（b）L_1 点 Halo 轨道出发到达
L_2 点 Axial 轨道的飞行时间分析；（c）L_1 点 Halo 轨道出发到达 L_2 点 Halo 轨道的剩余质量分析；
（d）L_1 点 Halo 轨道出发到达 L_2 点 Halo 轨道的飞行时间分析；
（e）L_1 点 Halo 轨道出发到达 L_2 点 Vertical 轨道的剩余质量分析；
（f）L_1 点 Halo 轨道出发到达 L_2 点 Vertical 轨道的飞行时间分析

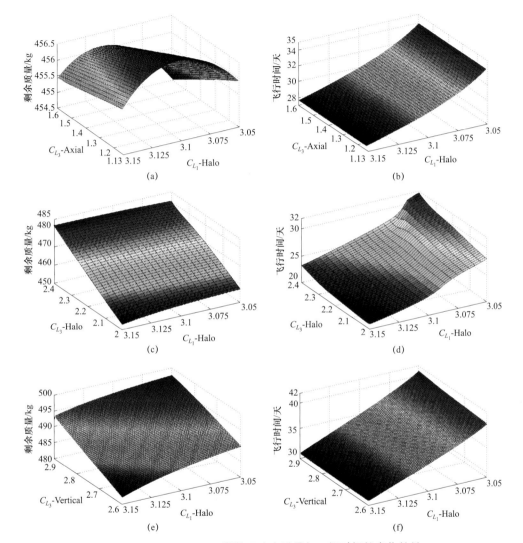

图 8 - 23　不同 Jacobi 常数下速度增量与飞行时间的变化特性

（a）L_1 点 Halo 轨道出发到达 L_3 点 Axial 轨道的剩余质量分析；（b）L_1 点 Halo 轨道出发到达
L_3 点 Axial 轨道的飞行时间分析；（c）L_1 点 Halo 轨道出发到达 L_3 点 Halo 轨道的剩余质量分析；

（d）L_1 点 Halo 轨道出发到达 L_3 点 Halo 轨道的飞行时间分析；

（e）L_1 点 Halo 轨道出发到达 L_3 点 Vertical 轨道的剩余质量分析；

（f）L_1 点 Halo 轨道出发到达 L_3 点 Vertical 轨道的飞行时间分析

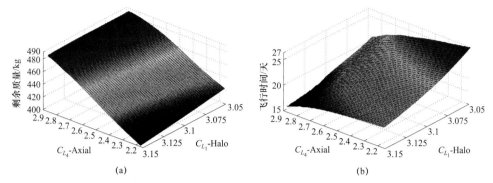

图 8-25 L_1 点 Halo 轨道至 L_4 点 Axial 轨道的燃料与时间变化

（a） L_1 点 Halo 轨道出发到达 L_4 点 Axial 轨道的剩余质量分析；

（b） L_1 点 Halo 轨道出发到达 L_4 点 Axial 轨道的飞行时间分析

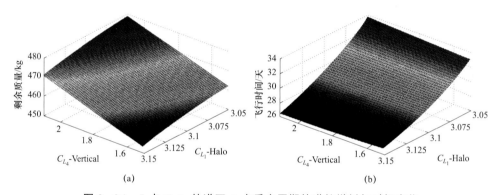

图 8-26 L_1 点 Halo 轨道至 L_4 点垂直周期轨道的燃料与时间变化

（a） L_1 点 Halo 轨道出发到达 L_4 点 Vertical 轨道的剩余质量分析；

（b） L_1 点 Halo 轨道出发到达 L_4 点 Vertical 轨道的飞行时间分析

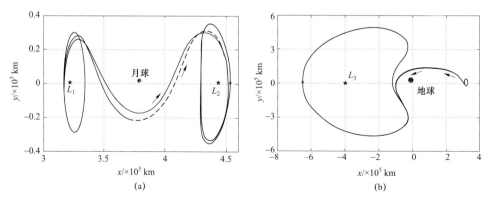

图 8-27 小推力转移轨迹

（a） L_1 点-L_2 点 Halo 轨道转移；（b） L_1 点-L_3 点 Halo 轨道转移

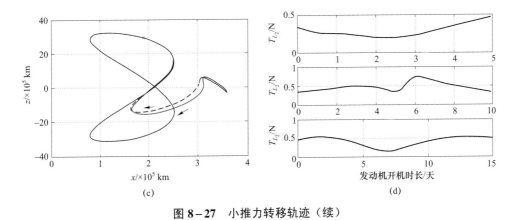

（c）

（d）

图 8-27　小推力转移轨迹（续）

（c）L_1 点 Halo 轨道 $-L_3$ 点垂直轨道转移；（d）推力变化曲线